计算机专业"十三五"规划教材

# 单片机原理

主　编　李红霞　周　延　易丽萍

副主编　姚福成　熊　媛

 吉林大学出版社

图书在版编目（CIP）数据

单片机原理 / 李红霞，周延，易丽萍主编. —— 长春：
吉林大学出版社，2017.8
　ISBN 978-7-5692-0575-6

Ⅰ. ①单… Ⅱ. ①李… ②周… ③易… Ⅲ. ①单片微
型计算机－高等职业教育－教材 Ⅳ. ①TP368.1

中国版本图书馆 CIP 数据核字（2017）第 195124 号

书　　名　单片机原理

作　　者　李红霞　周延　易丽萍 主编
策划编辑　黄国彬　章银武
责任编辑　徐海生
责任校对　魏丹丹
装帧设计　赵俊红
出版发行　吉林大学出版社
社　　址　长春市朝阳区明德路 501 号
邮政编码　130021
发行电话　0431-89580028/29/21
网　　址　http://www.jlup.com.cn
电子邮箱　jlup@mail.jlu.edu.cn
印　　刷　廊坊市广阳区九洲印刷厂
开　　本　787×1092　1/16
印　　张　17
字　　数　360 千字
版　　次　2017 年 8 月　第 1 版
印　　次　2023 年 8 月　第 2 次印刷
书　　号　ISBN 978-7-5692-0575-6
定　　价　48.00 元

# 前　言

单片微型计算机又称为微控制器，它是一种面向控制的大规模集成电路芯片。随着电子技术的迅猛发展和超大规模集成电路设计以及制造工艺的进一步提高，单片机技术有了迅速发展，并且已经渗透到国防尖端、工业、农业及日常生活的各个领域。在智能仪器仪表、工业检测控制、电力电子、汽车电子、机电一体化等方面都得到了广泛的应用，并取得了巨大的成果。

以 MCS-51 单片机基本内核为核心的各种扩展型、增强型的单片机不断推出，特别是美国 ATMEL 公司、荷兰 PHILIPS 公司、德国西门子公司、美国 DALLAS 公司等生产的与 MCS-51 兼容的单片机，使得该系列的单片机具有种类多、规格齐、资料全、应用广、适应性强等特点。在今后若干年内，MCS-5l 单片机在嵌入式系统应用中都将占据主要地位，也是我国单片机应用领域的主流机型。单片机是当今各种新技术的载体，各个应用领域的工程技术人员都迫切地需要掌握这一技术。

单片机原理的学习重点是两个方面：一是单片机原理，即单片机的各引脚功能、特殊功能寄存器、中断系统、定时 / 计数器、串行通信、片内 RAM 各分区等内容；二是指令系统，主要是了解各指令的功能，能够记住指令最好，记不住也没有关系，通过编程可慢慢记住大多数常用指令。

单片机原理的学习有两个不可分离的部分：一是单片机系统结构学习；二是与实际相结合编写调试程序。

要进行单片机系统结构学习，读者必须了解单片机结构体系、指令系统、内部寄存器结构，定时器结构及相关单片机各项扩展等知识，在此基础上，根据系统需要实现的功能确定系统结构。查阅相关器件资料，然后进行结构设计。

要进行程序设计必须掌握单片机的汇编语言或 C 语言。同时，按自己的思路进行程序设计也是非常重要的，参考别人编写的程序是学习程序设计的一条捷径，但别人编写的程序可能不适用于自己的设计。

动手去做实验是学习单片机原理的最好方法。千万不要将单片机原理当成理论来学习，它其实是一种技术，学习单片机原理的目的是为了应用开发。不实践是永远学不好的，本书在上一版的基础上，将理论知识压缩，以理论够用为度，配合《单片机实战训练》教材，大量增加实战指导，以帮助学生动手学习。

本书共分 8 章，分别为第 1 章为 MCS-51 系列单片机概述；第 2 章介绍了 MCS-51 系列单片机的组成；第 3 章介绍了 MCS-51 单片机指令系统；第 4 章介绍了汇编语言程序设计；第 5 章介绍了 MCS-51 单片机的中断系统；第 6 章介绍了 MCS-51 单片机定时计数器；第 7 章介绍了串行口及串行通信技术；第 8 章介绍了单片机系统扩展与接口技术。本书以 MCS-51 系列单片机为主，辅助介绍了 AT 系列芯片，本着深入浅出的原则编写了本书，以期使用本书为教材的学生对 MCS-51 单片机的主要技术能深入理解、牢固掌握、灵活应用，使用本书自学的读者更易于理解、掌握和应用单片机关键性技术。

本书参考 60 学时左右，各院校可根据具体情况进行讲授。本书由江西航空职业技术学院的李红霞、周延、易丽萍担任主编，并负责全书的统稿、修改、定稿工作，由江西航空职业技术学院的姚福成、江西工业职业技术学院的熊媛担任副主编。陈健、曾旭林参加本书部分章节的图形绘制工作。本书的相关资料和售后服务可扫本书封底的微信二维码或与登录 www.bjzzwh.com 下载获得。

本书既可作为应用型本科、职业院校相关专业的教材，也可供从事单片机开发、应用的工程技术人员参考。

本书在编写过程中，难免有疏漏和不当之处，敬请各位专家及读者不吝赐教。

编　者

# Contents 目 录

# 第1章 MCS-51 系列单片机概述

单片机是一种广泛应用的微处理器技术。单片机技术是最受广大工程师和电子设计爱好者欢迎的技术，目前单片机已经应用到各类控制系统中，包括智能玩具、家电、数控系统等。

本章将对单片机及典型的 MCS-51 系列单片机的基本结构进行讲解，通过本章的学习，可以实现如下几个目标：

- 了解单片机发展历史、应用特点和发展方向；
- 了解单片机的分类；
- 掌握单片机二进制的运算方法；
- 掌握二进制、十进制和十六进制数之间的换算关系；
- 了解 BCD 码和 ASCII 码。

## 1.1 MCS-51 系列单片机基本知识

随着微电子技术的不断发展，计算机技术也得到迅速发展，并且由于芯片的集成度的提高而使计算机微型化，出现了单片微型计算机（Single Chip Computer），简称单片机，也可称为微控制器 MCU（Micro Controller Unit）。单片机即集成在一块芯片上的计算机，集成了中央处理器 CPU（Central Processing Unit）、数据存储器 RAM（Random Access Memory）、程序存储器（Read Only Memory）、定时器/计数器以及 I/O 接口电路等主要计算机部件。

### 1.1.1 单片机的定义

把微处理器（CPU）、一定容量的数据存储器（RAM）和程序存储器（ROM）、定时/计数器，以及输入输出（I/O）接口电路等计算机的主要部件通过总线连接集成在一块芯片上。这样组成芯片级的微型计算机，直译为单片微型计算机（Single Chip Microcomputer）或单片机，在我国，我们习惯上称其为单片机。单片机虽然只是一个芯片，但从组成和功能上看，它已具备微机系统的含义。

更为准确地反映单片机本质的叫法应是微控制器（Micro Controller Unit，MCU）。

根据单片机的结构和微电子设计的特点，应用系统中虽然往往以单片机为核心，但是它已完全融入应用系统中，故而也有把单片机称作嵌入式微控制器（Embedded Micro Controller Unit，EMCU）。图 1-1 是单片微型计算机的基本组成框图：

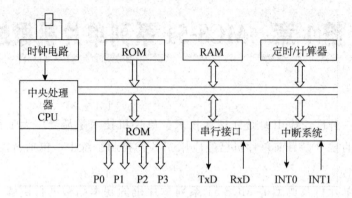

图 1-1　单片微型计算机组成框图

## 1.1.2　单片机的发展历史

单片机的历史大概可以追溯到 20 世纪 70 年代。1970－1974 年之间，诞生了第一代 4 位单片机。这时的单片机已经具有了并行接口及数模接口。把 1978 年以前的单片机称为单片机的初级阶段。

在 1974－1978 年，单片机进入了 8 位时代。单片机进入了成熟时代，这个时期以 Intel 公司的 MCS-48 系列单片机为最具代表性。这时的单片机内部集成了 8 位的 CPU，多个并行接口，同时还增加了定时器/计算器及少量的存储空间。

1978－1983 年，单片机发展进入了高级阶段，从 Intel 公司的 MCS-51 系列单片机为代表，标志着进入了高档 8 位单片机时代。这个时期单片机的工作频率、硬件资源及存储容量有了较大的突破，创新加入了串口通信接口及多级中断处理系统。我们现在广泛使用的单片机都仍以此为内核基础，因此，也常称为 51 系列单片机。

1991 年，ARM 公司在英国剑桥大学成立，主要出售芯片设计技术的授权。采用 ARM 技术产权的微处理器，已经遍及各类产品市场，基于 ARM 技术的微处理器应用占据了 32 位 RISC 微处理器 80% 以上的市场份额。

RISC 是英文 Reduced Instruction Set Computer 的缩写，即精简指令集计算机，RISC 指令全部使用单字节指令，除跳转指令外，其余都是单周期指令，这样可以大大提高软件的运行速度。

随后，单片机市场进入了百家争鸣时代，4 位、8 位、16 位单片机乃至 32 位单片机均有其各自的应用领域。各个厂商也推出了不同类型的单片机，例如 PIC 系列单片机、ARM 系列单片机、AVR 系列单片机、C8051F 系列单片机等。

总的来说，现在的单片机产品非常丰富，4 位、8 位、16 位单片机乃至 32 位单片机均有其各自的应用领域，单片机的技术已经深入人心。

### 1.1.3　MCS-51 系列单片机简介

MCS-51 系列单片机是单片机领域中的一类，也是影响最为深远、使用最为广泛的单片机系列。51 系列单片机最早由 Intel 公司发展起来，随后将 51 内核授权给其他各个厂商。

因此，现在 MCS-51 兼容的单片机种类繁多，例如 ATMEL 公司的 AT89C 系列、AT89S 系列、Philips 公司的 8XC552 系列等。有些厂商还进一步发展了增强型的 51 内核，例如 Cypress 公司的带 USB 接口的单片机，MAXIM 公司 DS80/83/87/89 系列高速单片机等。如此多种类的单片机给开发人员带来更多的选择。

目前为止，MCS-51 系列单片机仍然占据了绝大多数的单片机市场。因此学习和掌握 51 系列单片机是最有用途的技术，其他类型的单片机只在特定领域或高端应用场合使用。我们掌握了 51 系列单片机的开发技术，便很容易学习其他的单片机技术。

### 1.1.4　MCS-51 系列单片机的应用特点

单片机作为微型计算机的一个分支，与一般的微型计算机没有本质上的区别，同样具有快速、精确、记忆功能和逻辑判断能力等特点。但单片机是集成在一块芯片上的微型计算机，它与一般的微型计算机相比，在硬件结构和指令设置上均有独到之处，主要特点有：

1. 体积小，重量轻；价格低，功能强；电源单一，功耗低；可靠性高，抗干扰能力强。这是单片机得到迅速普及和发展的主要原因。同时由于它的功耗低，使后期投入成本也大大降低。

2. 使用方便灵活、通用性强。由于单片机本身就构成一个最小系统，只要根据不同的控制对象作相应的改变即可，因而它具有很强的通用性。

3. 目前大多数单片机采用哈佛（Harvard）结构体系。单片机的数据存储器空间和程序存储器空间相互独立。单片机主要面向测控对象，通常有大量的控制程序和较少的随机数据，将程序和数据分开，使用较大容量的程序存储器来固化程序代码，使用少量的数据存储器来存取随机数据。程序在只读存储器 ROM 中运行，不易受外界侵害，可靠性高。

4. 突出控制功能的指令系统。单片机的指令系统中有大量的单字节指令，以提高指令运行速度和操作效率；有丰富的位操作指令，满足了对开关量控制的要求；有丰富的转移指令，包括有无条件转移指令和条件转移指令。

5. 较低的处理速度和较小的存储容量。因为单片机是一种小而全的微型机系统，它是牺牲运算速度和存储容量来换取其体积小、功耗低等特色。

### 1.1.5　单片机应用领域

目前单片机应用领域有：

**1. 军事技术**

通常在这些电子系统的集中显示系统、动力监测控制系统、自动驾驭系统、通信系统以及运行监视器（黑匣子）都会用到单片机技术。

**2. 人工智能**

工业机器人的控制系统由中央控制器、感觉系统、行走系统、擒拿系统等节点构成的单机或多机网络系统。而其中的每一个小系统（如数据采集、远程监控系统）都是由单片机进行控制的。

**3. 消费类电子产品**

如我们用的手机、照相机、空调等家用电器、电子玩具、激光唱机等民用产品。

**4. 通信产品**

用于无线数传、大容量存储设备和程控交换技术等。在这类设备中，单片机依靠串口、并口或者高速 USB 接口等，实现计算机之间、计算机与外围设备之间的控制和数据传输等。

**5. 计算机外围设备**

用于打印机、硬盘驱动器与复印机等计算机外围设备。

可以说单片机产品在我们的工作、生活中无处不见，覆盖了电子设备各个方面。单片机应用的意义不仅在于它的广泛应用，更重要的意义在于，单片机的应用从根本上改变传统的控制系统设计思想和设计方法。以前采用硬件电路实现的控制功能，现在用单片机软件就可实现，这种以软件取代硬件的功能，提高了系统的使用性能。

### 1.1.6 MCS-51 系列单片机的发展方向

MCS-51 系列单片机是最为成功的产品之一。虽然早期的 51 内核技术现在看来已经比较陈旧，但是各个厂商推出新产品的时候进行了不同程度的增强，也体现出 51 系列单片机的发展方向，主要有如下几个方面。

• 高速。早期的 51 内核只有几个 MHz 的运行频率，现在各个公司推出的 51 系列单片机都达到几十个 MHz 的运行频率，例如 Atmel 公司的 AT89S 系列的单片机最大运行于 33MHz。

• 缩短指令执行周期。早期的 51 内核指令一般需要 1～4 个指令周期来完成，相当于 12 个时钟振荡周期，新增强型 51 内核大大缩短了指令的执行时间。

• 低功耗。单片机主要应用于各种嵌入式设备中，这类设备最大的共性采用电池供电，需要出色的功耗控制。现在的单片机功耗都在逐步下降，大大延长了电池的使用时间。

• 高度集成性。现在的单片机集成了越来越多的功能，例如 A/D 转换、D/A 转换、I2C 接口、USB 接口等，甚至仅靠一个单片机完成所有工作，真正实现"单片"的意义。

• 减小封装尺寸。单片机在提高接口功能的同时，其封装的体积也在逐步减小。这样，可以减小电路板的使用面积，使最终产品小型化，目前家用电器、笔记本等的日益小型化就是最好的体现。

# 1.2 MCS-51 系列单片机分类

单片机可分为通用型单片机和专用型单片机两大类。通用型单片机是把可开发资源全部提供给使用者的微控制器。专用型单片机则是为过程控制、参数检测、信号处理等方面的特殊需要而设计的单片机。我们通常所说的单片机即指通用型单片机。

## 1.2.1 MCS-51 系列单片机分类

尽管各类单片机很多，但目前在我国使用最为广泛的单片机系列是 Intel 公司生产的 MCS-51 系列单片机，同时该系列还在不断地完善和发展。随着各种新型号系列产品的推出，它越来越被广大用户所接受。

MCS-51 系列单片机共有二十几种芯片，表 1-1 列出了 MCS-51 系列单片机的产品分类及特点。

表 1-1　MCS-51 系列单片机分类

| 型号 | 程序存储器 | 数据存储器 | 寻址范围（RAM） | 寻址范围（ROM） | 并行口 | 串行口 | 中断源 | 定时器 | 工作频率 |
|---|---|---|---|---|---|---|---|---|---|
| 8051AH | 4KR | 128 | 64K | 64K | 4×8 | UART | 5 | 2×16 | 2—12 |
| 8751H | 4KE | 128 | 64K | 64K | 4×8 | UART | 5 | 2×16 | 2—12 |
| 8031AH | —— | 128 | 64K | 64K | 4×8 | UART | 5 | 2×16 | 2—12 |
| 8052AH | 8KR | 256 | 64K | 64K | 4×8 | UART | 6 | 3×16 | 2—12 |
| 8752H | 8KE | 256 | 64K | 64K | 4×8 | UART | 6 | 3×16 | 2—12 |
| 8032AH | —— | 256 | 64K | 64K | 4×8 | UART | 6 | 3×16 | 2—12 |
| 80C51BH | 4KR | 128 | 64K | 64K | 4×8 | UART | 5 | 2×16 | 2—12 |
| 87C51H | 4KE | 128 | 64K | 64K | 4×8 | UART | 5 | 2×16 | 2—12 |
| 80C31BH | —— | 128 | 64K | 64K | 4×8 | UART | 5 | 2×16 | 2—12 |
| 83C451 | 4KR | 128 | 64K | 64K | 7×8 | | 5 | 2×16 | 2—12 |
| 87C451 | 4KE | 128 | 64K | 64K | 7×8 | UART | 5 | 2×16 | 2—12 |
| 80C451 | —— | 128 | 64K | 64K | 7×8 | UART | 5 | 2×16 | 2—12 |
| 83C51GA | 4KR | 128 | 64K | 64K | 4×8 | UART | 7 | 2×16 | 2—12 |
| 87C51GA | 4KE | 128 | 64K | 64K | 4×8 | UART | 7 | 2×16 | 2—12 |
| 80C51GA | —— | 128 | 64K | 64K | 4×8 | UART | 7 | 2×16 | 2—12 |

（续表）

| 型号 | 程序存储器 | 数据存储器 | 寻址范围（RAM） | 寻址范围（ROM） | 并行口 | 串行口 | 中断源 | 定时器 | 工作频率 |
|---|---|---|---|---|---|---|---|---|---|
| 83C152 | 8KR | 256 | 64K | 64K | 5×8 | GSC | 6 | 2×16 | 2—17 |
| 80C152 | —— | 256 | 64K | 64K | 5×8 | GSC | 11 | 2×16 | 2—17 |
| 83C251 | 8KR | 256 | 64K | 64K | 4×8 | UART | 7 | 3×16 | 2—12 |
| 87C251 | 8KE | 256 | 64K | 64K | 4×8 | UART | 7 | 3×16 | 2—12 |
| 80C251 | —— | 256 | 64K | 64K | 4×8 | UART | 7 | 3×16 | 2—12 |
| 80C52 | 8KR | 256 | 64K | 64K | 4×8 | UART | 6 | 3×16 | 2—12 |
| 8052AH BASIC | 8KR | 256 | 64K | 64K | 4×8 | UART | 6 | 3×16 | 2—12 |

注：UART：通用异步接受发送器。R/E：MaskROM/EPROM。GSC：全局串行通道。

表 1-1 中列出了 MCS-51 系列单片机的芯片型号以及它们的技术性能指标，下面我们在表 1-1 的基础上对 MCS-51 系列单片机作进一步的说明。

**1. 按片内不同程序存储器的配置来分**

MCS-51 系列单片机按片内不同程序存储器的配置来分，可以分为三种类型：

·片内带 MaskROM（掩膜 ROM）型：8051，80C51，8052，80C52。此类芯片是由半导体厂家在芯片生产过程中，将用户的应用程序代码通过掩膜工艺制作到 ROM 中。其应用程序只能委托半导体厂家"写入"，一旦写入后不能修改。此类单片机，适合大批量使用。

·片内带 EPROM 型：8751，87C51，8752。此类芯片带有透明窗口，可通过紫外线擦除存储器中的程序代码，应用程序可通过专门的编程器写入到单片机中，需要更改时可擦除重新写入。此类单片机，价格较贵，不宜于大批量使用。

·片内无 ROM（ROMLess）型：8031，80C31，8032。此类芯片的片内没有程序存储器，使用时必须在外部并行扩展程序存储器存储芯片。此类单片机由于必须在外部并行扩展程序存储器存储芯片，造成系统电路复杂，目前较少使用。

**2. 按片内不同容量的存储器配置来分**

按片内不同容量的存储器配置来分，可以分为两种类型：

·51 子系列型：芯片型号的最后位数字以 1 作为标志，51 子系列是基本型产品。片内带有 4KBROM/EPROM（8031，80C31 除外）、128BRAM、2 个 16 位定时器/计数器、5 个中断源等。

·52 子系列型：芯片型号的最后位数字以 2 作为标志，52 子系列则是增强型产品。片内带有 8KBROM/EPROM（8032，80C32 除外）、256BRAM、3 个 16 位定时器/计数器、6 个中断源等。

**3. 按芯片的半导体制造工艺上的不同来分**

按芯片的半导体制造工艺上的不同来分，可以分为两种类型：

· HMOS 工艺型（即高密度金属氧化物半导体工艺）：8051，8751，8052，8032。

· CHMOS 工艺型（即互补高密度金属氧化物半导体工艺）：80C51，83C51，87C51，80C31，80C32，80C52。此类芯片型号中都用字母"C"来标识。

此两类器件在功能上是完全兼容的，但采用 CHMOS 工艺的芯片具有低功耗的特点，它所消耗的电流要比 HMOS 器件小得多。CHMOS 器件比 HMOS 器件多了两种节电的工作方式（掉电方式和待机方式），常用于构成低功耗的应用系统。

此外，关于单片机的温度特性，与其他芯片一样按所能适应的环境温度范围，可划分为三个等级：

· 民用级：0℃～70℃

· 工业级：－40℃～＋85℃

· 军用级：－65℃～＋125℃

因此在使用时应注意根据现场温度选择芯片。

## 1.2.2　AT89 系列单片机分类

在 MCS-51 系列单片机 8051 的基础上，ATMEL 公司开发的 AT89 系列单片机问世以来，以其较低廉的价格和独特的程序存储器——快闪存储器（Flash Memory）为用户所青睐。表 1-2 列出了 AT89 系列单片机的几种主要型号。

**表 1-2　AT89 系列单片机一览表**

| 型号 | 程序存储器 | 数据存储器 | 寻址范围 ROM | 寻址范围 RAM | 并行 I/O 口线 | 串行 UART | 中断源 | 定时器/计数器 | 工作频率（MHz） |
|---|---|---|---|---|---|---|---|---|---|
| AT89C51 | 4K | 128 | 64K | 64K | 32 | 1 | 5 | 2×16 | 0～24 |
| AT89C52 | 8K | 256 | 64K | 64K | 32 | 1 | 6 | 3×16 | 0～24 |
| AT89LV51 | 4K | 128 | 64K | 64K | 32 | 1 | 5 | 2×16 | 0～24 |
| AT89LV52 | 8K | 256 | 64K | 64K | 32 | 1 | 6 | 3×16 | 0～24 |
| AT89C1051 | 1K | 64 | 4K | 4K | 15 | × | 3 | 1×16 | 0～24 |
| AT89C1051U | 1K | 64 | 4K | 4K | 15 | 1 | 5 | 2×16 | 0～24 |
| AT89C2051 | 2K | 128 | 4K | 4K | 15 | 1 | 5 | 2×16 | 0～24 |
| AT89C4051 | 4K | 128 | 4K | 4K | 15 | 1 | 5 | 2×16 | 0～24 |
| AT89C55 | 20K | 256 | 64K | 64K | 32 | 1 | 6 | 3×16 | 0～33 |
| AT89S53 | 12K | 256 | 64K | 64K | 32 | 1 | 7 | 3×16 | 0～33 |
| AT89S8252 | 8K | 256 | 64K | 64K | 32 | 1 | 7 | 3×16 | 0～33 |
| AT88SC54C | 8K | 128 | 64K | 64K | 32 | 1 | 5 | 2×16 | 0～24 |

采用了快闪存储器（Flash Memory）的 AT89 系列单片机，不但具有一般 MCS-51 系列单片机的基本特性（如指令系统兼容，芯片引脚分布相同等），而且还具有一些独特的优点：

1. 片内程序存储器为电擦写型 ROM（可重复编程的快闪存储器）。整体擦除时间仅为 10ms 左右，可写入/擦除 1000 次以上，数据保存 10 年以上。

2. 两种可选编程模式，即可以用 12V 电压编程，也可以用 VCC 电压编程。

3. 宽工作电压范围，VCC＝2.7～6V。

4. 全静态工作，工作频率范围：0Hz～24MHz，频率范围宽，便于系统功耗控制。

5. 三层可编程的程序存储器上锁加密，使程序和系统更加难以仿制。

总之，AT89 系列单片机与 MCS-51 系列单片机相比，前者和后者有兼容性，但前者的性能价格比等指标更为优越。

# 1.3 计算机的运算基础

在人们的日常生活和数学学习中，经常采用的是十进制，但是计算机中只能识别二进制数。所有二进制数及其编码是计算机的基本语言。其基本信息只有"0"和"1"。正好对应数字电路中的开关两个状态，但二进制数值位数多，书写和识读不方便，在计算机软件编制过程中又常常采用十六进制表示。

因此了解二进制、十进制、十六进制数之间的关系以及相互转换和运算方法，是学习单片机技术必备的基础知识。

## 1.3.1 二进制、十进制和十六进制

### 1. 计算机中常用的进位计数制

以 2 为基数的数制叫二进制，它指包括"0"和"1"两个符号，进位规则是"逢二进一"。二进制数可以在数的后面放一个 B 作为标识符，表示这个数是二进制数。

### 2. 生活中最常用的进位计数制

以 10 为基数的数制叫十进制，它指包括 0～9 共十个数字符号，进位规则是"逢十进一"。十进制数可以在数的后面放一个 D 作为标识符，表示这个数是十进制数。

### 3. 软件编程中最常用的进位计数制

以 16 为基数的数制叫十六进制，它指包括 0～9、A、B、C、D、E、F 共十六个数字符号，进位规则是"逢十六进一"。十六进制数可以在数的后面放一个 H 作为标识符，表示这个数是十六进制数。

表 1-3 给出了计算机中常用计数制的基数、数码及进位关系。

表 1-3　计算机中常用计数制的基数、数码以及进位关系

| 计数制 | 基数 | 数码 | 进位关系 |
|---|---|---|---|
| 二进制 | 2 | 0、1 | 逢二进一 |
| 十进制 | 10 | 0、1、2、3、4、5、6、7、8、9 | 逢十进一 |
| 十六进制 | 16 | 0、1、2、3、4、5、6、7、8、9、A、B、C、D、E、F | 逢十六进一 |

表 1-4 给出了计算机中常用计数制的表示方法。

表 1-4　计算机中常用计数制的表示方法

| 十进制 | 二进制 | 十六进制 |
|---|---|---|
| 0 | 0000 | 0 |
| 1 | 0001 | 1 |
| 2 | 0010 | 2 |
| 3 | 0011 | 3 |
| 4 | 0100 | 4 |
| 5 | 0101 | 5 |
| 6 | 0110 | 6 |
| 7 | 0111 | 7 |
| 8 | 1000 | 8 |
| 9 | 1001 | 9 |
| 10 | 1010 | A |
| 11 | 1011 | B |
| 12 | 1100 | C |
| 13 | 1101 | D |
| 14 | 1110 | E |
| 15 | 1111 | F |

## 1.3.2　不同进位制之间的转换

### 1. 二进制数转换为十制数

转换原则：按权展开求和。

【例 1-1】10001101.11B

$$=1\times2^7+0\times2^6+0\times2^5+0\times2^4+1\times2^3+1\times2^2+0\times2^1+1\times2^0+1\times2^{-1}$$
$$+1\times2^{-2}=141.75D$$

9

**2. 十进制数转换为二进制数**

十进制数转换为二进制数的原则：①整数部分：除基（2）取余，逆序排列；

②小数部分：乘基（2）取整，顺序排列；

【例1-2】将十进数186转换成二进制数。

商小于2停止

【例1-3】将十进数0.318转换成二进制数（小数后面保留4位精度）。

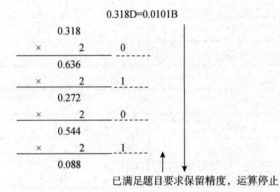

【例1-4】将十进数186.318转换成二进制数（小数后面保留4位精度）。

186.318D＝10111010.0101B

求解过程参见【例1-3】和【例1-4】。

**3. 十进制转换为十六进制**

十进制数转换为十六进制数的原则：①整数部分：除基（16）取余，逆序排列；

②小数部分：乘基（16）取整，顺序排列；

【例1-5】将十进数186转换成十六进制数。

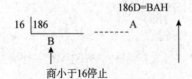

商小于16停止

【例1-6】将十进数 7948 转换成十六进制数。

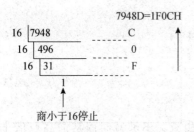

**4. 二进制转换为十六进制**

由于十六进制的基数是 2 的幂，所以二进制与十六进制之间的转换是十分方便的，二进制转换为十六进制的原则：整数部分从低位到高位四位一组不足补零，直接用十六进制数来表示；小数部分从高位到低位四位一组不足补零，直接用十六进制数表示。

【例1-7】将二进制数 10011110.00111 转换成十六进制数。

| 1001 | 1110 | . | 0011 | 1000 |
|------|------|---|------|------|
| 9    | E    |   | 3    | 8    |

所以 10011110.00111B＝9E.38H。

**5. 十六进制数转换为二进制数**

十六进制数转换为二进制数的原则：十六进制数中的每一位用 4 位二进制数来表示。

【例1-8】将十六进制数 A87.B8 转换为二进制数。

| A | 8 | 7. | B | 8 |
|---|---|----|---|---|
| 1010 | 1000 | 0111 | 1011 | 1000 |

所以 A87.B8H＝101010000111.10111000B。

## 1.3.3 二进制数和十六进制数运算

**1. 二进制数的运算**

| 加法法则 | 乘法法则 |
|---------|---------|
| 0＋0＝0 | 0×0＝0 |
| 0＋1＝1 | 0×1＝0 |
| 1＋0＝1 | 1×0＝0 |
| 1＋1＝0（进位1） | 1×1＝1 |

注意：二进制数加法运算中 1＋1＝0（进位1）和逻辑运算中 1∨1＝1 的不同含义。

**2. 十六进制数的运算**

十六进制数的运算遵循"逢十六进一"的原则。

①十六进制加法

十六进制数相加，当某一位上的数码之和 $s$ 小于 16 时与十进制数同样处理，如果

数码之和 $s \geq 16$ 时，则应该用 $s$ 减 16 及进位 1 来取代 $s$。

【例 1-9】08A3H＋4B89H＝？

$$
\begin{array}{r}
0\ 8\ A\ 3\ H \\
+\ 4\ B\ 8\ 9\ H \\
\hline
5\ 4\ 2\ C\ H
\end{array}
$$

②十六进制减法

十六进制减法也与十进制数类似，够减时直接相减，不够减时服从向高位借 1 为 16 的原则。

【例 1-10】05C3H－3D25H＝？

$$
\begin{array}{r}
0\ 5\ C\ 3\ H \\
-\ 3\ D\ 2\ 5\ H \\
\hline
C\ 8\ 9\ E\ H
\end{array}
$$

十六进制数的乘除运算同样根据逢十六进一的原则处理，这里不再繁述。

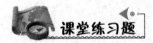 课堂练习题

1. 将下列十进制数转换成二进制数（小数取 4 位）和十六进制数。

（1）99　（2）24.31　（3）0.657　（4）24.657

2. 将下列二进制数转换为十进制数和十六进制数。

（1）11000110B　（2）01111000B　（3）0.11110011B　（4）101110.011011B

3. 将下列十六进制数转换为十进制数和二进制数。

（1）A6H　（2）43H　（3）0.BCH　（4）89.D2H

### 1.3.4　计算机中数和字符的表示

#### 1. 有符号数

计算机中的数是用二进制来表示的，有符号数中的符号也是用二进制数值来表示，0 表示"＋"号，1 表示"－"号，这种符号数值化之后表示的数称之为机器数，它表示的数值称之为机器数的真值。8 位微型计算机中约定，最高位 D7 用来表示符号位，其他 7 位用来表示数值，如图 1-2 所示。

图 1-2　计算机符号数表示法

为将减法变为加法，以方便运算简化 CPU 的硬件结构，机器数有三种表示方法：即原码、反码和补码。

（1）原码

最高位为符号位，符号位后表示该数的绝对值。

例如：[+112] 原=01110000B

[−112] 原=11110000B

其中最高位为符号位，后面的 7 位是数值（字长为 8 位，若字长为 16 位，则后面 15 位为数值）。

原码表示时+112 和−112 的数值位相同，符号位不同。

说明：

①0 的原码有两种表示法：

[+ 0] 原=00000000B

[− 0] 原=10000000B

②N 位原码的表示范围为：$1-2^{N-1} \sim 2^{N-1}-1$。

例如 8 位原码表示的范围为：$-127 \sim +127$

（2）反码

最高位为符号位，正数的反码与原码相同，负数的反码为其正数原码按位求反。

例如：[+ 112] 反=01110000B

[− 112] 反=10001111B

说明：

①0 的反码有两种表示法：

[+0] 反=00000000B

[−0] 反=11111111B

②N 位反码表示的范围为：$1-2^{n-1} \sim 2^{n-1}-1$；

例如 8 位反码表示的范围为$-127 \sim +127$。

③符号位为 1 时，其后不是该数的绝对值。

例如反码 11100101B 的真值为−27，而不是−101。

（3）补码

最高位为符号位，正数的补码与原码相同；负数的补码为其正数原码按位求反再加 1。

例如：[+112] 补=01110000B

[−112] 补=10010000B

说明：

①0 的补码只有一种表示法：[+0] = [−0] =00000000B；

②n 位补码所能表示的范围为$-2^{n-1} \sim 2^{n-1}-1$；

例如 8 位补码表示的范围为$-128 \sim +127$。

③八位机器数中：[−128] 补=10000000B，[−128] 原，[−128] 反不存在。

④符号位为 1 时，其后不是该数的绝对值。

例如：补码 11110010B 的真值为－14，而不是－114。

有符号数采用补码表示时，就可以将减法运算转换为加法运算。因此计算机中有符号数均以补码表示。

**【例 1-11】** X＝84-16

$$= （+84） + （-16） \rightarrow [X] 补 = [+84] 补 + [-16] 补$$

（＋84）补 ＝01010100B

（－16）补 ＝11110000B

```
   0 1 0 1 0 1 0 0 B
 + 1 1 1 1 0 0 0 0 B
 ─────────────────
   0 1 0 0 0 1 0 0 B
 ↗
 1
```

所以 [X] 补＝01000100B，即 X＝68。

在字长为 8 位的机器中，第 7 位的进位自动丢失，但这不会影响运算结果。机器中这一位并不是真正丢失，而是保存在程序状态字 PSW 中的进位标志 CY 中。

**【例 1-12】** X＝48－88

$$= （+48） + （-88） \rightarrow [X] 补 = [+48] 补 + [-88] 补$$

[+48] 补 ＝00110000B

[-88] 补 ＝10101000B

```
   0 0 1 1 0 0 0 0 B
 + 1 0 1 0 1 0 0 0 B
 ─────────────────
   1 1 0 1 1 0 0 0 B
```

所以 [X] 补＝11011000B，即 X＝－40。

为进一步说明补码如何将减法运算转换为加法运算，我们举一日常的例子：对于钟表，它所能表示的最大数为 12 点，我们把它称之为模，即一个系统的量程或所能表示的最大的数。若当前标准时间为 6 点，现有一只表为 9 点，可以有两种调时方法：

①9－3＝6（倒拨）

②9＋9＝6（顺拨）

即有 9＋9＝9＋3＋6＝12＋6＝9－3

因此对某一确定的模，某数减去小于模的一数，总可以用加上该数的负数与其模之各（即补码）来代替。故引入补码后，减法就可以转换为加法。

补码表示的数还具有以下特性：

[X＋Y] 补＝ [X] 补＋ [Y] 补

[X－Y] 补＝ [X] 补＋ [－Y] 补

$n=8$ 和 $n=16$ 时 $n$ 位补码表示的数的范围，如表 1-5 所示。

表 1-5　n 位二进制补码数的表示范围

| 十进制数 | 二进制数 | 十六进制数 | 十进制数 | 十六进制数 |
|---|---|---|---|---|
| n＝8 | | | n＝16 | |
| ＋127 | 01111111 | 7F | ＋32767 | 7FFF |
| ＋126 | 01111110 | 7E | ＋32766 | 7FFE |
| … | … | … | … | … |
| ＋2 | 00000010 | 02 | ＋2 | 0002 |
| ＋1 | 00000001 | 01 | ＋1 | 0001 |
| 0 | 00000000 | 00 | 0 | 0000 |
| −1 | 11111111 | FF | −1 | FFFF |
| −2 | 11111110 | EE | −2 | FFFE |
| … | … | … | … | … |
| −126 | 10000010 | 82 | −32766 | 8002 |
| −127 | 10000001 | 81 | −32767 | 8001 |
| −128 | 10000000 | 80 | −32768 | 8000 |

课堂练习题

分别求下列各数的原码、反码和补码。

(1) ＋43　　(2) −96　　(3) ＋0　　(4) −0

**2. 无符号整数**

在某些情况下，处理的全是正数时，就不必须再保留符号位。我们把最高有效位也作为数值处理，这样的数称之为无符号整数。8 位无符号数表示的范围为：0～255。

计算机中最常用的无符号整数是表示存储单元地址的数。

**3. 字符表示**

(1) 字母和符号的编码

字母、数字、符号等各种字符（例如键盘输出的信息或打印输出的信都是按字符方式输出输出）按特定的规则，用二进制编码在计算中表示。字符的编码方式很多，最普遍采用的是美国标准信息交换码 ASCII 码（美国信息交换标准代码）。

ASCII 码是 7 位二进制编码，可表示 128 个字符，7 位 ASCII 码可分成二组，高三位为一组，低 4 位为一组，计算机中用一个字节表示一个 ASCII 码字符，最高位默认为 0，可用作校验位，内容如表 1-6 所示。

表 1-6    美国标准信息交换码（ASCII）字符表

| 低位<br>高位 | 0<br>0000 | 1<br>0001 | 2<br>0010 | 3<br>0011 | 4<br>0100 | 5<br>0101 | 6<br>0110 | 7<br>0111 | 8<br>1000 | 9<br>1001 | A<br>1010 | B<br>1011 | C<br>1100 | D<br>1101 | E<br>1110 | F<br>1111 |
|---|---|---|---|---|---|---|---|---|---|---|---|---|---|---|---|---|
| 000 | NUL | SON | STX | ETX | EOT | ENQ | ACK | BEL | BS | HT | LF | VT | FF | CR | SO | SI |
| 001 | DLE | DCI | DC2 | DC3 | DC4 | SYN | ETB | SYN | CAN | EM | SUB | ESC | FS | GS | RS | US |
| 010 | SP | ! | ” | ♯ | S | % | & | , | ( | ) | * | + | , | — | 。 | / |
| 011 | 0 | 1 | 2 | 3 | 4 | 5 | 6 | 7 | 8 | 9 | : | ; | < | = | > | ? |
| 100 | @ | A | B | C | D | E | F | G | H | I | J | K | L | M | N | O |
| 101 | P | Q | R | S | T | U | V | W | X | Y | Z | [ | \ | ] | ↑ | ← |
| 110 | 、 | a | b | c | d | e | f | g | h | i | j | k | l | m | n | o |
| 111 | p | q | r | s | t | u | v | w | x | y | z | { | \| | } | . | DEL |

例如：数字 0，查其高位 011B，其低位为 0000B，最高位默认为 0，故 0 的 ASCII
码为 00110000B＝30H。

表 1-6 中：NUL 为空，即空白

SON 为标题开始，即序始                STX 为正常开始，即文始

ETX 为本文结束，即文终                EOT 为传输结束，即送毕

ENQ 为询问                          ACK 为承认

BEL 为报警符                        BS 为退格符

HT 为横向列表符                      LF 为换行符

VT 为纵向列表符                      FF 为走纸控制，换叶符

CR 为回车符                         SO 为输出符

SI 为输入符                         SP 为空格符

DEL 为数据链转换码，即转义

DC1 为设备控制 1，即机控 1           DC2 为设备控制 2，即机控 2

DC3 为设备控制 3，即机控 3           DC4 为设备控制 4，即机控 4

NAK 为否定                          SYN 为空转同步

ETB 为信息组传送结束                 CAN 为作废

EM 为纸尽，即载终                    SUB 为减，即取代

ESC 为换码，即扩展                   FS 为文字分隔符

GS 为组分割符                       RS 为记录分割符

US 为单元分割符                      DEL 为作废，即抹掉

课堂练习题

查表写出下列字符的 ASCII 码。

(1) @    (2) A    (3) a    (4) \    (5) /

（2）BCD 码

人们习惯用十进制，而计算机中采用二进制编码。为了便于人机交互，通常采用二——十进制编码方式。这种编码方式的数制其本质是十进制，但每位十进制数用相应的四位二进制数码表示，又具有二进制形式。这种用二进制编码的十进制数，简称为 BCD 码。

用 BCD 码表示十进制数，只要将每位十进制数用设当的四位二进制码表示即可。BCD 码用标准的 8421 的纯二进制码的十六个状态中的十个，8421BCD 码如表 1-7 所示。

表 1-7　BCD 编码

| 十进制 | 8421BCD | 二进制 |
| --- | --- | --- |
| 0 | 0000 | 0000 |
| 1 | 0001 | 0001 |
| 2 | 0010 | 0010 |
| 3 | 0011 | 0011 |
| 4 | 0100 | 0100 |
| 5 | 0101 | 0101 |
| 6 | 0110 | 0110 |
| 7 | 0111 | 0111 |
| 8 | 1000 | 1000 |
| 9 | 1001 | 1001 |
| 10 | 0001　0000 | 1010 |

例如：十进制数 789 用 8421BCD 码表示为：0111　1000　1001。

课堂练习题

1. 将下列十进制数转换成 BCD 码。

（1）58　　（2）126

2. 将下列二进制数转换成 BCD 码。

（1）11001110B　　（2）10011000B　　（3）00010010B

3. 已知 BCD 码 X 和 Y，求 X＋Y 和 X－Y。

（1）X＝10011000，Y＝00010010

（2）X＝01110010，Y＝01001000

# 本章小结

学习单片机的应用技术，首先要掌握单片机的基本概念。单片机是单片微型计算机的简称，也就是把微处理器（CPU）、一定容量的数据存储器（RAM）和程序存储

器（ROM）、定时/计数器，以及输入输出（I/O）接口电路等计算机的主要部件通过总线连接集成在一块芯片上，构成单片微型计算机。

单片机技术的发展仍然以 8 位机为主。随着移动通信、网络技术、无线技术等高科技产品进入家庭，32 位单片机的应用得到长足发展。目前单片机已应用到军事技术、人工智能、消费类电子产品、通信类产品及计算机类产品中。

在学习汇编语言之前，首先要了解二进制、十进制、十六进制之间的关系、相互转换和运算方法等计算机技术必备的基础知识。

在计算机中，有符号数有三种表示方法：原码、反码、补码。正数的原码、反码、补码相同表示，负数的反码是原码按位变反，负数的补码是反码加 1。在计算中，用补码表示数使得计算机的加减运算变得十分简单，因为它不必判断正负数，只要做加法运算即可得到正确的结果。

采用 BCD 码编码可以简化硬件电路和节省转换时间。在微型计算机中，字符世界各地普遍采用 ASCII 编码表。

# 思考题与习题

**1-1　选择题**

1. 计算机中最常用的字符信息编码是（　　　）。

A. ASCII　　　　　　B. BCD 码　　　　　　C. 余 3 码　　　　　　D. 循环码

2. －49D 的二进制补码为（　　　）。

A. 11101111　　　　B. 11101101　　　　　C. 0001000　　　　　D. 11101100

3. 十进制 29 的二进制表示为原码（　　　）。

A. 11100010　　　　B. 10101111　　　　　C. 00011101　　　　　D. 00001111

4. 十进制 0.625 转换成二进制数是（　　　）。

A. 0.101　　　　　　B. 0.111　　　　　　C. 0.110　　　　　　D. 0.100

5. 选出不是计算机中常作的码制是（　　　）。

A. 原码　　　　　　B. 反码　　　　　　C. 补码　　　　　　D. ASCII

**1-2　填空题**

1. 计算机中常作的码制有_____。

2. 十进制 29 的二进制表示为_____。

3. 十进制数－29 的 8 位补码表示为_____。

4. _____是计算机与外部世界交换信息的载体。

5. 十进制数－47 用 8 位二进制补码表示为_____。

6. －49D 的二进制补码为_____。

7. 计算机中最常用的字符信息编码是_____。

8. 计算机中的数称为机器数，它的实际值叫_____。

**1-3　判断题**

1. 我们所说的计算机实质上是计算机的硬件系统与软件系统的总称。（　　）

2. 计算机中常作的码制有原码、反码和补码。（　　）

3. 十进制数−29的8位补码表示为11100010。（　　）

**1-4**　请叙述51系列单片机的主要特点？

**1-5**　与MCS-51系列单片机相比，AT89系列单片机有哪些特点？

**1-6**　请通过市场调查了解8051、AT89C51、Philips公司的80C51、W78C51、DS87C520、GMS97C51等芯片的市场价格，并说明上述芯片的主要特点。

**1-7**　将下列十进制数转换为二进制、十六进制。

87D，16.7D，21.126D

**1-8**　将二进制数、十六进制数转换成十进制数。

1000111B，10111011.011B，3F8H，B6.63H

**1-9**　设机器字长为八位，写出下列二进制数的原码、反码和补码。

+1000111B，−1000111B，7D，−7D

**1-10**　写出下列各字符的ASCII码。

字母D，字母d，数字9，字符％

**1-11**　将下列十进制数用8421BCD码表示。

567，1000.23

**1-12**　已知BCD码X＝75，Y＝34，求X−Y。

# 第 2 章　MCS-51 系列单片机组成

对于 MCS-51 系列单片机来说，不同的单片机型号，不同的封装具有不同的引脚结构。这里我们选择了最常用最经典的 40Pin 的 8051 单片机为例进行讲解，重点讨论其应用特征和外部特性，分析 MCS-51 型单片机提供了哪些资源、如何应用。

通过本章的学习，读者可以实现如下几个目标：

- 熟悉典型的 51 系列单片机引脚结构和功能；
- 掌握 51 系列单片机的内部结构；
- 了解 51 系列单片机的中央处理器结构；
- 掌握 51 系列单片机的存储器结构；
- 掌握 51 系列并行 I/O 口的结构特点；
- 了解 51 系列单片机 CPU 的时序；
- 了解 51 系列单片机指令执行过程。

MCS-51 是 Intel 公司生产的系列单片机，属于这一系列的单片机有 8031/8051/8751、8032/8052/8752、80C31/80C51/87C51、80C32/80C52/87C52 等。

在功能上，MCS-51 系列单片机有基本型和增强型两类，以芯片型号的末位数来区别，其中数字 1 表示基本型，2 表示增强型。8031/8051/8751、80C31/80C51/87C51 属于基本型，8032/8052/8752、80C32/80C52/87C52 属于增强型。

在制作工艺上，MCS-51 系统单片机有 HMOS 工艺（即高密度短沟道 MOS 工艺）和 CHMOS 工艺（即互补金属氧化物的 HMOS 工艺）两种，在单片机型号中如果带有字母 C 的芯片即为 CHMOS 芯片，不带有字母 C 的芯片为 HMOS 芯片。80C31/80C51/87C51、80C32/80C52/87C52 属于 CHMOS 工艺芯片。CHMOS 工艺是 CMOS 工艺和 HMOS 工艺的结合，它集 CMOS 工艺的低功耗和 HMOS 工艺高密度和高速度的特点。

在片内程序存储器的配置上，8031 芯片内部无程序存储器，8051 芯片内部含有 4KB 的掩膜 ROM，875 芯片 1 含有 4KB 的 EPROM。在具体的单片机设计中，设计员可以根据具体情况选取所需的芯片。

尽管 MSC-51 系列单片机在功能、制作工艺、片内程序存储器配置上存在着差别，但芯片内外部结构基本相同。

# 2.1　MCS-51 系列单片机典型引脚结构

MCS-51 系列单片机的芯片一般都采用 40 个引脚的双列直插式封装（DIP）和贴装集成电路芯片。典型芯片 8051、8031、8751 和 80C51 芯片都采用 40 个引脚的双列直插式封装（DIP）方式，芯片的引脚图如图 2-1 所示。

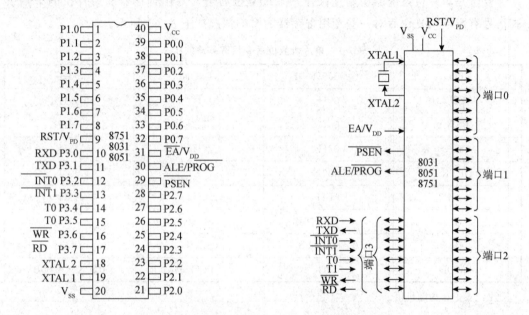

图 2-1　MCS-51 系列单片机芯片的引脚图及逻辑图

## 2.1.1　引脚功能描述

**1. 主电源及地引脚**

· $V_{CC}$（40 脚）：电源，正常操作时接＋5V 电源。

· $V_{SS}$（20 脚）：接地线。

**2. 外接晶振引脚**

外接晶振引脚相当于一个固定周期的时钟，用于为单片机提供工作时序的基准。

· XTAL1（19 脚）：接外部晶振的一个引脚，用做片内振荡电路的输入端。

· XTAL2（18 脚）：接外部晶振的一个引脚，用作片内振荡电路的输出端或者外部时钟源的输入引脚。

**3. 并行输入/输出引脚**

MCS-51 单片机提供了 4 组 8 位的并行 I/O 引脚，均支持双向数据传输。

· P0.0～P0.7（39～32 脚）：8 位漏极开路的三态双向输入/输出口。

· P1.0～P1.7（1～8 脚）：8 位带有内部上拉电阻的准双向输入/输出口。

· P2.0～P2.7（21～28 脚）：8 位带有内部上拉电阻的准双向输入/输出口。

· P3.0～P3.7（10～17 脚）：8 位带有内部上拉电阻的准双向输入/输出口。

**4. 控制类的引脚**

· RST/VPD（RESET，9 脚）：复位信号输入引脚，高电平有效。在该引脚上输入持续 2 个机器周期以上的高电平时，单片机系统复位。

复位是单片机系统的初始化操作，系统复位后会对专用寄存器和单片机的个别引脚信号有影响，复位后对一些专用寄存器的影响情况如下表 2-1 所示。

表 2-1　单片机复位后专用寄存器的状态

| PC | 0000H | TCON | 00H |
|---|---|---|---|
| ACC | 00H | B | 00H |
| PSW | 00H | TL0 | 00H |
| SP | 07H | TH0 | 00H |
| DPTR | 0000H | TL1 | 00H |
| P0～P3 | FFH | TH1 | 00H |
| IP | ××000000B | SCON | 00H |
| IE | 0×000000B | SBUF | 不定 |
| TMOD | 00H | PCON | 0×××0000B |

注：表中×为随机值

其中（PC）＝0000H，系统复位后，使单片机从 0000H 单元开始执行程序。当由于程序运行出错或操作错误使系统处于死循环状态时，可按复位电路以重新启动单片机。

（SP）＝07H，单片机自动把堆栈的栈底设置在内部 RAM 07H 单元，从 08H 单元开始存储数据。

（P0～P3）＝0FFH，系统复位后，对 P0～P3 的内部锁存器置"1"，

其余的专用寄存器在复位后都全部清"0"。

此外，复位操作还对单片机的个别引脚信号有影响，如把 ALE 和 PSEN 信号变为无效状态，即 ALE＝1，PSEN＝1。复位操作对内部 RAM 不产生影响。

对于使用 6MHZ 的晶振的单片机，复位信号持续时间应超过 $4\mu s$ 才能完成复位操作。产生复位信号的电路有上电自动复位电路和按键手动复位电路两种方式。

（1）上电自动复位电路

上电自动复位是通过外部复位电路的电容充电来实现的，该电路通过电容充电在 RST 引脚上加了一个高电平，高电平的持续时间取决于 RC 电路的参数。上电自动复位电路如图 2-2（a）所示。

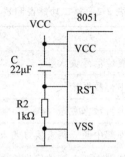

图 2-2 （a）上电自动复位电路

（2）按键手动复位电路

按键手动复位是通过按键实现人为的复位操作，按键手动复位电路如图 2-2（b）所示。

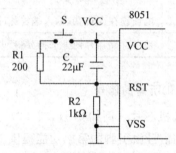

图 2-2 （b）按键手动复位电路

· $\overline{EA}$/VPP（31 脚）：访问程序存贮器选择信号输入线。

当 $\overline{EA}$ 为低电平时，CPU 只能访问外部程序存储器。当 $\overline{EA}$ 为高电平时，CPU 可访问内部程序存储器（当 8051 单片机的 PC 值小于等于 0FFFH 时），也可访问外部程序存储器（当 PC 值大于 0FFFH 时）。

· $\overline{PSEN}$（29 脚）：外部程序存储器的读选通输出信号，低电平有效。在读外部程序存储器时 CPU 会送出有效的低电平信号。

· ALE/$\overline{PROG}$（30 脚）：地址锁存允许信号输出端，高电平有效。在访问外部存储器时，该信号将 P0 口送出的低 8 位地址锁存到外部地址锁存器中。

## 2.1.2 引脚的第二功能

1. 由于工艺及标准化问题，芯片引脚为 40 条，但单片机所需的功能远大于此数，这就出现了兼职，所以 MCS-51 系列单片机的外部引脚有双重功能。第二功能说明如表 2-2 所示。

表 2-2　第二功能说明表

| 引脚 | 引脚符号 | 功能说明 |
|---|---|---|
| 9 | RST/VPD | 复位信号输入端 |
| 10 | RXD/P3.0 | 串行数据接收 |
| 11 | TXD/P3.1 | 串行数据发送 |
| 12 | $\overline{INT_0}$/P3.2 | 外部中断 0 请求信号输入 |
| 13 | $\overline{INT_1}$/P3.3 | 外部中断 1 请求信号输入 |
| 14 | $T_0$/P3.4 | 定时器/计数器 0 计数输入 |
| 15 | $T_1$/P3.5 | 定时器/计数器 1 计数输入 |
| 16 | $\overline{WR}$/P3.6 | 外部 RAM 写选通 |
| 17 | $\overline{RD}$/P3.7 | 外部 RAM 读选通 |
| 30 | ALE/$\overline{PROG}$ | 地址锁存允许端/输入编程脉冲 |
| 31 | $\overline{EA}$/VPP | 程序存储器片内外选择/编程电压 |

**2. EPROM 存储器程序固化所需的信号**

对内部有 EPROM 的单片机芯片（例如 8751，8752），为了固化程序需要提供专门的编程脉冲和编程电源，这些信号由引脚的第二功能提供。

编程脉冲：30 脚（ALE/$\overline{PROG}$）。

编程电源（+5V）：31 脚（$\overline{EA}$/VPP）。

**3. 备用电源引入**

备用电源由 9 脚（RST/VPD）引入。当电源发生故障，电压下降到下限值时，备用电源经此引脚向内部 RAM 提供电压，以保护内部 RAM 中的信息不丢失。

注意：对于 9、30、31 引脚，由于第一功能和第二功能是单片机在不同工作方式下的信号，因此不会产生冲突。而对于 P3 口，实际上，都是先按需要选取第二功能，多余的脚再作为输入输出口使用，两种功能由单片机的内部自动选择。

 课堂练习题

1. MSC-51 系列单片机有几种制作工艺？
2. 51 系列芯片外部结构是怎么样的？

# 2.2　MCS-51 系列单片机的内部组成

我们来讲了 51 系列单片机的引脚结构后，还需要了解单片机的内部构成。典型的

8051 单片机包括中央处理器（CPU）、程序存储器（ROM）、数据存储器（RAM）、串行通信接口、并行 I/O 接口，定时器/计数器和中断系统等几大组件，这些组件之间通过数据总线、地址总线和控制总线相连。

8051 系列单片机的典型内部结构，如图 2-3（a）、2-3（b）所示。

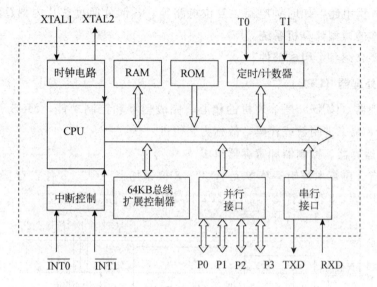

**图 2-3（a）　MCS-51 单片机系统组成基本框图**

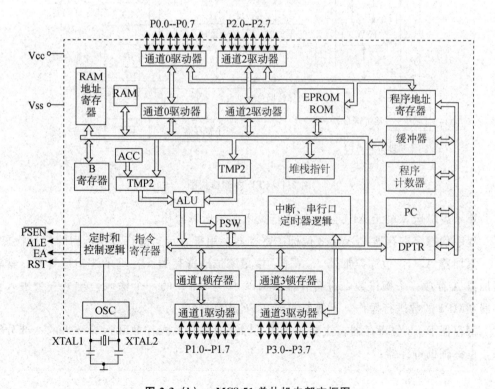

**图 2-3（b）　MCS-51 单片机内部方框图**

由图 2-3（a）可以看出，MCS-51 系列单片机 8051 是由 1 个 8 位微处理器 CPU；256 字节的数据存储器 RAM；64K 的程序存储器 ROM；32 条输入/输出 I/O 位线（P0、P1、P2、P3）；2 个定时器/计数器；1 个具有 5 个中断源、2 个优先级的中断嵌套结构；1 个全双工的串行通信端口；特殊功能寄存器以及振荡器等若干部件组成，再配置一定的外围电路，如时钟电路、复位电路等，各部分通过芯片内部总线相连即可构成一个基本的微型计算机系统。

下面简要介绍各个组成部件：

**1. 中央处理器（CPU）**

中央处理器（CPU）是单片机的核心，完成运算和控制功能，MCS-51 单片机的 CPU 能处理 8 位二进制数或代码，故称为 8 位机。

CPU 有运算器、控制器和寄存器组成。

运算器有 8 位算术逻辑运算单元 ALU、8 位累加器 ACC、8 位寄存器 B、程序状态字寄存器 PSW，8 位暂存寄存器 TMP1 和 TMP2 等组成。如图 2-4 所示。

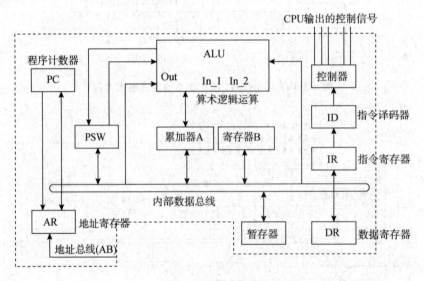

图 2-4 CPU 内部结构图

算术逻辑运算单元 ALU：主要进行算术逻辑运算操作。

程序状态字寄存器 PSW：8 位标志寄存器，用于表示当前指令执行后的信息状态。

累加器 ACC：也称累加器 A，CPU 中最繁忙的寄存器。在算术逻辑运算时，常将累加器 A 存放一个操作数，进暂存器 TMP2 作为 ALU 的一个输入，与另一个进入暂存器 TMP1 的数进行操作，运算结果送 ACC 中保存。

寄存器 B：8 位寄存器，主要用于乘、除法运算存放操作数和运算结果的一部分结果，也称辅助寄存器。

**2. 内部数据存贮器（内部 RAM）**

8051 芯片中共有 256 个内部 RAM 单元，但其中后 128 个单元被专用寄存器占用，能作为存储器供用户使用的只有前 128 个单元，用于存储可读写的数据。因此通常所说的内部数据存储器就是指前 128 个单元，简称内部 RAM。

**3. 内部程序存贮器（内部 ROM）**

8051 内共有 4KB 掩膜 ROM。由于 ROM 通常用于存放程序、原始数据、表格等。所以称之为程序存贮器，简称内部 ROM。

**4. 并行 I/O 口**

8051 中共有 4 个 8 位 I/O 口（P0、P1、P2、P3），以实现数据的并行输出输入等。

**5. 串行 I/O 口**

MCS-51 单片机有一个全双工的串行口，以实现单片机与其他设备之间的串行数据通信。该串行口功能较强，既可作为全双工异步通信收发器使用，也可作为同步移位器使用。

**6. 定时器/计数器**

8051 内共有 2 个 16 位的定时器/计数器，以实现硬件定时或计数功能，并可根据需要用定时或计数结果对计算机进行控制。

**7. 中断控制系统**

MCS-51 系列单片机的中断功能较强，用以满足控制应用的需要。8051 共有 5 个中断源，为外部中断 2 个，定时器/计数器溢出中断 2 个，串行口中断 1 个。分为高级和低级两个中断优先级。

**8. 时钟电路**

MCS-51 系列单片机的内部有时钟电路，但晶振和微调电容需外接。系统允许最高频率为 12MHZ。

课堂练习题

1. 51 系列单片机有几部分组成？
2. 51 系列单片机各组成部分用什么连接？

# 2.3　8051 的存储器

MCS-51 系列单片机的存储器配置方式与其他常用的微机系统不同，它把程序存储器和数据存储器分开，各有自己的寻址系统和控制信号。存储器共分为内部程序存储

器（ROM）、内部数据存储器（RAM）、外部程序存储器（ROM）、外部数据存储器（RAM）4 个存储空间。

### 2.3.1 存储器概述

存储器是储存二进制信息的数字电路器件。微型机的存储器包括主存储器和外存储器。外存储器（外存）主要指各种大容量的磁盘存储器、光盘存储器等。主存储器（内存）是指能与 CPU 直接进行数据交换的半导体存储器。存储器是计算机中不可缺少的重要部件。半导体存储器具有存取速度快、集成度高、体积小、可靠性高、成本低等优点。单片机是微型机的一种，它的主存储器也采用半导体存储器。

**1. 半导体存储器的一些基本概念**

位：信息的基本单位是位（Bit 或 b），表示一个二进制信息"1"或"0"。在存储器中，位信息是由具有记忆功能的半导体电路实现的，例如用触发器记忆一位信息。

字节：在微型机中信息大多是以字节（Byte 或 B）形式存放的，一个字节由 8 个位信息组成（1 Byte＝8 Bit），通常称作一个存储单元。

存储容量：存储器芯片的存储容量是指一块芯片中所能存储的信息位数，例如 8K×8 位的芯片，其存储容量为 8×1024×8 位＝65536 位信息。存储体的存储容量则是指由多块存储器芯片组成的存储体所能存储的信息量，一般以字节的数量表示。

地址：地址表示存储单元所处的物理空间的位置，用一组二进制代码表示。地址相当于存储单元的"单元编号"，CPU 可以通过地址码访问某一存储单元，一个存储单元对应一个地址码。例如 8051 单片机有 16 位地址线，能访问的外部存储器最大地址空间为 64K（65536）字节，对应的 16 位地址码为 0000H～FFFFH，第 0 个字节的地址为 0000H，第 1 个字节的地址为 0001H，…，第 65535 个字节的地址为 FFFFH。

存取周期：是指存储器存放或取出一次数据所需的时间。存储容量和存取周期是存储器的两项重要性能指标。

**2. 半导体存储器的分类**

半导体存储器按读、写功能可以分为随机读/写存储器 RAM（Random Access Memory）和只读存储器 ROM（Read Only Memory）。

随机读/写存储器 RAM 可以进行多次信息写入和读出，每次写入后，原来的信息将被新写入的信息所取代。另外，RAM 在断电后再通电时，原存的信息全部丢失。它主要用来存放临时的数据和程序。

RAM 按生产工艺分，又可以分为双极型 RAM 和 MOS RAM，而 MOS RAM 又分为静态 RAM（SRAM）和动态 RAM（DRAM）。

（1）双极型 RAM：是以晶体管触发器作为基本存储电路，存取速度快，但结构复杂、集成度较低，比较适合用于小容量的高速暂存器。

（2）MOS RAM：是以 MOS 管作为基本集成元件，具有集成度高，功耗低，位价格便宜等优点，现在微型机一般都采用 MOS RAM。

只读存储器 ROM 的信息一旦写入后，便不能随机修改。在使用时，只能读出信息，而不能写入，且在掉电后 ROM 中的信息仍然保留。它主要用来存放固定不变的程序和数据。

ROM 按生产工艺分，又可以分为以下几种：

(1) 掩膜 ROM：其存储的信息在制造过程中采用一道掩膜工艺生成，一旦出厂，信息就不可改变。

(2) 可编程只读存储器 PROM：其存储的信息可由用户通过特殊手段一次性写入，但只能写入一次。

(3) 可擦除只读存储器：其存储的信息用户可以多次擦除，并可用专用的编程器重新写入新的信息。可擦除只读存储器又可分为紫外线擦除的 EPROM、电擦除的 EE-PROM 和 Flash ROM。

51 系列单片机的存储器的配置与常用的微机系统有所不同，按照存储器的类型分为程序存储器 ROM 和数据存储器 RAM。ROM 用来存放编写好的程序和表格数据，而 RAM 用来存放输入/输出数据和运算用的中间数据等内容。

51 系列单片机的存储组织结构可以分为：

(1) 片内 ROM（即片内程序存储器地址空间），大小为 4KB；

(2) 片外 ROM（即片外程序存储器地址空间），大小为 64KB；

(3) 片内 RAM（即片内数据存储器地址空间），大小为 256B；

(4) 片外 RAM（即片外数据存储器地址空间），大小为 64KB；

如图 2-5 所示。

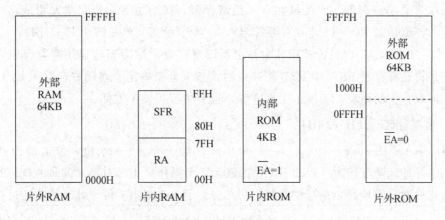

图 2-5　51 系列存储器地址空间

1. 半导体存储器有哪些分类？

2. 51 系列单片机的存储器空间是如何划分的？

### 2.3.2 8051 的内部数据存储器（内部 RAM）

8051 内部 RAM 有 256 个单元，通常在空间上分为两个区；低 128 个单元（00H～7FH）的内部数据 RAM 块和高 128 个单元（80H～0FFH）的专用寄存器 SFR 块。

### （一）内部 RAM 低 128 单元

8051 低 128 个单元是真正的内部数据 RAM 区，是一个多功能复用性数据存储器，其按用途可分为三个区域。如图 2-6 所示。

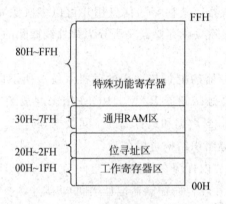

图 2-6  内部数据存储器（片内 RAM）

### 1. 工作寄存器区（00H～1FH）

也称为通用寄存器，该区域共有 4 组寄存器，每组由 8 个寄存单元组成，每个单元 8 位，各组均以 R0～R7 作寄存器编号，共 32 个单元，单元的 00H～1FH。

在任一时刻，CPU 只能使用其中一组通用寄存器，称为当前通用寄存器组，具体可由程序状态寄存器 PSW 中 RS1、RS0 位的状态组合来确定。通用寄存器为 CPU 提供了就近存取数据的便利，提高了工作速度，也为编程提供了方便。

### 2. 位寻址区（20H～2FH）

内部 RAM 的 20H～2FH，共 16 个单元，计 16×8＝128 位，位地址为 00H～7FH。位寻址区既可作为一般的 RAM 区进行字节操作，也可对单元的每一位进行位操作，因此称为位寻址区，是存储空间的一部分。表 2-3 列出了位寻址区的位地址：

表 2-3  位寻址区的位地址

| 字节地址 | 位地址 | | | | | | | |
|---|---|---|---|---|---|---|---|---|
| 2FH | 7FH | 7EH | 7DH | 7CH | 7BH | 7AH | 79H | 78H |
| 2EH | 77H | 76H | 75H | 74H | 73H | 72H | 71H | 70H |
| 2DH | 6FH | 6EH | 6DH | 6CH | 6BH | 6AH | 69H | 68H |

（续表）

| 字节地址 | 位地址 | | | | | | | |
|---|---|---|---|---|---|---|---|---|
| 2CH | 67H | 66H | 65H | 64H | 63H | 62H | 61H | 60H |
| 2BH | 5FH | 5EH | 5DH | 5CH | 5BH | 5AH | 59H | 58H |
| 2AH | 57H | 56H | 55H | 54H | 53H | 52H | 51H | 50H |
| 29H | 4FH | 4EH | 4DH | 4CH | 4BH | 4AH | 49H | 48H |
| 28H | 47H | 46H | 45H | 44H | 43H | 42H | 41H | 40H |
| 27H | 3FH | 3EH | 3DH | 3CH | 3BH | 3AH | 39H | 38H |
| 26H | 37H | 36H | 35H | 34H | 33H | 32H | 31H | 30H |
| 25H | 2FH | 2EH | 2DH | 2CH | 2BH | 2AH | 29H | 28H |
| 24H | 27H | 26H | 25H | 24H | 23H | 22H | 21H | 20H |
| 23H | 1FH | 1EH | 1DH | 1CH | 1BH | 1AH | 19H | 18H |
| 22H | 17H | 16H | 15H | 14H | 13H | 12H | 11H | 10H |
| 21H | 0FH | 0EH | 0DH | 0CH | 0BH | 0AH | 09H | 08H |
| 20H | 07H | 06H | 05H | 04H | 03H | 02H | 01H | 00H |

### 3. 用户 RAM 区（30H～7FH）

所剩 80 个单元即为用户 RAM 区，单元地址为 30H～7FH，在一般应用中把堆栈设置在该区域中。

对内部 RAM 低 128 单元的使用作几点说明：

（1）8051 的内部 RAM 00H～7FH 单元可采用直接寻址或间接寻址方式实现数据传送。

（2）内部 RAM 20H～2FH 单元的位地址空间可实现位操作。

当前工作寄存器组可通过软件对 PSW 中的 RS1、RS0 位的状态设置来选择。

（3）8051 的堆栈是自由堆栈，单片机复位后，堆栈底为 07H，在程序运行中可任意设置堆栈。堆栈设置通过对 SP 的操作实现，例如用指令 MOV SP，♯30H 将堆栈设置在内部 RAM 30H 以上单元。

### （二）内部 RAM 高 128 单元

内部 RAM 高 128 单元是供给专用寄存器使用的，因此称之为专用寄存器区（也称为特殊功能寄存器区（SFR）区），单元地址为 80H～0FFH。8051 共有 22 个专用寄存器，其中程序计数器 PC 在物理上是独立的，没有地址，故不可寻址。它不属于内部 RAM 的 SFR 区。其余的 21 个专用寄存器都属于内部 RAM 的 SFR 区，是可寻址的，它们的单元地址离散地分布于 80H～0FFH。表 2-4 为 21 个专用寄存器一览表。

表 2-4    8051 专用寄存器一览表

| 寄存器符号 | 地　址 | 寄存器名称 |
|---|---|---|
| ・ACC | E0H | 累加器 |
| ・B | F0H | B 寄存器 |
| ・PSW | D0H | 程序状态字 |
| SP | 81H | 堆栈指示器 |
| DPL | 82H | 数据指针低八位 |
| DPH | 83H | 数据指针高八位 |
| ・IE | A8H | 中断允许控制寄存器 |
| ・IP | B8H | 中断优先控制寄存器 |
| ・P0 | 80H | I/O 口 0 |
| ・P1 | 90H | I/O 口 1 |
| ・P2 | A0H | I/O 口 2 |
| ・P3 | B0H | I/O 口 3 |
| PCON | 87H | 电源控制及波特率选择寄存器 |
| ・SCON | 98H | 串行口控制寄存器 |
| SBUF | 99H | 串行口数据缓冲寄存器 |
| ・TCON | 88H | 定时器控制寄存器 |
| TMOD | 89H | 定时器方式选择寄存器 |
| TL0 | 8AH | 定时器 0 低 8 位 |
| TL1 | 8BH | 定时器 1 低 8 位 |
| TH0 | 8CH | 定时器 0 高 8 位 |
| TH1 | 8DH | 定时器 1 高 8 位 |

注：带"・"专用寄存器表示可以位操作。

下面介绍有关专用寄存器功能。

**1. 程序计数器 PC（Program Counter）**

PC 是一个 16 位计数器，其内容为单片机将要执行的指令机器码所在存储单元的地址。PC 具有自动加 1 的功能，从而实现程序的顺序执行。由于 PC 不可寻址的，因此用户无法对它直接进行读写操作，但可以通过转移、调用、返回等指令改变其内容，以实现程序的转移。PC 的寻址范围为 64KB，即地址空间为 0000～0FFFFH。

**2. 累加器 ACC（或 A）**

累加器 ACC 是 8 位寄存器，是最常用的专用寄存器，功能强，地位重要。它既可存放操作数，又可存放运算的中间结果。MCS-51 系列单片机中许多指令的操作数来自累加器 ACC。累加器非常繁忙,是单片机的执行程序瓶颈,制约了单片机工作效率的提高,现在已经有些单片机用寄存器阵列来代替累加器 ACC。

**3. 寄存器 B**

寄存器 B 是 8 位寄存器,主要用于乘、除运算。乘法运算时,B 中存放乘数,乘法操作后,高 8 位结果存于 B 寄存器中。除法运算时,B 中存放除数,除法操作后,余数存于寄存器 B 中。寄存器 B 也可作为一般的寄存器用。

**4. 程序状态字 PSW**

程序状态字是 8 位寄存器,用于指示程序运行状态信息。其中有些位是根据程序执行结果由硬件自动设置的,而有些位可由用户通过指令方法设定。PSW 中各标志位名称及定义如表 2-5 所示。

表 2-5　PSW 各标志位名称

| 位序 | D7 | D6 | D5 | D4 | D3 | D2 | D1 | D0 |
|------|----|----|----|----|----|----|----|----|
| 位标志 | CY | AC | F0 | RS1 | RS0 | OV | — | P |

注:表中—为未用位

说明:

①CY——进(借)位标志位,也是位处理器的位累加器 C。在加减运算中,若操作结果的最高位有进位或有借位时,CY 由硬件自动置 1,否则清"0"。在位操作中,CY 作为位累加器 C 使用,参与进行位传送、位与、位或等位操作。另外某些控制转移类指令也会影响 CY 位状态。

②AC——辅助进(借)位标志位。在加减运算中,当操作结果的低四位向高四位进位或借位时此标志位由硬件自动置 1,否则清"0"。

③F0:用户标志位,由用户通过软件设定,用以控制程序转向。

④RS1,RS0:寄存器组选择位。用于设定当前通用寄存器组的组号。通用寄存器组共有 4 组,其对应关系如表 2-6 所示。

表 2-6　工作寄存器组选择控制表

| RS1 | RS0 | 寄存器组 | R0~R7 地址 |
|-----|-----|----------|------------|
| 0 | 0 | 组 0 | 00~07H |
| 0 | 1 | 组 1 | 08~0FH |
| 1 | 0 | 组 2 | 10~17H |
| 1 | 1 | 组 3 | 18~1FH |

RS1,RS0 的状态由软件设置,被选中寄存器组即为当前通用寄存器组。

⑤OV:溢出标志位。在带符号数(补码数)的加减运算中,OV=1 表示加减运算

的结果超出了累加器 A 的八位符号数表示范围（－128～＋127），产生溢出，因此运算结果是错误的。OV＝0，表示结果未超出 A 的符号数表示范围，运算结果正确。

乘法时，OV＝1，表示结果大于 255，结果分别存在 A，B 寄存器中。OV＝0，表示结果未超出 255，结果只存在 A 中。

除法时，OV＝1，表示除数为 0。OV＝0，表示除数不为 0。

⑥P：奇偶标志位。表示累加器 A 中数的奇偶性，在每个指令周期由硬件根据 A 的内容的奇偶性对 P 自动置位或复位。P＝1，表示 A 中内容有奇数个 1。

### 5. 数据指针 DPTR

数据指针 DPTR 为 16 位寄存器，它是 MCS-51 中唯一的一个 16 位寄存器。编程时，既可按 16 位寄存器使用，也可作为两个 8 位寄存器分开使用。DPH 为 DPTR 的高八位寄存器，DPL 为 DPTR 的低八位寄存器。DPTR 通常在访问外部数据存储器时作为地址指针使用，寻址范围为 64KB。

### 6. 堆栈指针 SP

SP 为 8 位寄存器，用于指示栈顶单元地址。

所谓堆栈是一种数据结构，它只允许在其一端进行数据删除和数据插入操作的线性表。数据写入堆栈叫入栈（PUSH），数据读出堆栈叫出栈（POP）。堆栈的最大特点是"后进先出"的数据操作原则。

①堆栈的功用

堆栈的主要功用是保护断点和保护现场。因为计算机无论是执行中断程序还是子程序，最终要返回主程序，在转去执行中断或子程序时，要把主程序的断点保护起来，以便能正确的返回。同时，在执行中断或子程序时，可能要用到一些寄存器，需把这些寄存器的内容保护起来，即保护现场。

②堆栈的设置

MCS-51 系列单片机的堆栈通常设置在内部 RAM 的 30H～7FH 之间。

③堆栈指示器 SP

由于 SP 的内容就是堆栈"栈顶"的存贮单元地址，因此可以用改变 SP 内容的方法来设置堆栈的初始位置。当系统复位后，SP 的内容为 07H，但为防止数据冲突现象发生，堆栈最好设置在内部 RAM 的 30H～7FH 单元之间，例如使（SP）＝30H。

④堆栈类型

堆栈类型有向上生长型和向下生长型，MCS-51 系列单片机的堆栈是向上生长型的，如图 2-7 所示。

操作规程是：进栈操作，先 SP 加 1，后写入数据。

出栈操作，先读出数据，后 SP 减 1。

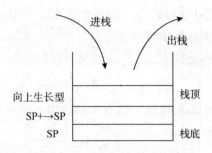

图 2-7　堆栈结构示意图

⑤堆栈使用方式

堆栈使用方式有两种：一种是自动方式，在调用子程序或中断时，返回地址自动进栈。程序返回时，断点再自动弹回 PC。这种方式无须用户操作。

另一种是指令方式。进栈指令是 PUSH，出栈指令是 POP，例如现场保护是进栈操作，现场恢复是出栈操作。

**7. 电源控制及波特率选择控制寄存器 PCON**

PCON 为 8 位寄存器，主要用于控制单片机工作于低功耗方式。MCS-51 系列单片机的低功耗方式有待机方式和掉电保护方式两种。

待机方式和掉电保护方式都由专用寄存器 PCON 的有关位来控制。PCON 寄存器不可位寻址，只能字节寻址。其各位名称及功能如表 2-7 所示。

表 2-7　控制寄存器 PCON 功能表

| 位序 | D7 | D6 | D5 | D4 | D3 | D2 | D1 | D0 |
|---|---|---|---|---|---|---|---|---|
| 位符号 | SMOD | — | — | — | GF1 | GF0 | PD | IDL |

- SMOD：波特率倍增位，在串行通信中使用。
- GF0，GF1：通用标志位，供用户使用。
- PD：掉电保护位，(PD) ＝1，进入掉电保护方式。
- IDL：待机方式位，(IDL) ＝1，进入待机方式。

（1）待机方式

用指令使 PCON 寄存器的 IDL 位置 1，则 8051 进入待机方式。时钟电路仍然运行，并向中断系统、I/O 接口和定时/计数器提供时钟，但不向 CPU 提供时钟，所以 CPU 不能工作。在待机方式下，中断仍有效，可采取中断方法退出待机方式。在单片机响应中断时，IDL 位被硬件自动清"0"。

（2）掉电保护方式

单片机一切工作停止，只有内部 RAM 单元的内容被保存。

**8. 并行 I/O 端口 P0～P3**

专用寄存器 P0、P1、P2、P3 分别是并行 I/O 口 P0～P3 中的数据锁存器。在

MCS-51 系列单片机中，没有专门的 I/O 口操作指令，而采用统一的 MOV 指令操作，把 I/O 口当作一般的专用寄存器使用。

**9. 串行数据缓冲器 SBUF**

串行数据缓冲器（SBUF）是串行口的一个专用寄存器，由一个发送缓冲器和一个接受缓冲器组成。两个缓冲器在物理上独立，但共用一个地址（99H）。SBUF 是用来存放要发送的或已接收的数据。

**10. 定时器/计数器的专用寄存器**

MCS-51 系列单片机中有二个 16 位的定时器/计数器 T0 和 T1，它们各由二个独立的 8 位计数器组成，T0 由专用寄存器 TH0、TL0 组成，T1 由专用寄存器 TH1、TL1 组成。

**11. 控制类的专用寄存器**

IE、IP、TMOD、TCON、SCON 寄存器是中断系统、定时器/计数器、串行口的控制寄存器，包含有控制位和状态位。控制位是编程写入的控制操作位，如 TCON 中的 TR1、TR0 位为定时器/计数器 T1、T0 的启、停控制位。状态位是单片机运行时自动形成的标志位，如 TCON 中的 TF1、TF0 位为定时器/计数器 T1、T0 的计数溢出标志位。

对专用寄存器的字节寻址作如下几点说明：

（1）21 个可字节寻址的专用寄存器离散分散在内部 RAM 高 128 单元。其余的空闲单元为保留区，无定义，用户不能使用。

（2）程序计数器 PC 是唯一不能寻址的专用寄存器。PC 不占用内部 RAM 单元，它在物理上是独立的。

（3）对专用寄存器只能使用直接寻址方式，在指令中可写成寄存器符号或单元地址形式。

## （三）专用寄存器的位寻址

在 21 个可寻址的专用寄存器中，有 11 个专用寄存器（字节地址能被 8 整除的）可以进行位寻址，即可对这些专用寄存器单元的每一位进行位操作，每一位有固定的位地址。表 2-8 列出了可位寻址的专用寄存器的每一位的位地址，表中字节地址带括号的专用寄存器不可位寻址。

表 2-8　可位寻址的专用寄存器的每一位的位地址

| 寄存器符号 | D7 | D6 | D5 | D4 | D3 | D2 | D1 | D0 | 字节地址 |
|---|---|---|---|---|---|---|---|---|---|
| ACC | E7 | E6 | E5 | E4 | E3 | E2 | E1 | E0 | E0H |
| B | F7 | F6 | F5 | F4 | F3 | F2 | F1 | F0 | F0H |
| PSW | D7 | D6 | D5 | D4 | D3 | D2 | D1 | D0 | D0H |
|  | CY | AC | F0 | RS1 | RS0 | OV | — | P |  |

36

| 寄存器符号 | D7 | D6 | D5 | D4 | D3 | D2 | D1 | D0 | 字节地址 |
|---|---|---|---|---|---|---|---|---|---|
| SP | — | — | — | — | — | — | — | — | (81H) |
| DPL | — | — | — | — | — | — | — | — | (82H) |
| DPH | — | — | — | — | — | — | — | — | (83H) |
| IE | AF | AE | AD | AC | AB | AA | A9 | A8 | A8H |
| | EA | — | — | ES | ET1 | EX1 | ET0 | EX0 | |
| IP | BF | BE | BD | BC | BB | BA | B9 | B8 | B8H |
| | — | — | — | PS | PT1 | PX1 | PT0 | PX0 | |
| P0 | 87 | 86 | 85 | 84 | 83 | 82 | 81 | 80 | 80H |
| | P07 | P06 | P05 | P04 | P03 | P02 | P01 | P00 | |
| P1 | 97 | 96 | 95 | 94 | 93 | 92 | 91 | 90 | 90H |
| | P17 | P16 | P15 | P14 | P13 | P12 | P11 | P10 | |
| P2 | A7 | A6 | A5 | A4 | A3 | A2 | A1 | A0 | A0H |
| | P27 | P26 | P25 | P24 | P23 | P22 | P21 | P20 | |
| P3 | B7 | B6 | B5 | B4 | B3 | B2 | B1 | B0 | B0H |
| | P37 | P36 | P35 | P34 | P33 | P32 | P31 | P30 | |
| PCON | SMOD | — | — | | GF1 | GF0 | PD | IDL | (87H) |
| SCON | 9F | 9E | 9D | 9C | 9B | 9A | 99 | 98 | 98H |
| | SM0 | SM1 | SM2 | REN | TB8 | RB8 | TI | RI | |
| SBUF | — | — | — | — | — | — | — | — | (99H) |
| TCON | 8F | 8E | 8D | 8C | 8B | 8A | 89 | 88 | 88H |
| | TF1 | TR1 | TF0 | TR0 | IE1 | IT1 | IE0 | IT0 | |
| TMOD | GATE | C/T | M1 | M0 | GATE | C/T | M1 | M0 | (89H) |
| TL0 | — | — | — | — | — | — | — | — | (8AH) |
| TL1 | — | — | — | — | — | — | — | — | (8BH) |
| TH0 | — | — | — | — | — | — | — | — | (8CH) |
| TH1 | — | — | — | — | — | — | — | — | (8DH) |

## 2.3.3 8051 外数据存储器（外部 RAM）

单片机进行连续的大量数据采集时，内部提供的数据存储器是远远不够的，这是可利用 MCS-51 单片机的扩展功能，在芯片外部扩展数据存储器（外部 RAM）。扩展外部数据存储器的方法比较简单，主要包括如下几步：

· 选择合适容量的数据存储器 RAM。

· 单片机扩展外部数据存储器时，利用 P0 口加锁存器作为低 8 位的地址线及数据线，P2 口作为高 8 位地址线，可访问的外部 RAM 的地址空间为 0～64KB，即最大可扩展 64KB 空间。

· 然后，便可以在程序中访问外部数据存储器。

片外数据存储器其结构如图 2-8 所示。

图 2-8  外部数据存储器 (外部 RAM)

由于数据存储器与程序存储器 64KB 地址重叠，且数据存储器的片内外的低字节地址重叠。所以，对片内、片外数据存储器的操作使用不同的指令。外部数据存储器只能采用间接寻址方式进行访问，访问外部数据存储器的专用指令为 MOVX。

在程序中，访问不同的数据存储区是根据指令和寻址方式来区别的，主要体现在如下几个方面：

· 访问特殊功能寄存器只能用直接寻址方式。

· 访问外部数据存储器则需用 MOVX 类指令。

· 对于只需要寻址 256 字节的单元的可采用 Ri 进行 8 位地址间接寻址，否则选用 DPTR16 位地址指针，寻址 64KB 地址空间。

另外，在访问外部数据存储器时，分为读和写操作，其中读选通信号为 RD，写选通信号为 WR，两者均为低电平有效。而单片机在访问外部程序和数据存储器时各有不同的地址指针 PC、Ri、DPTR，各指针又有不同的读或读写选通信号 PSEN、RD/WR。这就从结构上把程序存储器和数据存储器的访问截然分开。两者虽然均采用 16 位地址总线，但由于使用了完全不同的地址指针和读、读写选通信号，可保证指令的执行不会出错。

### 2.3.4  8051 程序存储器 (ROM)

程序存储器包括片内和片外程序存储器两个部分。其主要用来存放编好的用户程序和表格数据，它以 16 位的程序计数器 PC 作为地址指针，寻址空间为 64KB。

大多数 51 系列单片机内部都配置一定数量的内部程序存储器 ROM，如 8051 芯片内有 4KB 掩膜 ROM 存贮单元，AT89S51 芯片内部配置了 4KB FlashROM，它们的地址范围均为 0000H～0FFFH。程序存储器的结构如图 2-9 所示。

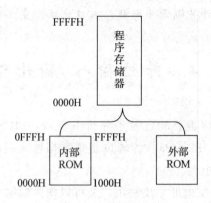

图 2-9　程序存储器

内部程序存储器有一些特殊单元，使用时要注意。其中一组特殊单元是 0000H～0002H。系统复位后，（PC）＝0000H，单片机从 0000H 单元开始执行程序。如果不是从 0000H 开始，就要在这三个单元中存放一条无条件转移指令，以便转去执行指定的应用程序。

另外，在程序存储器中有各个中断源的入口向量地址，分配如下：

0003H～000AH：外部中断 0 中断地址区

000BH～0012H：定时器/计数器 0 中断地址区

0013H～001AH：外部中断 1 中断地址区

001BH～0022H：定时器/计数器 1 中断地址区

0023H～002AH：串行中断地址区

中断地址区首地址为各个中断源的入口向量地址，每个中断地址区有 8 个地址单元。在中断地址区中应存放中断服务程序，但 8 个单元通常难以存下一个完整的中断服务程序，因此往往需要在中断地址区首地址中存放一条无条件转移指令，转去中断服务程序真正的入口地址。

从 002BH 开始的单元才是用户可以随意使用的程序存储器。

对程序存储器的操作作以下说明：

（1）程序指令的自主操作。CPU 按照 PC 指针自动的从程序存储器中取出指令。

（2）用户使用指令对程序存储器中的常数表格进行读操作，可用 MOVC 指令实现。

课堂练习题

1. 51 系统单片机内 RAM 的组成是如何划分的？各有些什么功能？

2. 什么是堆栈？它的作用是什么？

3. PSW 是什么寄存器？它的作用是什么？PSW 中各位定义名和功能是什么？

4. DPTR 是什么寄存器？它的作用是什么？

5. 51 系列单片机的 5 个中断源中断程序入口地址为多少？

# 2.4 并行输入/输出口

单片机芯片内还有一项重要的资源是并行 I/O 口，MCS-51 共有四个 8 位的并行 I/O 口。分别是：P0，P1，P2，P3。各端口是集数据输入缓冲、数据输出驱动及锁存等多项内容为一体的 I/O 电路。

P0 口既可以作为低 8 位地址总线使用，又可以作为数据总线使用；P1 口只能作为普通的 I/O 端口使用；P2 口作为高 8 位地址总线使用；P3 口能作为第二功能口使用。各个端口的功能虽然不同，且机构存在很大的差异，但是各个端口的 8 位的位结构是相同的。

以下分别对各个端口的位结构进行说明。

### 2.4.1 P0 口的结构及特点

P0 口是功能最强的口，可作为一般的 I/O 口使用，也可作为数据线、地址线使用，是三态双向输入/出端口，用来接口存储器、外部电路与外部设备。P0 端口是使用最广泛的 I/O 端口，既可以用做双向数据总线口，也可以分时复用输出低 8 位地址总线。

P0 的内部结构分别由如图 2-10 所示。

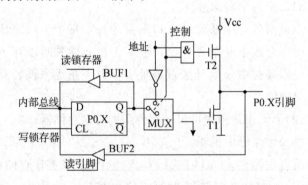

图 2-10  P0 的内部结构

由上图可见，P0 端口由锁存器、BUF（输入缓冲器）、多路开关、一个与非门、一个与门及场效应管驱动电路构成。再看 2-10 图的右边，标号为 P0.X 引脚的图标，也就是说 P0.X 引脚可以是 P0.0 到 P0.7 的任何一位，即在 P0 口有 8 个与图 2-10 相同的电路组成。

下面，我们先就组成 P0 口的每个单元部分跟大家介绍一下：

(1) 输入缓冲器：在 P0 口中，有两个三态的缓冲器，在学数字电路时，我们已经知道，三态门有三个状态，即在其的输出端可以是高电平、低电平，同时还有一种就是高阻状态（或称为禁止状态），上面一个是读锁存器的缓冲器，也就是说，要读取 D 锁存器输出端 Q 的数据，那就得使读锁存器的这个缓冲器的三态控制端（上图 2-10 中标号为 "BUF1" 端）有效。下面一个是读引脚的缓冲器，要读取 P0.X 引脚上的数据，也要使标号为 "BUF2" 的这个三态缓冲器的控制端有效，引脚上的数据才会传输到我们单片机的内部数据总线上。

(2) D 锁存器：构成一个锁存器，通常要用一个时序电路，时序的单元电路在学数字电路时我们已知道，一个触发器可以保存一位的二进制数（即具有保持功能），在 51 单片机的 32 根 I/O 口线中都是用一个 D 触发器来构成锁存器的。大家看上图 2-10 中的 D 锁存器，D 端是数据输入端，CL 是控制端（也就是时序控制信号输入端），Q 是输出端，/Q 是反向输出端。

对于 D 触发器来讲，当 D 输入端有一个输入信号，如果这时控制端 CL 没有信号（也就是时序脉冲没有到来），这时输入端 D 的数据是无法传输到输出端 Q 及反向输出端/Q 的。如果时序控制端 CP 的时序脉冲一旦到了，这时 D 端输入的数据就会传输到 Q 及/Q 端。数据传送过来后，当 CL 时序控制端的时序信号消失了，这时，输出端还会保持着上次输入端 D 的数据（即把上次的数据锁存起来了）。如果下一个时序控制脉冲信号来了，这时 D 端的数据才再次传送到 Q 端，从而改变 Q 端的状态。

(3) 多路开关：在 51 单片机中，当内部的存储器够用（也就是不需要外扩展存储器时，这里讲的存储器包括数据存储器及程序存储器）时，P0 口可以作为通用的输入输出端口（即 I/O）使用，对于 8031（内部没有 ROM）的单片机或者编写的程序超过了单片机内部的存储器容量，需要外扩存储器时，P0 口就作为 "地址/数据" 总线使用。那么这个多路选择开关就是用于选择是做为普通 I/O 口使用还是作为 "数据/地址" 总线使用的选择开关了。大家看上图，当多路开关与下面接通时，P0 口是作为普通的 I/O 口使用的，当多路开关是与上面接通时，P0 口是作为 "地址/数据" 总线使用的。

(4) 输出驱动部分：从图 2-10 中我们已看出，P0 口的输出是由两个 MOS 管组（T1、T2）成的推拉式结构，也就是说，这两个 MOS 管一次只能导通一个，当 T1 导通时，T2 就截止，当 T2 导通时，T1 截止。

(5) 与门、与非门：与门、与非门是常用逻辑电路，这里就不多做介绍了。

下面我们就来研究一下 P0 口做为 I/O 口及地址/数据总线使用时的具体工作过程。

**1. 作为通用 I/O 端口使用时的工作原理**

P0 口作为通用 I/O 端口使用时，多路开关的控制信号为 0（低电平），多路开关的控制信号同时与门的一个输入端是相接的，我们知道与门的逻辑特点是 "全 1 出 1，有 0 出那么控制信号是 0 的话，这时与门输出的也是一个 0（低电平），T2 管就截止，在多路控制开关的控制信号是 0（低电平）时，多路开关是与锁存器的 Q 非端相接的

（即 P0 口作为 I/O 口线使用）。

　　P0 口用作 I/O 口线，其由数据总线向引脚输出（即输出状态 Output）的工作过程：当写锁存器信号 CL 有效，数据总线的信号→锁存器的输入端 D→锁存器的反向输出/Q→多路开关→T1 管的栅极→T1 的漏极到输出 P0.X。

　　P0 口由内部数据总线向引脚输出数据的内部流程图如 2-11 所示。

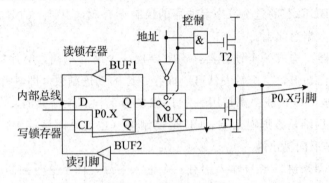

**图 2-11　P0 口由内部数据总线向引脚输出数据的内部流程图**

　　P0 口用作 I/O 口线，其由引脚向内部数据总线输入（即输入状态 Input）的工作过程。

　　数据输入时（读 P0 口）有两种情况：

　　（1）读引脚

　　读芯片引脚上的数据，读引脚数时，读引脚缓冲器打开（即三态缓冲器的控制端要有效），通过内部数据总线输入，P0 口读引脚时的内部流程如图 2-12 所示。

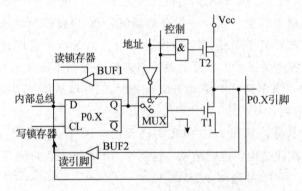

**图 2-12　P0 口读引脚时的内部流程图**

　　（2）读锁存器

　　通过打开读锁存器三态缓冲器读取锁存器输出端 Q 的状态，P0 口读锁存器时的内部流程如图 2-13 所示：

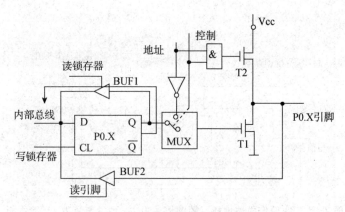

图 2-13   P0 口读锁存器时的内部流程图

### 2. 作为地址/数据复用口使用时的工作原理

在访问外部存储器时 P0 口作为地址/数据复用口使用，这时多路开关"控制"信号为"1"，"与门"解锁，"与门"输出信号电平由"地址/数据"线信号决定；多路开关与反相器的输出端相连，地址信号经"地址/数据"线→反相器→T1 场效应管栅极→T1 漏极输出。

例如：控制信号为 1，地址信号为"0"时，与门输出低电平，T2 管截止；反相器输出高电平，T1 管导通，输出引脚的地址信号为低电平。

如图 2-14 所示：

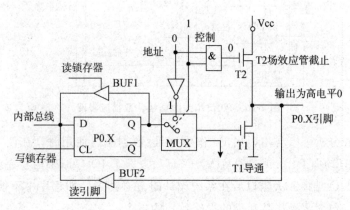

图 2-14   P0 口作为地址线（控制信号为 1，地址信号为 0）流程图

反之，控制信号为"1"、地址信号为"1"，"与门"输出为高电平，T2 管导通；反相器输出低电平，T1 管截止，输出引脚的地址信号为高电平。如图 2-15 所示：

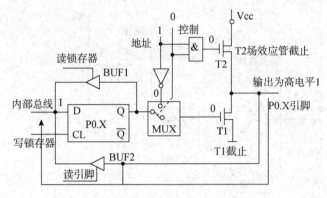

**图 2-15　P0 口作为地址线（控制信号为 1，地址信号为 1）流程图**

在取指令期间，"控制"信号为"0"，T2 管截止，多路开关也跟着转向锁存器反相输出端/Q；CPU 自动将 0FFH（11111111，即向 D 锁存器写入一个高电平"1"）写入 P0 口锁存器，使 T1 管截止，在读引脚信号控制下，通过读引脚三态门电路将指令码读到内部总线。如图 2-16 所示。

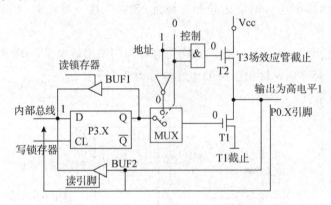

**图 2-16　P0 口作为数据线，取指流程图**

通过以上的分析可以看出，当 P0 作为地址/数据总线使用时，在读指令码或输入数据前，CPU 自动向 P0 口锁存器写入 0FFH，破坏了 P0 口原来的状态。因此，不能再作为通用的 I/O 端口。大家以后在系统设计时务必注意，即程序中不能再含有以 P0 口作为操作数（包含源操作数和目的操作数）的指令。

### 2.4.2　P1 口的结构及特点

P1 口的结构最简单，用途也最单一。仅仅只作为普通的数据输入/输出（I/O）端口使用。P1 端口可以用做位处理，即各位都可以单独输出或输入数据。

P1 的内部结构分别由如图 2-17 所示。

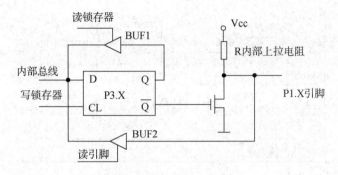

**图 2-17　P1 的内部结构**

P0 口与 P1 口的主要差别在于：P1 端口用内部上拉电阻代替了 P0 端口的场效应管，并且输出的信息只有内部总线的信息，没有了数据/地址总线的复用。

下面我们就来研究一下 P1 口做为 I/O 口使用时的具体工作过程。

**1. P1 口用作输入端口**

如果 P1 口用作输入端口，即 Q＝0，/Q＝1；则场效应管导通，引脚被直接连到电源的地 GND 上，即使引脚输入的是高电平，被直接拉低为“0”，所以，与 P0 端口一样，在将数据输入 P1 端口之前，先要通过内部总线向锁存器写“1”，这样/Q＝0，场效应管截止，P1 端口输入的“1”才可以送到三态缓冲器的输入端，此时再给三态门的读引脚送一个读控制信号，引脚上的“1”就可以通过三态缓冲器送到内部总线。具有这种操作特点的输入/输出端口，一般称之为准双向 I/O 口，51 单片机的 P1，P2，P3 口都是准双向。而 P0 端口由于输出具有三态功能（输出端口的三态是指：高电平、低电平、高阻态这三态），所以在作为输入端口时，无须先写“1”然后再进行读操作。

**2. P1 口用作输出端口**

如果 P1 口用作输出端口，应给锁存器的写锁存 CP 端输入写脉冲信号，内部总线送来的数据就可以通过 D 端进入锁存器并从 Q 和/Q 端输出，如果 D 端输入“1”，则/Q＝0，场效应管截止，由于上拉电阻的作用，在 P1.X 引脚输出高电平“1”，反之，如果 D 端输入“0”，则/Q＝1，场效应管导通，P1.X 引脚连到地线上，从而在引脚输出“0”。

### 2.4.3　P2 口的结构及特点

P2 口可作为通用 I/O 口使用，也可作为高位地址线使用的。P2 的内部结构分别由如图 2-18 所示。

可以看出 P2 口既有片内上拉电阻，又有切换开关 MUX，所以 P2 口在功能上兼有 P0 和 P1 端口的特点，这主要体现在输出功能上，当切换开关向下接通时，从内部总线输出的一位数据经反相器和场效应管反相后，输出在端口引脚线上；当多路开关向上时，输出的一位地址信号也经反相器和场效应管反相后，输出在端口引脚线上。

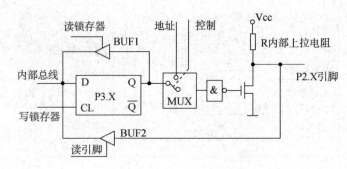

图 2-18 P2 的内部结构

**1. P2 口用作输入端口**

如果 P2 口用作输入端口，即 Q＝0，/Q＝1；则场效应管导通，引脚被直接连到电源的地 GND 上，即使引脚输入的是高电平，被直接拉低为"0"，所以，与 P0 端口一样，在将数据输入 P2 端口之前，先要通过内部总线向锁存器写"1"，这样/Q＝0，场效应管截止，P2 端口输入的"1"才可以送到三态缓冲器的输入端，此时再给三态门的读引脚送一个读控制信号，引脚上的"1"就可以通过三态缓冲器送到内部总线。

**2. P2 口用作输出端口**

如果 P2 口用作输出端口，应给锁存器的写锁存 CP 端输入写脉冲信号，内部总线送来的数据就可以通过 D 端进入锁存器并从 Q 和/Q 端输出，再通过电子开关、非门和场效应管从端口输出。

## 2.4.4　P3 口的结构及特点

P3 口可作为通用 I/O 口使用，也可作为第二功能需要来用的。P3 的内部结构分别由如图 2-19 所示。

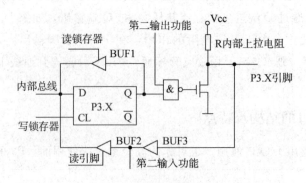

图 2-19 P3 的内部结构

可以看出 P3 口和 P1 口的结构相似，区别仅在于 P3 端口的个端口线有两种功能选择，当处于第一功能时，第二输出功能线为 1，此时，内部总线信号经锁存器和场效应管输入/输出，其作用与 P1 端口作用相同，当处于第二功能时，锁存器输出 1，通过第

— 46 —

二输出功能线输出特定的信号，在输入方面，既可以通过缓冲器读入引脚信号。还可以通过替代输入功能读入片内的特定第二功能信号。P3 口引脚的第二功能如表 2-9 所示。

表 2-9　P3 口引脚的第二功能表

| 口线 | 第二功能 | 信号名称 |
|---|---|---|
| P3.0 | RXD | 串行数据接收 |
| P3.1 | TXD | 串行数据发送 |
| P3.2 | INT0 | 外部中断 0 请求信号输入 |
| P3.3 | INT1 | 外部中断 1 请求信号输入 |
| P3.4 | T0 | 定时器/计数器 0 计数输入 |
| P3.5 | T1 | 定时器/计数器 1 计数输入 |
| P3.6 | WR | 外部 RAM 写选通 |
| P3.7 | RD | 外部 RAM 读选通 |

（1）P3 口用作输入端口。P3 用作输入端口时，其使用方法与 P1 和 P2 类似。

（2）P3 口用作输出端口。P3 用作输出端口时，其使用方法与 P1 和 P2 类似。

### 2.4.5　I/O 并口的应用特征

MCS-51 系列单片机的并行 I/O 接口有以下应用特性：

（1）P0，P1，P2，P3 作为通用双向 I/O 口使用时，输入操作是读引脚状态；输出操作是对口的锁存器的写入操作，锁存器的状态立即反映到引脚上。

（2）P1，P2，P3 口作为输出口时，由于电路内部带上拉电阻，因此无须外接上拉电阻。

（3）P0，P1，P2，P3 作为通用的输入口时，必须使电路中的锁存器写入高电平"1"，使场效应管（FET）VF1 截止，以避免锁存器输出为"0"时场效应管 VF1 导通使引脚状态始终被钳位在"0"状态。

（4）I/O 口功能的自动识别。无论是 P0、P2 口的总线复用功能，还是 P3 口的第二功能复用，单片机会自动选择，不需要用户通过指令选择。

（5）两种读端口的方式。包括端口锁存器的读、改、写操作和读引脚的操作。

（6）在单片机中，有些指令是读端口锁存器的，如一些逻辑运算指令、置位/复位指令、条件转移指令以及将 I/O 口作为目的地址的操作指令；有些指令是读引脚的，如以 I/O 口作为源操作数的指令 MOV A，P1。

（7）I/O 口的驱动特性。P0 口每一个 I/O 口可驱动 8 个 LSTTL 输入，而 P1、P2、P3 口每一个 I/O 口可驱动 4 个 LSTTL 输入。在使用时应注意口的驱动能力。

### 2.4.6　I/O 并口的驱动能力

MCS-51 系列单片机的 4 个并行 I/O 口（即上面提到到的 P0、P1、P2、P3 口），每个口均有 8 根口线，共 32 个 I/O 口。

P0 口是准双向 I/O 口，当作为片外存储器使用时，分时复用为数据总线和低 8 位地址总线，可以驱动 8 个 LSTTL 负载（低电耗肖特基晶体管）；当作为通用 I/O 口使用时，输出驱动电路是来漏的，因此需要外接上拉电阻；当作为地址/数据总线使用时，口线不是开漏的，无须外接上拉电阻。

P1 口是 8 位准双向 I/O 口，具有内部上拉电阻，驱动能力为 4 个 LSTTL 负载。P2 口和 P3 口都是 8 位准双向 I/O 口，驱动能力为 4 个 LSTTL 负载，P2 口可用于外部扩展作为高 8 位地址总线使用，P3 口所有口都具有第二功能，可当控制总线使用。

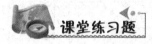课堂练习题

1. 51 系列单片机共有几个端口？每个端口有几位？
2. 简述 P0 口的工作原理。
3. 简述 P1 口的工作原理。
4. 简述 P2 口的工作原理。
5. 简述 P3 口的工作原理。

# 2.5　CPU 的时钟电路和时序

MCS-51 系列单片机的时钟电路是产生单片机工作所需要的时钟信号，而时序是指令执行中各信号之间在时间上的相互关系。单片机就像是一个复杂的同步时序电路，应在时钟信号控制下严格地按时序进行工作。

### 2.5.1　时钟电路

#### 1. 内部时钟信号的产生

MCS-51 系列单片机芯片内部有一个高增益反相放大器，输入端为 XTAL1，输出端为 XTAL2，一般在 XTAL1 与 XTAL2 之间接石英晶体振荡器和微调电容，从而构成一个稳定的自激振荡器，就是单片机的内部时钟电路，如图 2-20 所示：

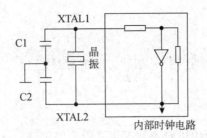

图 2-20　单片机时钟电路图

时钟电路产生的振荡脉冲经过二分频以后，才成为单片机的时钟信号。

电容 C1 和 C2 为微调电容，可起频率稳定、微调作用，一般取值在 5～30pf 之间，常取 30pf。晶振的频率范围是 1.2MHz～12MHz，典型值取 6MHz。

**2. 外部时钟信号的引入**

由多个单片机组成的系统中，为了保持同步，往往需要统一的时钟信号，可采用外部时钟信号引入的方法，外接信号应是高电平持续时间大于 20ns 的方波，且脉冲频率应低于 12MHZ。如图 2-21 和图 2-22 所示。

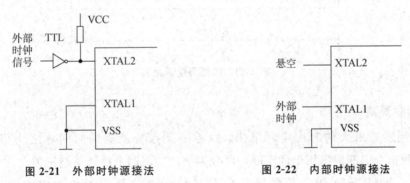

图 2-21　外部时钟源接法　　　　　　图 2-22　内部时钟源接法

## 2.5.2　单片机的 CPU 时序

微型计算机中，可以把 CPU 看成是一个复杂的同步时序电路，这个时序电路是在时钟脉冲的推动下工作的。单片机时序就是 CPU 在执行指令时所需控制信号的时间顺序。在执行指令时，CPU 首先要到程序存储器中取出需要执行指令的指令码，然后对指令码译码，并由时序部件产生一系列控制信号去完成指令的执行。

MCS-51 系列单片机的时序定时单位共有四个：从小到大依次是振荡周期（拍节）、时钟周期（状态）、机器周期、指令周期。

下面分别加以说明：

**1. 振荡周期（拍节）**

振荡周期也叫拍节，用 $P$ 表示。振荡周期是指把振荡器发出的振荡脉冲的周期。例如：若某单片机时钟频率为 2MHZ，则它的振荡周期为 $0.5\mu S$。即振荡周期是时钟

频率的倒数。

**2. 时钟周期（状态）**

时钟周期也叫状态周期，用 S 表示。振荡脉冲经过二分频以后（振荡周期的 2 倍），就是单片机的时钟信号。

**3. 机器周期**

MCS-51 系列单片机采用定时控制方式，它有固定的机器周期，一个机器周期宽度为 6 个状态，依次表示为 S1~S6，由于一个状态有两个节拍，一个机器周期总共有 12 个节拍，记作：S1P1，S1P2，…，S6P2。因此，机器周期是振荡脉冲的十二分频。

当振荡脉冲频率为 12MHz，一个机器周期为 $1\mu s$。机器周期如图 2-23 所示。

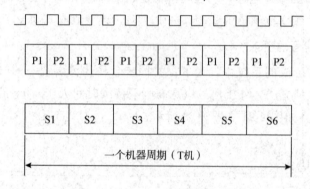

图 2-23　机器周期示意图

**4. 指令周期**

指令周期是最大的时序定时单位，执行一条指令所需的时间称之为指令周期。MCS-51 的指令周期根据指令的不同，可分为一、二、四个机器周期三类。

例如：若 MCS-51 单片机外接晶振为 12MHz 时，则单片机的四个周期的具体值为：

振荡周期＝1/12MHz＝$1/12\mu s$＝$0.0833\mu s$

时钟周期＝$1/6\mu s$＝$0.167\mu s$

机器周期＝$1\mu s$

指令周期＝$1\sim4\mu s$

## 2.5.3　读片外 ROM 时序

MCS-51 系列单片机利用控制信号 ALE（低八位地址锁存控制信号）、PSEN（外部程序读选通控制信号）、EA（片内外 ROM 选择端）来读取片外 ROM。

访问片外 ROM 时序分为两个步骤：

（1）送出 16 位地址信号。51 系列单片机 16 位地址由 P0 口的低 8 位地址和 P2 口高 8 位地址组成的。在第一个 ALE 地址锁存信号的下降沿，地址锁存器锁存 P0 口的低 8 位地址和 P2 口高 8 位地址组成的 16 位地址信息。

（2）读入数据。片外 ROM 根据 16 位地址选通相应存储单元并把其对应数据送到输出缓冲器内，同时当 PSEN 上升沿时（即片外 ROM 读选信号），片外 ROM 输出数据至数据总线上，CPU 即可识别该数据并读入。如图 2-24 所示。

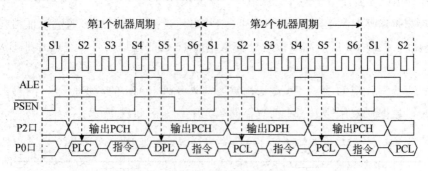

图 2-24　读片外 ROM 时序

### 2.5.4　读/写片外 RAM 时序

读/写片外 RAM 数据存储器控制信号分别为 RD 信号和 WR 信号。

**1. 读片外 RAM 数据存储器过程**

读片外 ROM 时序分为三个步骤：

（1）取指令：在第一机器周期的 S1～S4 内，读取片外 RAM 中的指令，与片外 ROM 的读取过程一致。

（2）输出片外 RAM 地址：在第一机器周期的 S5～S6 期间，在 ALE 的第二个下降沿读取片外 RAM 的地址，16 位地址信息由 P2 口和 P0 口组成。

（3）执行指令：在第二个机器周期的 S1～S4 内，外部 RAM 数据存储器将 16 位地址对应的数据送到片内输出缓冲器，当单片机的 RD 信号处于上升沿时，该数据送到 P0 口数据总线上，由 CPU 读入。如图 2-25 所示。

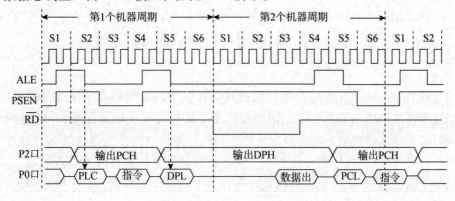

图 2-25　读片外 RAM 时序

**2. 写片外 RAM 数据存储器过程**

写片外 RAM 时序与读片外 RAM 时序相同，只是控制信号由 RD 信号改为 WR 信号。

写片外 ROM 时序分为三个步骤：

（1）选通片外 RAM 地址：CPU 通过 P0 口传送低 8 位地址，通过地址锁存器锁存所需的地址，同时 P2 口的高 8 位地址信息组成 16 位的地址信号，选通片外 RAM 数据存储器。

（2）写数据：CPU 通过 P0 口送出需要写入片外 RAM 的数据信号，同时当 WR 信号有效时，数据写入片外 RAM 相应存储单元中。如图 2-26 所示。

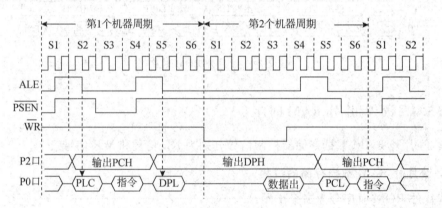

图 2-26　写片外 RAM 时序

课堂练习题

1. 什么是震荡周期、时钟周期、机器周期、指令周期？
2. 当震荡周期为 12MHZ 和 6MHZ 时，一个机器周期是多少时间？
3. 51 系列单片机的时钟信号通常有几种方式产生？

# 2.6　单片机执行指令的过程

单片机的工作过程就是运行程序的过程，而程序是指令的有序集合，因此运行程序就是按顺序地一条一条执行指令的过程。指令的机器码一般由操作码和操作数地址两部分组成，操作码在前，操作数地址在后。操作码决定指令的操作类型（如加、减、乘、除等算术操作）。操作数地址指示了参加运算的操作数来自何处，操作数一般有两个（如加、减法），操作数地址简称地址码。指令的执行又可分为取出指令和执行指令两项步骤。

例如：要使单片机进行下列运算：

O8H+5BH=63H

并将结果 63H 送单片机内部 RAM 35H 单元。

步骤如下：

## 1. 编写汇编语言程序

```
MOV A,#08H        ;将立即数 08H 送累加器 A,(A)=08H。
ADDA,#5BH         ;A 中的内容与立即数 5BH 相加,结果送 A,即 A←(A)+5BH。
MOV 35H,A         ;结果送内部 RAM 35H 单元。
```

## 2. 通过查指令表得出各指令的机器码如表 2-10 所示。

**表 2-10  指令机器码表**

| 机器码 | 汇编语言源程序 | 指令功能 |
|---|---|---|
| 74H 08H | MOV A，#08H | 立即数传送 |
| 24H 5BH | ADD A，#5BH | 加法运算 |
| F5H 35H | MOV 35H，A | 数据传送 |

3. 将机器码存入程序存储器中。例如从 8000H 程序存储器单元开始存放程序的机器码。如表 2-11 所示。

**表 2-11  程序存储器表**

| 存储地址 | ROM 存储单元内容 | 机器码 |
|---|---|---|
| 8000H | 01110100 | 74H |
| 8001H | 00001000 | 08H |
| 8002H | 00100100 | 24H |
| 8003H | 01011011 | 5BH |
| 8004H | 11110101 | F5H |
| 8005H | 00110101 | 35H |

## 4. 程序执行过程

先赋值（PC）＝8000H，以下为指令执行的步骤：

（1）PC 送出当前地址 8000H，选中程序存储器 8000H 单元。

（2）CPU 发出访问程序存储器信号，从 8000H 单元中取出第一条指令的操作码 74H。

（3）PC 内容自动加一，指向下一存储单元。

（4）CPU 将操作码 74H 送内部指令译码器译码后已知是一条立即数送 A 的指令。

（5）PC 送出当前地址 8001H，选中程序存储器 8001H 单元。

（6）CPU 再发出访问程序存储器信号，从 8001H 单元中取出第一条指令的立即数 08H 并送 A。

（7）PC 内容自动加一，指向下一存储单元。

以上即为第一条指令的取指和执行指令过程。接下去 CPU 取出第二条指令码，并完成加法运算后结果送 A 最后是完成 A 中的内容送 35H 单元指令。每条指令的执行步骤与前面所述基本相同。

最后说明一下，单片机的程序运行一般有两种方式：

a. 连续执行方式：这是程序最基本的方式，即从 PC 指针开始，连续执行程序，直到遇到结束或暂停标志。在系统复位时，PC 总是指向 0000H 地址单元，而实际的程序应允许从程序存储器的任意位置开始，可通过执行若干种指令使 PC 指向程序的实际起始地址。单片机应用系统就是处于连续工作方式。

b. 单步执行方式：这种方式是指从程序的某地址开始，启动一次只执行一条程序指令的运行方式，主要用于调试程序。单步运行方式是利用单片机的中断结构实现的。将 8051 的外部中断编程为外部电平触发方式，并设置一个单步操作脉冲产生电路，接入某个外部中断引脚，单步操作键动作一次，产生一个脉冲，启动一次内部中断处理过程，CPU 执行一条程序指令，这样就可以一步一步地进行单步操作。

# 本章小结

本章重点讨论了 MCS-51 型单片机的内部结构。单片机的内部由一个 8 位 CPU、256 字节的数据存储器 RAM、64K 的程序存储器 ROM、4 个 8 位并行 I/O 口、2 个 16 位的定时器/计数器、两个外部中断申请输入端、1 个串行输入/输出接口和时钟电路等组成。

MCS-51 单片机有三个不同的存储空间，分别是 64KB 的程序存储器（ROM）、64KB 的外部数据存储器（RAM）和 256B 的片内数据存储器，用不同的指令和控制信号实现对存储空间的操作。

MCS-51 单片机有 4 个 I/O 口均有着不同的结构，P0 口既用于 8 位数据线也用于低 8 位地址线；P1 口是通用的 I/O 接口；P2 口用于高 8 位地址线；

P3 口常用于第二功能。

在单片机 CPU 时序中，有振荡周期、时钟周期、机器周期和指令周期之分，只有理解了单片机的时序，才能够更好地理解单片机的内部是怎样协调工作的。

# 思考题与习题

**2-1　选择题**

1. PSW＝18H 时，则当前工作寄存器是（　　　）。

（A）0 组　　　　（B）1 组　　　　（C）2 组　　　　（D）3 组

2. P1 口的每一位能驱动（　　　）。

(A) 2 个 LSTTL 低电平负载　　　　　(B) 4 个 LSTTL 低电平负载

(C) 8 个 LSTTL 低电平负载　　　　　(D) 10 个 LSTTL 低电平负载

3. MCS-51 系统中，若晶振频率为 8MHz，一个机器周期等于（　　　）μs。

(A) 1.5　　　　　(B) 3　　　　　(C) 1　　　　　(D) 0.5

4. MCS-51 的时钟最高频率是（　　　）。

(A) 12MHz　　　　(B) 6MHz　　　　(C) 8MHz　　　　(D) 10MHz

5. 以下不是构成的控制器部件是（　　　）。

(A) 程序计数器　　　　　　　　　(B) 指令寄存器

(C) 指令译码器　　　　　　　　　(D) 存储器

6. 以下不是构成单片机的部件是（　　　）。

(A) 微处理器（CPU）　　　　　　(B) 存储器

(C) 接口适配器（I\O 接口电路）　(D) 打印机

7. 下列不是单片机总线的是（　　　）。

(A) 地址总线　　　　　　　　　　(B) 控制总线

(C) 数据总线　　　　　　　　　　(D) 输出总线

## 2-2　填空题

1. 微处器由_____、_____、_____三部分组成。

2. 当 MCS-51 引脚_____信号有效时，表示从 P0 口稳定地送出了低 8 位地址。

3. MCS-51 的堆栈是软件填写堆栈指针临时在_____器内开辟的区域。

4. MCS-51 有 4 组工作寄存器，它们的地址范围是_____。

5. MCS-51 片内_____范围内的数据存储器，既可以字节寻址又可以位寻址。

6. 计算机的系统总线有_____、_____、_____。

7. 80C51 含_____掩膜 ROM。

8. 80C51 在物理有_____个独立的存储空间。

9. 一个机器周期等于_____状态周期，振荡脉冲 2 分频后产生的时训信号的周期定义为状态周期。

## 2-3　判断题

1. MCS-51 的程序存储器只是用来存放程序和表格常数。（　　　）

2. MCS-51 的时钟最高频率是 18MHz。（　　　）

3. 使用可编程接口必须出始化。（　　　）

4. 当 MCS-51 上电复位时，堆栈指针 SP＝00H。（　　　）

5. MCS-51 外扩 I/O 口与外 RAM 是统一编址的。（　　　）

6. PC 存放的是当前执行的指令。（　　　）

7. MCS-51 的特殊功能寄存器分布在 60H～80H 地址范围内。（　　　）

8. MCS-51 系统可以没有复位电路。（　　　）

9. 在 MCS-51 系统中，一个机器周期等于 1.5μs。（　　　）

**2-4** 8051 单片机芯片包含哪些主要逻辑部件？

**2-5** MCS-51 是 8 位机，说说 8 位机和 16 位机的本质区别是什么？

**2-6** 8051 内部 RAM 的 256 单元主要划分为哪些部分？各部分主要功能是什么？

**2-7** 简述 8051 单片机的位处理存储器空间分布，内部 RAM 中包含哪些位寻址单元？

**2-8** 什么是堆栈？堆栈有什么功能？8051 的堆栈可以设在什么区域？在程序设计时，为什么要对 SP 重新赋值？

**2-9** 简述程序状态字 PSW 中各位的意义？

**2-10** 请叙述程序计数器 PC 的作用。单片机复位后 PC 的值为多少？单片机运行出错或进入死循环时，应如何摆脱困境？

**2-11** 在 MCS-51 系统中，片外程序存储器和片外数据存储器共处同一地址空间（0000H～FFFFH），为什么不会发生总线冲突？

**2-12** 位地址 20H 与字节地址 20H 有什么区别？位地址 20H 在内存中的什么位置？

**2-13** MCS-51 系列单片机的四个并行 I/O 口在使用上有哪些分工和特点？试比较各口的特点？

**2-14** 叙述 8051 单片机的引脚 EA 的作用？在使用 8031 单片机时该引脚应如何处理？

**2-15** 什么是 MCS-51 系列单片机的时钟周期、机器周期和指令周期？当晶振频率为 12MHz 时，一个机器周期为几个微秒？执行一条最长的指令需几个微秒？

# 第3章 指令系统

CPU 执行某种操作的命令称为指令，全部指令的集合称为指令系统。单片机的指令系统和军队的指挥命令类似，通过完备的命令来协调各个部分的动作。MCS-51 系列单片机共有 111 条指令。

不同类型及不同厂商的单片机，其指令系统并不是完全一样的。对于 51 系列的单片机来说，为了兼容性的考虑，各个厂商保证了其指令集基本一致。因此，学习和掌握了一种指令系统，对于学习任何单片机都可以轻松上手。

通过本章学习，读者应该实现如下几个目标：
• 掌握单片机汇编语言的指令格式；
• 熟悉和掌握汇编语言的伪指令；
• 熟悉和掌握汇编语言的七种寻址方式；
• 熟悉和掌握汇编语言的机器指令。

## 3.1　指令格式和寻址方式

所谓指令，就是计算机完成某种操作的命令。一台计算机所具有的全部指令称为该机器的指令系统。指令系统全面描述了 CPU 的功能。指令系统是由生产厂家确定的。不同的 CPU 有不同的指令系统。

编程语言是人机对话的工具，按使用层次可分为机器语言、汇编语言和高级语言。机器语言（二进制代码）能直接被机器识别，程序运行效率高，但编程效率低，不便于阅读、书写和交流。引入助记符，将机器语言符号化后就是汇编语言，其程序直观，用汇编语言编写的程序称为汇编语言程序。汇编语言程序必须经过汇编（机器汇编或手工汇编）成为机器语言后才能被机器执行。

例如指令：MOV 20H，♯11H

指令机器码为：752011H

指令功能：将 11H 送到内部 RAM20H 单元。

高级语言编程效率高，但程序运行效率低。

### 3.3.1 指令格式

指令的表示方法称为指令格式。本节主要介绍 MCS-51 单片机汇编语言指令的基本格式。

**1. 汇编语言指令格式**

汇编语言语句是构成汇编语言源程序的基本单元。8051 汇编语言指令格式为：

［标号:］操作码助记符 ［操作数 1］［，操作数 2］［，操作数 3］［;注释］

说明：

（1）标号表示该指令所在的地址，是用户根据程序需要（子程序入口或转移指令目标地址）而设定的符号地址。汇编时，以该指令所在的地址来代替标号。标号是以英文字母开始的由 1－8 个字母或数字组成的字符串，以"："结束。

（2）操作码助记符是表示指令操作功能的英文缩写。是指令的核心部分，每条指令都必须有操作码，不能缺省。

（3）操作数字段表示指令的操作对象，其表示形式与寻址方式有关。指令中的操作数可以是 0 个，1 个，2 个和 3 个，操作数和操作码之间以空格分隔。操作数之间以逗号分隔。双操作数时，逗号前面的操作数称为目的操作数；逗号后面的操作数称为源操作数。

（4）注释，是编程者为该指令或该程序段功能进行的说明，是为方便程序阅读的一种说明，编译系统不对注释中的内容进行语法检查。

（5）［ ］，书写汇编指令时可以省略的部分。

**2. 机器语言指令格式**

机器语言指令是一种二进制代码，由操作码和操作数两部分组成。操作码规定了指令进行的操作，是指令中的关键字，不能缺省。操作数表示该指令的操作对象。

MCS-51 系列单片机的指令，按指令长度可分为单字节指令，双字节指令和三字节指令三种，分别占用 1～3 个存储单元。机器指令的格式如图 3-1 所示。

图 3-1　机器指令格式

（1）单字节指令

操作码本身就隐含了操作数的信息，不需再加操作数。

例如：汇编语言指令　MOV A,Rn　　　　　;A←(Rn)

指令机器码如图 3-2 所示。

图 3-2　单字节指令

（2）双字节指令

首字节为操作码，第二个字节为操作数或操作数地址。

例如：汇编语言指令　MOV Rn,direct　　;Rn←(direct)

指令机器码如图 3-3 所示。

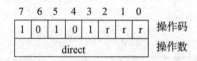

图 3-3　双字节指令

（3）三字节指令

首字节为操作码，后两个字节为操作数或操作数地址。

例如：汇编语言指令　MOV DPTR,# DATA16

指令机器码如图 3-4 所示。

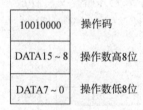

图 3-4　三字节指令

又如：汇编语言指令：MOV direct，♯DATA

指令机器码如图 3-5 所示。

图 3-5　三字节指令

**3. 伪指令**

在汇编语言中，除了可执行的指令外，为方便程序的编写，还定义了一些伪指令。伪指令是对汇编语言程序做出的一些必要说明。在汇编过程中，伪指令为汇编程序提供必要的控制信息，不产生任何指令代码，因此也称为不可执行指令。

常见的伪指令有：

（1）ORG 汇编起始地址命令

格式：ORG nn

ORG 后面 16 位地址表示此语句后的程序或数据块在程序存储器中的起始地址。

例如：ORG 1000H

START:MOV A,#32H

上述指令说明：START 表示的地址为 1000H，MOV 指令从 1000H 存储单元开始存放。

（2）DB 定义字节数据命令

格式：[名字:]DB nn1,nn2,nn3……nnN

该命令表示将 DB 后面的若干个单字节数据存入指定的连续单元中。每个数据（8位）占用一个字节单元，通常用于定义一个常数表。注意：名字也是一个符号地址，但以名字表示的存储单元之中存放的是数据，而不是指令代码，故不能做为转移指令的目标地址，这一点与标号不同。

例如：ORG 2000H

TAB1 DB 01H,04H,08H,10H

以上伪指令汇编后从 2000H 单元开始定义（存放）4 个字节数据（平方表）：

（2000H）＝01H，（2001H）＝04H，（2002H）＝09H，（2003H）＝10H。如图 3-6 所示。

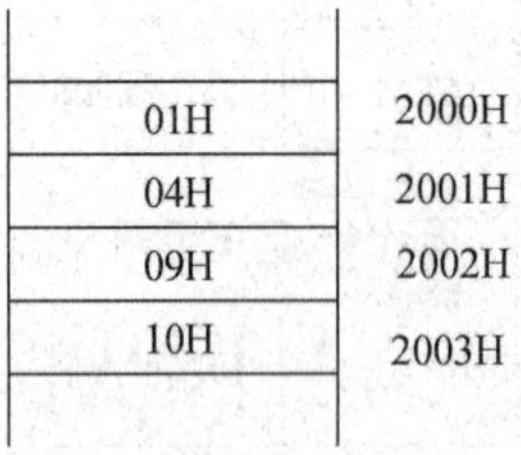

| | |
|---|---|
| 01H | 2000H |
| 04H | 2001H |
| 09H | 2002H |
| 10H | 2003H |

图 3-6　内存存储示意图

（3）DW　定义字数据命令

格式：[名字:]DW nn1,nn2,…,nnN

该命令表示将 DW 后面的若干个字数据存入指定的连续单元中。每个数据（16位）占用两个存储单元，其中高 8 位存入低地址字节，低 8 位存入高地址字节。常用于定义一个地址表。

例如：ORG 2100H

TAB2 DW 1067H,1000H,100

汇编后：(2100H)=10H，(2101H)=67H，

(2102H)=10H，(2103H)=00H，

(2104H)=00H，(2105H)=64H。

如图 3-7 所示。

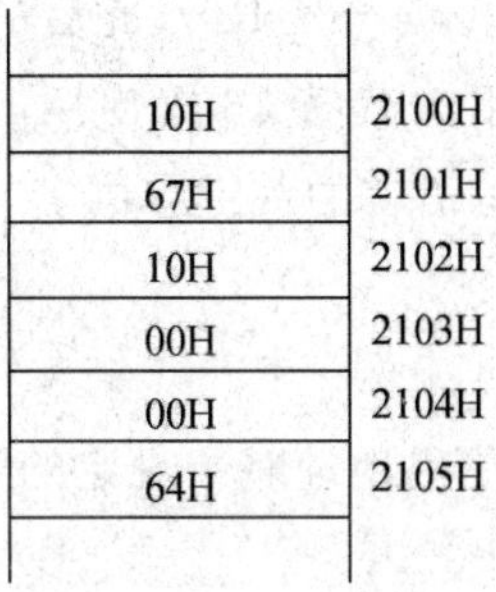

| | |
|---|---|
| 10H | 2100H |
| 67H | 2101H |
| 10H | 2102H |
| 00H | 2103H |
| 00H | 2104H |
| 64H | 2105H |

图 3-7   内存存储示意图

（4）DS 定义存储区命令

格式：［名字:］DS X

从指定的地址单元开始，预留 X 字节单元备用。

例如：ORG 2000H

L1 DS 03H

L2 DB 86H,0A7H

汇编后，从 2000H 开始保留 3 个字节单元，从 2003H 单元开始按 DB 命令给内存
单元赋值：

(2003H)=86H

(2004H)=0A7H

如图 3-8 所示。

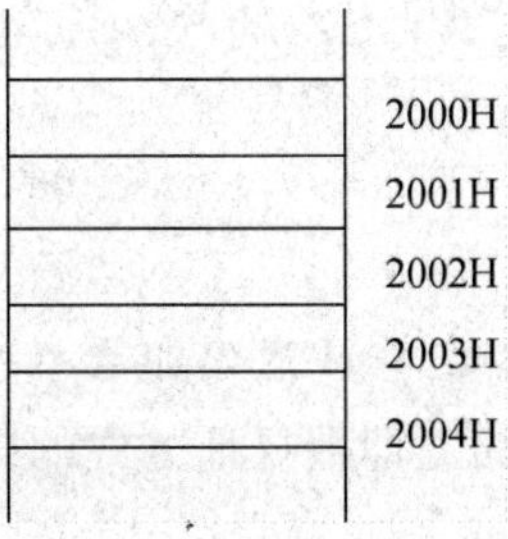

| | |
|---|---|
| | 2000H |
| | 2001H |
| | 2002H |
| | 2003H |
| | 2004H |

图 3-8   内存存储示意图

注意：DB、DW、DS 伪指令只能对程序存储器进行赋值和初始化工作，不能用来
对数据存储器进行赋值和初始化工作。

（5）EQU 赋值命令

格式：字符名　EQU　数或汇编符号

本命令给字符名赋予一个数或特定的汇编符号。赋值后，指令中可用该符号名来表示数或汇编符号。

例如：`TEMP EQU R4`

　　　`X    EQU 16`

第一条指令将 TEMP 等值为汇编符号 R4，此后的指令中 TEMP 可以代替 R4 来使用。第二条指令表示指令中可以用 X 代替 16 来使用。注意使用 EQU 命令时必须先赋值后使用。注意字符名不能和汇编语言的关键字同名，如 A，MOV，B 等。

（6）DATA 数据地址赋值命令

格式：字符名　DATA nn

DATA 命令是将数据地址或代码地址赋予规定的字符名称。

（7）BIT　定义位地址符号命令

格式：字符名　BITbit

将位地址 bit 赋予所定义的字符名。

（8）END 汇编结束命令

END 表示汇编语言源程序到此结束。

### 3.1.2　寻址方式

操作数是指令的一个重要组成部分，CPU 在规定的寻址空间获得操作数地址的方式，称为寻址方式。寻址方式不仅影响指令的长度，还影响指令的执行速度。

MSC-51 系列单片机共有七种寻址方式，对不同存储器中数据进行操作采用不同的寻址方式。

**1. 立即寻址**

指令中直接给出操作数的寻址方式，操作数存放没有用到存储空间。立即数前加"＃"标记，以便和直接寻址方式相区分。注意"＃"只为立即数的标志，不作为要传递的数据内容本身。

【例 3-1】`MOV A,＃40H`　　　　　　　　`;A←40H`

　　　　　`MOV DPTR,＃3400H`　　　　　`;DPTR←3400H`

MOV A，＃40H 指令将立即数 40H 送累加器 A 中。指令执行后：累加器 A 中数据为立即数 40H，指令中"＃"为立即数寻址方式的标志。

**2. 直接寻址**

指令中直接给出操作数地址的寻址方式。这种寻址方式是对内部数据存储器（00H～FFH）进行访问。

直接寻址方式可寻址的空间：

（1）内部 RAM 的低 128 字节单元地址空间；

（2）特殊功能寄存器 SFR 地址空间（直接寻址是访问 SFR 的唯一方式）；

（3）位地址空间。

【例 3-2】 MOV A,50H　　　　;A←(50H)50H 为直接给出的内部 RAM 的地址。

　　　　　 MOV PSW,# 20H　　;PSW←20H PSW 为直接寻址寄存器的符号地址。

MOV A，50H 指令是把内部 RAM 中 50H 单元（直接寻址）的内容送入累加器 A 中。假设指令执行前 A 的内容为 8BH（表示为（A）＝8BH），50H 单元的内容为 36H（表示为（50H）＝36H），则指令执行后：（A）＝36H，（50H）＝36H（不变）。

**3. 寄存器寻址**

以通用寄存器的内容为操作数的寻址方式。通用寄存器指累加器 A，寄存器 B，数据指针 DPTR 以及当前工作寄存器 R0～R7。

寄存器寻址方式的可寻址空间：

1. 当前工作寄存器 R0～R7（当前工作寄存器区由 RS1、RS2 来选定）；

2. 累加器 A、寄存器 B、数据寄存器 DPTR。

【例 3-3】 MOV A,R2　　　　;A←(R2)

该指令是将工作寄存器 R2 的内容送给累加器 A。假设指令执行前 A 的内容为 08H（表示为（A）＝08H），R2 的内容为 4EH（表示为（R2）＝4EH），则指令执行后：（A）＝4EH，（R2）＝4EH（不变）。

**4. 寄存器间接寻址方式**

以寄存器中内容为地址，以该地址中内容为操作数的寻址方式。该寻址方式有一个重要的标志——间址符 "@"。

寄存器间接寻址的可寻址空间：

1. 内部 RAM 00H－7FH（@R0、@R1、SP）；

2. 外部 RAM 0000H—FFFFH（@R0、@R1、@DPTR）。

能用于寄存器间接寻址的寄存器有 R0、R1、DPTR 和 SP。其中 R0、R1 必须是工作寄存器组中的寄存器，SP 仅用于堆栈操作。

在访问内部数据存储空间只有 128 个字节，用 R0，R1 寻址整个内部数据存储区。但外部数据存储区的地址为 16 位地址，仅用 R0、R1 无法寻址整个空间，当用 R0、R1 对外部数据存储器间接寻址时，高 8 位地址有 P2 端口提供，低 8 位地址由 R0/R1 提供。

在访问外部 RAM 整个 64KB（0000H～FFFFH）地址空间时，也可用数据指针 DPTR 来间接寻址。

【例 3-4】 MOV A,@ R0　　　;A←((R0))

该指令的操作为将寄存器 R0 的内容（设（R0）＝50H）作为地址，把片内 RAM50H 单元的内容（设（50H）＝48H）送入累加器 A，指令执行后（A）＝48H。

63

寄存间接寻址示意如图 3-9 所示。

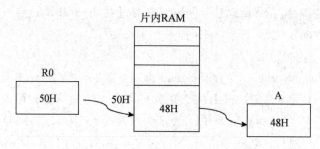

图 3-9 MOV A，@R0 间接寻址示意

【例 3-5】 MOVX A,@ R0          ;A←((R0))

该指令的操作为将寄存器 R0 的内容（设（R0）＝50H）作为地址，把片外 RAM1050H 单元的内容（设（1050H）＝48H）送入累加器 A，指令执行后（A）＝48H。

寄存间接寻址示意如图 3-10 所示。

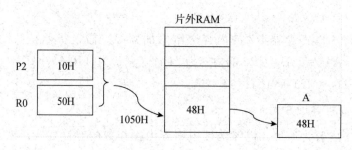

图 3-10 MOVX A，@R0 间接寻址示意

【例 3-7】 MOVX A,@ DPTR          ;A←((DPTR))

该指令的操作为将寄存器 DPTR 的内容（设（DPTR）＝1050H）作为地址，把片外 RAM1050H 单元的内容（设（1050H）＝48H）送入累加器 A，指令执行后（A）＝48H。

寄存间接寻址示意如图 3-11 所示。

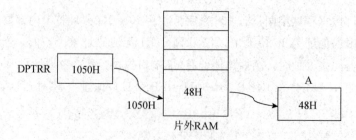

图 3-11 MOVX A，@DPTR 间接寻址示意

**5. 变址寻址**

变址寻址是 MCS-51 系列单片机指令系统所特有的一种寻址方式。它以程序计数器 PC 或数据指针 DPTR 作为基址寄存器，以累加器 A 作为变址寄存器（存放 8 位无符号的偏移量），两者内容相加形成 16 位程序存储器地址作为指令操作数的地址。这种寻址方式用于读取程序存储器中的常数表，无写操作，在指令符号上采用 MOVC 的形式。

变址寻址的可寻址空间：程序存储区中的数据。

**【例 3-8】** MOVC A,@ A+ DPTR　 ;A←((A)+ (DPTR))

该指令是把 DPTR 的内容作为基地址，把 A 的内容作为偏移量，两量相加形成 16 位地址，将该地址的程序存储器 ROM 单元的内容送给 A。假设指令执行前为：（DPTR）=2100H，（A）=56H，（2156H）=36H，则该指执行后：（A）=36H。

变址寻址示意如图 3-12 所示。

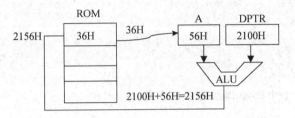

**图 3-12　MOVC A，@A＋DPTR 变址寻址示意**

**6. 相对寻址**

相对寻址方式只用于相对转移指令中。相对转移指令是以本指令的下一条指令的首地址 PC 为基地址，与指令中给定的相对偏移量 rel 相加之和作为程序的转移目标地址。偏移量 rel 是 8 位二进制补码（与 PC 相加时，rel 需符号扩展成 16 位）。转移范围为当前 PC 值的 -128～+127 个字节单元之间。相对寻址一般为双字节或三字节指令。

相对寻址空间：程序存储器。

**【例 3-9】** JZ 30H　　　　　　　 ;当(A)= 0 时,则 PC←(PC)+ 2+ rel,程序转移。

　　　　　　　　　　　　　　　 ;当(A)= 1 时,则 PC←(PC)+ 2,程序按原顺序执行。

**7. 位寻址**

对位地址中的内容作位操作的寻址方式，位地址其实是一种直接寻址方式，不过其地址是位地址。

位寻址空间：

1. 片内 RAM 的位寻址区域，20H—2FH 共 16 个单元 128 位，其位地址编码位 00H—7FH。

2. 字节地址能被 8 整除的 SFR（12 个）。对这些寻址位，可以有以下四种表示方法：

①直接位地址方式，如：0D5H；

②位名称方式，如：F0；

③点操作符方式，如 PSW·5 或 0D0H·5；

④用户定义名方式，如：用伪指令 bit 定义 USR_FLG bit F0，经定义后，允许指令用 USR_FLG 代替 F0。

以上四种方式指的都是 PSW 中的第 5 位。

MCS-51 单片机中设有独立的位处理器。位操作命令能对可以位寻址的空间进行位操作。

**【例 3-10】** MOV C,07H          ;C←(07H)

该指令属位操作指令，将内部 RAM20H 单元的 D7 位（位地址为 07H）的内容送给位累加器 C。

以上我们介绍了 MCS-51 指令系统的 7 种寻址方式。实际上指令中有两个或三个操作数时，往往就具有几种类型的寻址方式。

例如指令：MOV B,      # 4FH

　　　　　　　　寄存器寻址　立即寻址

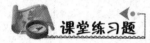 课堂练习题

1. 指出下列指令中源操作数的寻址方式：

（1）MOV R0，♯30H

（2）MOV A，30H

（3）MOV A，@R0

（4）MOV @R0，A

（5）MOV C，30H

2. 指出下列指令中哪些是合法指令，哪些是非法指令？

（1）MOV R7，R2

（2）MOV R1，♯30H

（3）MOV @R1，♯30H

（4）MOV R2，@R1

（5）MOV A，@R1

（6）MOV A，@R3

（7）MOV DPTR，♯30H

（8）MOVX DPTR，A

（9）MOV DPTR，A

（10）MOVX DPTR，A

（11）MOVC A，@A＋PC

（12）MOV ♯30H，30H

# 3.2　指令系统

本节要介绍的指令系统与前一章介绍的单片机基本硬件结构是 MCS-51 单片机程序设计模型，是进行汇编语言程序设计的基础。

## 3.2.1　指令系统说明

单片机与一般通用微处理器指令系统的区别在于突出了控制功能，具体表现为有大量的转移指令和位操作指令。

### 1. 分类

MCS-51 单片机的指令系统内容丰富、完整，功能较强。共有 111 条指令，按功能可以分为六大类

(1) 数据传送指令（29 条）

(2) 算术运算指令（24 条）

(3) 逻辑运算指令（24 条）

(4) 控制转移指令（22 条）

(5) 位操作指令（12 条）

### 2. 指令说明

对于每一条指令，学习时要注意掌握以下几点：

(1) 指令的功能

(2) 指令操作数的合法寻址方式

(3) 指令对标志的影响

(4) 指令的长度和执行时间

### 3. 指令中符号的约定

在介绍汇编指令系统时，指令中的符号约定如下：

(1) Rn（n＝0～7）：当前选中的工作寄存器组的工作寄存器 R0～R7。

(2) @Ri（i＝0、1）：以 R0 或 R1 作寄存器间接寻址，"@"为间址符。

(3) direct：8 位直接地址。可以是内部 RAM 单元地址（00H～7FH），或特殊功能寄存器（SFR）地址（80H～FFH）。

(4) @DPTR：以数据指针 DPTR 的内容（16 位）为地址的寄存器间接寻址，对外部 RAM64K 地址空间寻址。

(5) ＃data：8 位立即数，"＃"表示 DATA 是立即数寻址不是直接寻址。

(6) ＃data16：16 位立即数。

(7) addr11：11 位直接地址。短转移（AJMP）及短调用（ACALL）指令中为转

移目标地址，2K 范围内转移，指令中用标号代替。

（8）addr16：16 位直接地址。长转移（LJMP）及长调用（LCALL）指令中为转移目标地址，转移范围 64K，指令中用标号代替。

（9）REL：相对转移地址，8 位补码地址偏移量为 $-128 \sim +127$，指令中用标号代替。

（10）DPTR：16 位数据指针。

（11）bit：位地址。内部 RAM20H～2FH 中可寻址位和 SFR 中的可寻址位。

（12）A：累加器。

（13）B：专用寄存器，用于乘、除法指令中。

（14）C：即 CY 位，进位标志或进位位，或位操作指令中的位累加器。

（15）/：位操作数的取反操作前缀，如/bit。

（16）(X)：X 中的内容。

（17）((X))：由 X 间接寻址的单元中的内容。

（18）←：箭头右边内容送箭头所指的单元。

## 3.2.2 数据传送指令

数据传送指令共有 29 条，分为片内数据存储器传送（MOV）指令，片外数据存储器传送（MOVX）指令，程序存储器内查表（MOVC）指令，数据交换（XCH、XCHD、SWAP）指令和堆栈操作（PUSH、POP）指令。

源操作数可以采用寄存器、寄存器间接、直接、立即、变址 5 种方式，目的操作数可以采用寄存器，寄存器间接，直接寻址 3 种寻址方式。数据传送指令是编程时使用最频繁的一类指令。

数据传送指令一般的操作是把源操作数传送到目的操作数，指令执行后，源操作数不改变，目的操作数修改为源操作数。如果要求在数据传送时，不丢失目的操作数，则可以用交换指令。

数据传送指令不影响标志。这里所说的标志是指进位标志 CY，辅助进位标志 AC 和溢出标志 OV，不包括检验累加器奇偶的标志 P。

**1. 片内数据 RAM 及寄存器间的数据传送指令（16 条）**

（1）以累加器 A 为目的操作数的指令（4 条）

以累加器 A 为目的操作数的指令，如表 3-1 所示。

表 3-1　以累加器 A 为目的操作数的指令表

| 汇编指令 | 操作说明 | 代码长度（字节） | 指令周期 | |
|---|---|---|---|---|
| | | | Tosc | TM |
| MOV A，Rn | 将 Rn 中内容（简称 Rn 值，下同）送入 A 中，A←（Rn） | 1 | 12 | 1 |

（续表）

| 汇编指令 | 操作说明 | 代码长度（字节） | 指令周期 Tosc | 指令周期 TM |
|---|---|---|---|---|
| MOV A，direct | 将 direct 单元中内容（简称 direct 值，下同）送入 A 中，A←（direct） | 2 | 12 | 1 |
| MOV A，♯data | 将 8 位常数♯data 送入 A 中，A←data | 2 | 12 | 1 |
| MOV A，@Ri | 将 Ri 间址的地址单元中内容（简称 Ri 间址值，下同）送入 A 中，A←（（Ri）） | 1 | 12 | 1 |

注：Tosc 为时钟周期，TM 为机器周期数

说明：

①指令的功能是把源操作数的内容送入累加器 A 中。源操作数可以为寄存器寻址，直接寻址，立即寻址和寄存器间接寻址。

②源操作数是 Rn 时，属寄存器寻址。MCS-51 内部 RAM 区中有 4 组工作寄存器，每组由 8 个寄存器组成。可通过改变 PSW 中的 RS0，RS1 来切换当前工作寄存器组。

【例 3-11】已知 A＝30H，R1＝40H，（40H）＝50H，单独执行下列各条指令：

```
MOV A,R1     ;A←(R1)将 R1 中的数据送入 A 中,A= 40H
MOV A,40H    ;A←(40H)将 40H 中的数据送入 A 中,A= 50H
MOV A,@ R1   ;A←((R1))将 R0 间接寻址的 40H 单元内容送入 A 中,A= 50H
MOV A,♯88H   ;A←88H 将立即数 88H 送入 A 中,A= 88H
```

（2）以 Rn 为目的操作数的指令（3 条）

该组指令的功能是把源操作数的内部送到当前工作寄存器区中的 R0～R7 中的某一个寄存器。源操作数可以为寄存器寻址，直接寻址和立即寻址方式。如表 3-2 所示。

表 3-2　以 Rn 为目的操作数的指令表

| 汇编指令 | 操作说明 | 代码长度（字节） | 指令周期 Tosc | 指令周期 TM |
|---|---|---|---|---|
| MOV Rn，direct | 将 direct 值送入 Rn 中，Rn←（direct） | 2 | 24 | 2 |
| MOV Rn，♯data | 将常数 data 送入 Rn 中，Rn←data | 2 | 12 | 1 |
| MOV Rn，A | 将 A 值送入 Rn 中，Rn←（A） | 1 | 12 | 1 |

【例 3-12】已知 A＝30H，（70H）＝50H，单独执行下列各条指令：

```
MOV R2,A     ;R2←(A)将 A 中的数据送入 R2 中,R2= 30H
MOV R6,70H   ;R6←(70H)将 70H 单元中的数据送入 R6 中,R6= 50H
MOV R4,♯ 40H ;R4←40H 将立即数 40H 送入 R4 中,R4= 40H
```

（3）以直接地址为目的操作数的指令（5 条）

该组指令的功能是把源操作数的内容送入直接地址所指的存储单元。源操作数有

寄存器寻址、直接寻址、寄存器间接寻址和立即寻址方式。如表3-3所示。

表3-3 以直接地址为目的操作数的指令表

| 汇编指令 | 操作说明 | 代码长度（字节） | 指令周期 | |
|---|---|---|---|---|
| | | | Tosc | TM |
| MOVdirect，Rn | 将 Rn 值送入 direct 中。（direct）←（Rn） | 2 | 24 | 2 |
| MOV direct，A | 将 A 值送入 direct 中，（direct）←（A） | 2 | 12 | 1 |
| MOV direct，@Ri | 将 Ri 间址值送入 direct 中，（direct）←（（Ri）） | 2 | 24 | 2 |
| MOV direct，#data | 将常数#data 直接送入 direct 中，（direct）←data | 3 | 24 | 2 |
| MOV direct1，direct2 | 将 direct1 值送入 direct2 中，（direct1）←（direct2） | 3 | 24 | 2 |

【例3-13】已知 A＝30H，R0＝40H（40H）＝50H，单独执行下列各条指令：

```
MOV P1,A          ;(P1)←(A)将 A 中的数据送入 P1 中,P1= 30H
MOV 64H,R0        ;(64H)←(R0)将 R0 中的数据送入 64H 单元中,(64H)= 40H
MOV 24H,@R0       ;(24H)←((R0))将 R0 间接寻址的 40H 单元内容送入 24H 单元中,(24H)= 50H
MOV 10H,#98H      ;(10H)←98H 将立即数 98H 送入 10H 单元中,(10H)= 98H
MOV 20H,40H       ;(20H)←(40H)将 48H 单元中的数据送入 20H 单元中,
(20H)= 50H
```

（4）以寄存器间接地址为目的操作数的指令（3条）

该组指令的功能是把源操作数的内容送入 R0 或 R1 寄存器间接寻址所确定的内部 RAM 单元中。源操作数也可以为寄存器寻址、直接寻址和立即寻址方式。如表 3-4 所示。

表3-4 以寄存器间接地址为目的操作数的指令表

| 汇编指令 | 操作说明 | 代码长度（字节） | 指令周期 | |
|---|---|---|---|---|
| | | | Tosc | TM |
| MOV @Ri，A | 将 A 值送入 Ri 指示的地址单元中，（（Ri））←A | 1 | 12 | 1 |
| MOV @Ri，direct | 将 direct 值送入 Ri 指示的地址单元中，（（Ri））←（direct） | 2 | 24 | 2 |
| MOV @Ri，#data | 将常数#data 直接送入 Ri 指示的地址单元中，（（Ri））←data | 2 | 12 | 1 |

【例3-14】已知 A＝30H，R0＝40H（20H）＝50H，单独执行下列各条指令：

```
MOV @ R0,A     ;((R0))←A      将 A 中的数据送入 R0 间接寻址的 40H 单元中,(40H)= 30H
MOV @ R0,20H   ;((R0))←(20H)  将 20H 单元中的数据送入 R0 间接寻址的 40H 单元中,(40H)= 50H
MOV @ R0,# 28H ;((R0))←28H    将立即数 28H 送入 R0 间接寻址的 40H 单元中,(40H)= 28H
```

（5）16 位数据传送指令（1 条）

该条指令是整个指令系统中唯一的一条 16 位数据传送指令，通常用来设置地址指针，DPTR 由 DPH 和 DPL 组成，该指令传送时，把高八位立即数送入 DPH。低 8 位立即数送入 DPL 中。如表 3-5 所示。

表 3-5　16 位数据传送指令表

| 汇编指令 | 操作说明 | 代码长度（字节） | 指令周期 | |
|---|---|---|---|---|
| | | | Tosc | TM |
| MOV DPTR，# DATA16 | 将常数 DATA16 直接送入 DPTR 中，DPTR←DATA16 | 3 | 24 | 2 |

【例 3-15】执行下列各条指令：

```
MOV DPTR,# 1234H     ;DPTR←1234H 将立即数 1234H 送入 DPTR 中,DPTR= 1234H
```

**2. 堆栈操作指令（2 条）**

堆栈是在内部 RAM 中开辟的一个特定的存储区，栈顶地址由堆栈指针 SP 指示，SP 总是指向栈顶。堆栈按"先进后出"原则存取数据。堆栈操作有两种，数据存入称"入栈"或"压入（数据）"，数据取出称"出栈"或"弹出"。堆栈在子程序调用及中断服务时用于现场和返回保护，还可以用于参数传递等。如表 3-6 所示。

表 3-6　堆栈操作指令表

| 汇编指令 | 操作说明 | 代码长度（字节） | 指令周期 | |
|---|---|---|---|---|
| | | | Tosc | TM |
| PUSHdirect | 入栈指令，将 direct 值压入堆栈栈顶，sp←（sp）＋1,（sp）←（direct） | 2 | 24 | 2 |
| POP direct | 出栈指令，将堆栈栈顶内容弹出到 direct 中，（direct）←（（sp）），sp←（sp）－1 | 2 | 24 | 2 |

进栈指令先进行指针调整，即堆栈指针 SP 加 1，再把 direct 值入栈。出栈指令是先将栈顶内容弹出给 direct，再进行指针调整，即堆栈指针 SP 减"1"。

【例 3-16】已知当前（SP）＝38H,（10H）＝70H

执行指令：PUSH 10H

指令执行后：（SP）＝39H,（39H）＝70H

执行指令：POP ACC

指令执行后：（SP）＝38H，A＝70H

### 3. 数据交换指令（5 条）

数据交换指令有字节交换指令和半字节交换指令两种。字节交换指令可以将累加器 A 的内容与内部 RAM 中任一个单元以字节为单位进行交换；半字节交换指令可以将累加器 A 的高半字节和低半字节进行交换，或将累加器 A 的低半字节与@Ri 寻址单元的低半字节相互交换。如表 3-7 所示。

表 3-7 数据交换指令表

| 汇编指令 | 操作说明 | 代码长度（字节） | 指令周期 | |
|---|---|---|---|---|
| | | | Tosc | TM |
| XCH A，Rn | Rn 值和 A 值全交换，A↔Rn | 1 | 12 | 1 |
| XCH A，direct | direct 值与 A 值全交换，A↔（direct） | 2 | 12 | 1 |
| XCH A，@Ri | @Ri 值与 A 值全交换，A↔Ri | 1 | 12 | 1 |
| XCHD A，@Ri | @Ri 与 A 值的低四位交换，$A_{3\sim0}$↔$Ri_{3\sim0}$ | 1 | 12 | 1 |
| SWAP A | A 值自交换（高 4 位与低 4 位交换），$A_{7-4}$↔$A_{3-0}$ | 1 | 12 | 1 |

【例 3-17】已知 A＝56H，R0＝20H，（20H）＝78H，（10H）＝18H，R4＝8AH 单独执行下列各条指令：XCH A,10H

XCH A,R4

XCH A,@ R0

指令执行后：①A= 18H,(10H)= 56H

②A= 8AH,R4= 56H

③A= 78H,R0= 20H,((R0))= (20H)= 56H。

【例 3-18】已知 A＝7AH，R1＝48H，（48H）＝0DH

执行指令：XCHD A,@R1

指令执行后：A= 7DH,R1= 48H,((R1))= (48H)= 0AH。

### 4. 片外 RAM 数据传送指令（4 条）

片外 RAM 的数据传送指令助记符为 MOVX。片外数据存储器为读写存储器，与累加器 A 可实现双向操作。片外数据存储器（RAM）使用寄存器间接寻址。

注意，MSC-51 扩展的 I/O 接口的端口地址占用的是片外 RAM 的地址空间，因此对扩展的 I/O 接口而言，这 4 条指令为输出/输出（I/O）指令。MCS-51 只能用这种方式与连接在扩展的 I/O 口外部设备进行数据传送。如表 3-8 所示。

表 3-8　片外 RAM 数据传送指令表

| 汇编指令 | 操作说明 | 代码长度（字节） | 指令周期 | |
|---|---|---|---|---|
| | | | Tosc | TM |
| MOVX A，@DPTR | 用 DPTR 间址的片外 RAM 指定单元内容送入 A 中，A←（（DPTR）） | 1 | 24 | 2 |
| MOVX @DPTR，A | 将 A 中的内容送至片外 RAM 的 DPTR 间址的单元中，（（DPTR））←（A） | 1 | 24 | 2 |
| MOVX A，@Ri | 将片外 RAM 中由 Ri 间址的地址单元中内容送入 A 中，A←（（Ri）） | 1 | 24 | 2 |
| MOVX @Ri，A | 将 A 中的内容送至片外 RAM 中由 Ri 间址的地址单元中，（（Ri））←A | 1 | 24 | 2 |

指令中以 DPTR 为片外 RAM 的 16 位地址指针时，由 P0 口送出低 8 位地址，由 P2 口送出高 8 位地址，寻址范围为 64KB；以 R0 或 R1 为片外 RAM 的低 8 位地址指针时，由 P0 口送出 8 位地址，P2 口的状态不变化，寻址范围为 256 个单元。

【例 3-19】已知（P2）＝20H，（R1）＝10H，（A）＝66H，

执行指令：MOVX @R1，A

指令执行后：片外数据 RAM（2010H）＝66H

【例 3-20】已知（DPTR）＝1000H，（A）＝66H，

执行指令：MOVX @DPTR，A

指令执行后：片外数据 RAM（1000H）＝66H

**5. 程序存储器查表指令（2 条）**

程序存储器查表指令的助记符为 MOVC。程序存储器为只读存储器。程序运行中所需的一些常数，常数和表格，通常是由用户先将其写在程序存储器中，程序需从程序存储器中读出数据时，采用变址寻址方式将表格常数读入累加器 A 中。如表 3-9 所示。

表 3-9　程序存储器查表指令表

| 汇编指令 | 操作说明 | 代码长度（字节） | 指令周期 | |
|---|---|---|---|---|
| | | | Tosc | TM |
| MOVC A，@A＋DPTR | 将以 DPTR 为基址，A 为偏移地址的存储单元值送入 A 中，PC←（PC）＋1，A←（（A）＋（PC）） | 1 | 24 | 2 |
| MOVC A，@A＋PC | 将以 PC 为基址，A 为偏移地址的存储单元值送入 A 中，A←（（A）＋（DPTR）） | 1 | 24 | 2 |

【例 3-21】已知（A）＝38H

执行指令：1000H：MOVC A，@A＋PC

分析：该指令以 PC 内容加 1 后的当前值作为基址寄存器，累加器 A 为变址寄存器（8 位无符号整数），两者内容相加得到一个 16 位地址。将该地址对应的程序存储器单元的内容送给累加器 A。所以上面指令的操作是将程序存储器 1039H 单元的内容送给累加器 A。

【例 3-22】已知（A）＝50H，（DPTR）＝5000H

执行指令：MOVC A，@A＋DPTR

分析：该指令以 DPTR 为基址寄存器，累加器 A 为变址寄存器，因此该指令执行的操作是将程序存储器中 5050H 单元的内容送入 A 中。

以上是介绍的数据传送指令是用得最多、最频繁的一类指令，读者应熟记 8 种助记符的功能以及能采用的操作数寻址方式。

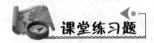课堂练习题

1. 按下列要求完成数据传送：

（1）将 R2 中的数据传送到 40H 中；

（2）将立即数 30H 传送到 R7 中；

（3）将立即数 30H 传送到 40H 中；

（4）将 30H 中的数据传送到 40H 中；

（5）将 30H 中的数据传送到 R7 中；

（6）将立即数 30H 传送到以 R0 中的内容为地址的存储单元中；

（7）将 30H 中的数据传送到以 R0 中的内容为地址的存储单元中；

（8）将 R1 中的数据传送到以 R0 中的内容为地址的存储单元中；

（9）将片内 RAM20H 单元中的数据传送到片外 RAM2000H 单元中；

（10）将片外 RAM2000H 单元中的数据传送到片内 RAM20H 单元中；

（11）将片外 2000H 单元中的数据传送到片外 RAM1000H 单元中；

（12）将 ROM2000H 单元中的数据传送到片内 RAM20H 中；

（13）将 ROM2000H 单元中的数据传送到片外 RAM20H 中；

2. 设片内 RAM 中，（20H）＝60H，（30H）＝10H，（40H）＝20H，（50H）＝40H，分析以下程序运行的结果。

```
MOV R0,# 30H
MOV @ R0,40H
MOV A,50H
MOV R1,30H
MOV B,@ R0
MOV PSW,@ R1
```

## 3.2.3　算术运算指令

MSC-51 的算术运算指令共有 24 条。分为：

加法指令（ADD，ADDC，INC）；

带借位减法指令（SUBB，DEC）；

乘除指令（MUL，DIV）和十进制调整指令（DA）等。

MSC-51 运算指令能直接执行 8 位数的运算，借助程序状态字 PSW 中的标志可以实现多精度数的加、减运算，同时可以对压缩的 BCD（一个字节表示两位十进制数）数进行加法运算。

算术运算指令对程序状态字（PSW）中 CY（进位标志）、OV（溢出标志）和 AC（辅助进位标志）的影响如表 3-10 所示。

表 3-10　算术运算指令对 PSW 中标志位的影响

| 指令 | PSW 中的标志位 | | |
|---|---|---|---|
| | CY | OV | AC |
| ADD | × | × | × |
| ADC | × | × | × |
| INC | — | — | — |
| SUBB | × | × | × |
| DEC | — | — | — |
| MUL | 0 | × | — |
| DIV | 0 | × | — |

"×"表示影响该标志位，"—"表示不影响该标志位，"0"表示该标志位清零。

### 1. 加法指令

（1）不带进位的加法指令（4 条）

不带进位的加法指令，如表 3-11 所示。

表 3-11　不带进位的加法指令表

| 汇编指令 | 操作说明 | 代码长度（字节） | 指令周期 | |
|---|---|---|---|---|
| | | | Tosc | TM |
| ADD A，Rn | Rn 值与 A 值相加，结果在 A 中，A←A＋Rn | 1 | 12 | 1 |
| ADD A，direct | Direct 值与 A 值相加，结果在 A 中，A←A＋（direct） | 2 | 12 | 1 |

（续表）

| 汇编指令 | 操作说明 | 代码长度（字节） | 指令周期 | |
|---|---|---|---|---|
| | | | Tosc | TM |
| ADD A，♯data | 常数 data 与 A 值相加，结果在 A 中，A←A＋data | 2 | 12 | 1 |
| ADD A，@Ri | @Ri 值与 A 值相加，结果在 A 中，A←A＋（（Ri）） | 1 | 12 | 1 |

这组指令的特点是：被加数总是累加器 A 值，相加结果保存在累加器 A 中。加法指令影响 PSW 中的标志位。两个字节数相加时：

①如果第 7 位向第 8 位有进位，则 CY＝1，否则 C＝0；

②如果第 3 位向第 4 位有进位，则 AC＝1，否则 AC＝0；

③如果第 6 位有进位，而第 7 位无进位或第 6 位有无进位而第 7 位有进位（表示有符号数相加结果超出表示范围），则 OV＝0，否则 OV＝0。若以 J7，J6 表示第 7，6 位的进位，则 OV＝J7⊕J6（异或）。

④相加的和存放在 A 中，如果结果中"1"的个数为奇数则 P＝1，否则 P＝0。

**【例 3-23】**试分析以下指令，写出执行结果，标出各标志位。

已知（A）＝04H，（R1）＝0BH

执行指令：ADD A,R1 ;A←(A)+(R1)

解：执行结果如下：

$$
\begin{array}{r}
(A) = 0\ 0\ 0\ 0\ 0\ 1\ 0\ 0 \\
+\ (R1) = 0\ 0\ 0\ 0\ 1\ 0\ 1\ 1 \\
\hline
0\ 0\ 0\ 0\ 1\ 1\ 1\ 1
\end{array}
$$

0⊕0⊕0⊕0⊕1⊕1⊕1⊕1＝0，结果为偶数个 1，P＝0；

第三位无进位，AC＝0；

J7⊕J6＝0，OV＝0；

第 7 位无进位，CY＝0。

所以指令执行后：（A）＝0FH，（R1）＝0BH，AC＝0，P＝0，OV＝0，CY＝0。

**【例 3-24】**试分析以下指令，写出执行结果，标出各标志位。

已知（A）＝07H，（R1）＝0FBH；

执行指令：ADD A,R1 ;A←(A)+(R1)

解：执行结果如下：

$$
\begin{array}{r}
(A) = 0\ 0\ 0\ 0\ 0\ 1\ 1\ 1 \\
+\ (R1) = 1\ 1\ 1\ 1\ 1\ 0\ 1\ 1 \\
\hline
0\ 0\ 0\ 0\ 0\ 0\ 1\ 0
\end{array}
$$

0⊕0⊕0⊕0⊕0⊕0⊕1⊕0＝1，结果为奇数个 1，P＝1；

第 3 位有进位，AC＝1；

J7⊕J6＝0，OV＝0；

第 7 位有进位，CY＝1。

所以指令执行后，（A）＝02H，（R1）＝0FBH，AC＝1，P＝0，OV＝0，CY＝1。

**【例 3-25】** 试分析以下指令，写出执行结果，标出各标志位。

已知（A）＝09H，（R1）＝7CH

执行指令：ADD A,R1 ;A←(A)+(R1)

解：执行结果如下：

$$
\begin{array}{r}
(A) = 0\ 0\ 0\ 0\ 1\ 0\ 0\ 1 \\
+\ (R1) = 0\ 1\ 1\ 1\ 1\ 1\ 0\ 0 \\
\hline
1\ 0\ 0\ 0\ 0\ 1\ 0\ 1
\end{array}
$$

1⊕0⊕0⊕0⊕0⊕1⊕0⊕1＝1，结果为奇数个 1，P＝1；

第 3 位有进位，AC＝1；

J7⊕J6＝1，OV＝1；

第 7 位无进位，C＝0。

所以指令执行结果为：（A）＝85H，（R1）＝7CH，AC＝1，OV＝1，C＝0，P＝1。

事实上，两数相加后判断 OV 位状态，只要将两数看成有符号数（补码数）；

若：正数＋正数＝负数或 负数＋负数＝正数

则相加结果一定超出 8 位有符号数（补码数）表示范围，即 OV＝1。

（2）带进位加法指令（4 条）

带进位加法指令，如表 3-12 所示。

表 3-12 带进位的加法指令表

| 汇编指令 | 操作说明 | 代码长度（字节） | 指令周期 Tosc | TM |
|---|---|---|---|---|
| ADDC A，Rn | Rn 值与 A 值带进位加，结果送 A，A←A+Rn+CY | 1 | 12 | 1 |
| ADDC A，direct | direct 值与 A 值带进位加，结果送 A，A←A+（direct）+CY | 2 | 12 | 1 |
| ADDC A，#data | 常数 data 与 A 值带进位加，结果送 A，A←A+DATA+CY | 2 | 12 | 1 |
| ADDC A，@Ri | Ri 间址的存储单元中内容与 A 值带进位加，结果送 A，A←A+（（Ri））+CY | 1 | 12 | 1 |

带进位位的加法指令，除两个数相加外，还需加上进位 CY（参加最低位的运算）。带进位位的加法指令用于多精度数的加法运算。带进位位的加法指令对程序状态字 PSW 的影响同不带进位的加法指令。

【例 3-26】设 A＝78H，（30H）＝0A4H，CY＝1

试分析指令：ADDC A,30H    ;A←A+（30H）+ CY 执行情况。

**解：**执行结果如下：

$$
\begin{array}{r}
A. = 0\ 1\ 1\ 1\ 1\ 0\ 0\ 0 \\
(30H) = 1\ 0\ 1\ 0\ 0\ 1\ 0\ 0 \\
+\ (CY) = \quad\quad\quad\quad\quad\quad 1 \\
\hline
0\ 0\ 0\ 1\ 1\ 1\ 0\ 1
\end{array}
$$

0⊕0⊕0⊕1⊕1⊕1⊕0⊕1＝0，结果为奇数个 1，P＝1；

第 3 位无进位，AC＝0；

J7⊕J6＝0，OV＝0；

第 7 位有进位，CY＝1。

所以指令执行后：（A）＝1DH，（30H）＝0A4H，AC＝0，OV＝0，CY＝1，P＝1。

（3）加"1"指令（5 条）

加"1"指令，如表 3-13 所示。

表 3-13  加"1"指令表

| 汇编指令 | 操作说明 | 代码长度（字节） | 指令周期 | |
|---|---|---|---|---|
| | | | Tosc | TM |
| INC A | A 值加 1，A←A+1 | 1 | 12 | 1 |
| INC Rn | Rn 值加 1，Rn←Rn+1 | 1 | 12 | 1 |
| INC direct | direct 值加 1，(direct) ← (direct) +1 | 2 | 12 | 1 |
| INC@Ri | @Ri 值加 1，( (Ri)) ← ( (Ri)) +1 | 1 | 12 | 1 |
| INC DPTR | DPTR 值加 1，DPTR←DPTR+1 | 1 | 24 | 2 |

加 1 指令除影响奇偶校验位 P 外，不影响程序状态字 PSW 中的其他标志位。

【例 3-27】试写出下列指令的执行结果：

```
MOV    R0,      # 7EH        ;(R0)= 7EH
MOV    7EH,     # 0FFH       ;(7EH)= 0FFH
MOV    7FH,     # 38H        ;(7FH)= 38H
MOV    DPTR,    # 10FEH      ;(DPTR)= 10FEH
INC    @ R0                  ;(7EH)= 00H
INC    R0                    ;(R0)= 7FH
INC    @ R0                  ;(7FH)= 39H
INC    DPTR                  ;(DPTR)= 10FFH
INC    DPTR                  ;(DPTR)= 1100H
INC    DPTR                  ;(DPTR)= 1101H
```

**2. 减法指令**

（1）带借位的减法指令（4 条）

带借位的减法指令，如表 3-14 所示。

表 3-14　带借位的减法指令表

| 汇编指令 | 操作说明 | 代码长度（字节） | 指令周期 | |
|---|---|---|---|---|
| | | | Tosc | TM |
| SUBB A，Rn | A 值减去 Rn 及 CY 值，结果送 A，A←A−Rn−CY | 1 | 12 | 1 |
| SUBB A，direct | A 值减去 direct 及 CY 值，结果送 A，A←A−（direct）−CY | 2 | 12 | 1 |
| SUBB A，#data | A 值减去 data 及 CY 值，结果送 A，A←A−data−CY | 2 | 12 | 1 |
| SUBB A，@Ri | A 值减去 Ri 间址单元及 CY 值，结果送 A，A←A−（（Ri））−CY | 1 | 12 | 1 |

　　MCS-51 指令系统中没有提供不带借位的减法指令，但结合 "CLR C" 指令可先将 CY 清零，然后由带借位的指令实现不带借位减法的功能。

　　带借位的减法指令影响 PSW 中的标志位。两个数相减时：

①如果第 7 位有借位，则 C＝1，否则 CY＝0；

②如果第 3 位有借位，则 AC＝1，否则 AC＝0；

③如果第 6 位有借位而第 7 位无借位或第 6 位无借位而第 7 位有借位则 OV＝0。同样用 J7，J6 表示第 7，6 位的借位，则 OV＝J7⊕J6；

④相减的差存放在 A 中，如果结果中 "1" 的个数为奇数，则 P＝1，否则 P＝0。

**【例 3-28】** 设（A）＝0A5H，（R7）＝0FH，CY＝1，试分析指令：

`SUBB A,R7 ;A←A- R7- CY` 的执行结果以及对标志位的影响。

**解：** 执行情况如下：

$$
\begin{array}{r}
A. = 1\ 0\ 1\ 0\ 0\ 1\ 0\ 1 \\
R7 = 0\ 0\ 0\ 0\ 1\ 1\ 1\ 1 \\
-\qquad\qquad\qquad\quad 1 \\
\hline
1\ 0\ 0\ 1\ 0\ 1\ 0\ 1
\end{array}
$$

结果：A＝95H，CY＝0，AC＝1，OV＝0。

　　同理，两数相减后判断 OV 位状态，实际上只要将相减两数看成有符号数（补码数），若：正数−负数＝负数或负数−正数＝正数

则相减结果一定超出 8 位有符号数（补码数）表示范围，即 OV＝1。

（2）减 1 指令（4 条）

减 1 指令，如表 3-15 所示。

减"1"指令除 DEC A 影响奇偶标志 P 外，其余指令不影响 PSW 中的标志位。

表 3-15　减 1 指令表

| 汇编指令 | 操作说明 | 代码长度（字节） | 指令周期 | |
|---|---|---|---|---|
| | | | Tosc | TM |
| DEC A | A 值减 1，A←A−1 | 1 | 12 | 1 |
| DEC Rn | Rn 值减 1，Rn←Rn−1 | 1 | 12 | 1 |
| DEC direct | direct 值减 1，direct←（direct）−1 | 2 | 12 | 1 |
| DEC @Ri | @Ri 值减 1，（（Ri））←（（Ri））−1 | 1 | 12 | 1 |

注意：DPTR 没有减 1 指令。

### 3. 乘除指令（2 条）

乘除指令，如表 3-16 所示。

表 3-16　乘除指令表

| 汇编指令 | 操作说明 | 代码长度（字节） | 指令周期 | |
|---|---|---|---|---|
| | | | Tosc | TM |
| MUL AB | A、B 中两无符号数相乘，结果低 8 位在 A 中，高 8 位在 B 中，BA←A×B。 | 1 | 48 | 4 |
| DIV AB | A、B 中两无符号数相除（A/B），结果商送 A，余数入 B 中。A←A/B 的商，B←A/B 的余数。 | 1 | 48 | 4 |

MUL 指令实现累加器 A 和 B 寄存器中的两个 8 位无符号数相乘，16 位乘积的低 8 位放在累加器 A 中，高 8 位放在 B 寄存器中。

如果乘积大于 255（FFH，即乘积中高 8 位非零）时 OV＝1，否则 OV＝0。

奇偶标志 P 仍按累加器 A 中"1"的奇偶性确定。

进位标志清零 CY＝0，不影响辅助进位标志 AC。

【例 3-29】设 A＝0A0H，B＝08H，

执行指令：`MUL   AB   ;BA←A×B`

指令执行后为：A＝00H，B＝05H，P＝0，CY＝0，OV＝1，AC 不变。

DIV 指令实现累加器 A 和 B 寄存器中的两个 8 位无符号相除，其中商存放累加器 A 中，余数存放在 B 中。

CY 和 OV 均复位，只有当除数 B 为 0 或相除的商大于 8 位时，OV＝1。

奇偶标志 P 仍按 A 中"1"的奇偶性确定，不影响辅助进位标志 A。

【例 3-30】设 A＝0AEH，B＝08H

执行指令：`DIV   AB   ;A←A/B 的商`

```
                                    ;B←A/B 的余数
```

结果是：A=15H，B=06H，CY=0，OV=0，P=1，AC 不变。

**4. 十进制调整指令**

十进制调整指令，如表 3-17 所示。

表 3-17 十进制调整指令表

| 汇编指令 | 操作说明 | 代码长度（字节） | 指令周期 | |
|---|---|---|---|---|
| | | | Tosc | TM |
| DA A | 十进制调整，对 A 中 BCD 码十进制加法运算结果调整 | 1 | 12 | 1 |

十进制调整指令用于实现压缩的 BCD 码的加法运算，该指令的功能是对存放在累加器 A 中的 BCD 码之和进行调整。调整的实质是将十六进制的加法运算转换成十进制，具体操作为：

①若累加器 A 的低 4 位大于 9（A～F），或者辅助进位位 AC=1，则累加器 A 的内容加 06H（A←A+06H），且将 AC 置"1"。

②若累加器 A 的高 4 位大于 9（A～F），或进位位 CY=1，则累加器 A 的内容加 60H（A←A+60H），且将 C 置"1"。

调整后，辅助进位位 AC 表示十进数中个位向十位的进位，进位标志 CY 表示十位向百位的进位。

DA 指令不影响溢出标志 OV，MCS-51 指令系统中没有给出十进制的减法调整指令，不能用 DA 指令对十进制减法操作的结果进行调整。借助 CY 可实现多位 BCD 数的加法运算。

对于 BCD 码表示的十进制数的符号可以使用 10 的补码来表示，如十进制数的位数为 N，则任意整数 d 的正补码为 $10^N-d$，位数为 N 的十进制数的表示范围为 $-5\times10^{N-1}\sim5\times10^{N-1}-1$。如 N=2（用 8 位二进制数即一个字节表示一个带符号 BCD 数），此时表示数的范围是：$-50\sim+49$，所以 60 应表示一个负数，它是 $-40$。引入十的补码后，用 9AH 表示十进制数 100，因为 9AH 经过 DA 调整后为 100H，则十进制减法运算就可以表示为：被减数 +（9AH−减数）

对结果进行十进制加法调整后就得到差的 BCD 码。

【例 3-31】设 A=78H，R4=41H，求执行下列指令的结果。

```
ADD A,R4
DA A
```

**解：**

$$
\begin{array}{rl}
A & = 0\ 1\ 1\ 1\ 1\ 0\ 0\ 0 \\
+\quad R4 & = 0\ 1\ 0\ 0\ 0\ 0\ 0\ 1 \\
\hline
& 1\ 0\ 1\ 1\ 1\ 0\ 0\ 1
\end{array}
$$

计算后调整：

$$
\begin{array}{r}
\text{B} \quad 9 \quad \text{H} \quad （十六进制运算结果，CY=0，AC=0）\\
+ \quad 6 \quad 0 \quad \text{H} \quad （加 60H 调整）\\
\hline
1 \quad 9 \quad \text{H} \quad （十进制运算结果，CY=1，AC=0）
\end{array}
$$

结果为：(A)=19H，(R4)=41H，CY=1，AC=0

**课堂练习题**

1. 下列指令中哪些是合法指令，哪些是非法指令？

(1) ADD A，B

(2) ADD B，A

(3) ADD R7，#30H

(4) ADDC A，30H

(5) ADDC ACC，#30H

(6) SUBB A，@R1

(7) SUBB A，R1

(8) SUBB B，A

(9) INC A

(10) INC B

(11) DEC R1

(12) DEC @R1

(13) MUL AB

(14) DIV BA

2. 将 R0=30H，(30H)=70H，(31H)=2FH，DPTR=2FDFH，
ROM(3000H)= FFH,CY= 1,

执行下列指令后的结果是多少？并将指令执行过程写在注释区。

MOV A,41H

ADDC A,# 00H

INC DPTR

MOVC A,@ A+ DPTR

DEC 40H

ADD A,@ R0

INC R0

SUBB A,R0

### 3.2.4 逻辑运算指令

逻辑运算指令共有 24 条。分为累加器 A 清零取反（CLR、CPL）指令；与（ANL）指令；或（ORL）指令；异或（XRL）指令；循环移位（RL、RR、RLC、

RRC）指令。逻辑运算按位进行。

逻辑运算指令中，除带进位循环移位指令影响 C 和以 PSW（direct）为目的的操作数的指令外，其余的逻辑运算指令不影响程序状态字 PSW 中的状态标志。

**1. 累加器 A 的清零、取反指令（2 条）**

累加器 A 的清零、取反指令，如表 3-18 所示。

表 3-18　累加器清零、取反指令表

| 汇编指令 | 操作说明 | 代码长度（字节） | 指令周期 | |
|---|---|---|---|---|
| | | | Tosc | TM |
| CLR A | A 值清零，A←0 | 1 | 12 | 1 |
| CPL A | A 值按位取反，A←/A | 1 | 12 | 1 |

【例 3-32】设（A）＝00110110B＝36H 执行指令：CPL A

指令执行后：（A）＝11001001B＝C9H

**2. 逻辑"与"运算指令（6 条）**

逻辑"与"运算的特点是：

①x∧1＝x　　　；任何数与 1 等于本身

②x∧0＝0　　　；任何数与 0 等于 0

利用这个特点可以对某个操作数的某一位或某几位清零。逻辑"与"运算指令，如表 3-19 所示。

表 3-19　逻辑"与"运算指令表

| 汇编指令 | 操作说明 | 代码长度（字节） | 指令周期 | |
|---|---|---|---|---|
| | | | Tosc | TM |
| ANL A，Rn | Rn 值和 A 值进行"与"操作，结果在 A 中，A←A∧Rn | 1 | 12 | 1 |
| ANL A，direct | direct 值和 A 值进行"与"操作，结果在 A 中，A←A∧（direct） | 2 | 12 | 1 |
| ANL A，#data | 常数 data 和 A 值进行"与"操作，结果在 A 中，A←A∧data | 2 | 12 | 1 |
| ANL A，@Ri | @Ri 值和 A 值进行"与"操作，结果在 A 中，A←A∧（（Ri）） | 1 | 12 | 1 |
| ANL direct，A | direct 值和 A 值进行"与"操作，结果在 direct 中，（direct）←A∧（direct） | 2 | 12 | 1 |
| ANL direct，#data | direct 值和常数 data 进行"与"操作，结果在 direct 中，（direct）←data∧（direct） | 3 | 24 | 2 |

单片机原理

**【例3-33】** 设 A＝5FH，R4＝89H

执行指令：ANL A,R4 A←A∧R4

$$
\begin{array}{rl}
A = & 01011111 \\
\wedge \quad R4 = & 10001001 \\
\hline
& 00001001
\end{array}
$$

指令执行后：A＝09H，R4＝89H

### 3. 逻辑"或"运算指令（6条）

逻辑"或"运算的特点是：

①X∨1= 1　　　　;任何数或1都等于1

②X∨0= X　　　　;任何数或0都等于本身

利用这个特点，可以对某个操作数的某一位或几位置"1"。逻辑"或"运算指令，如表3-20所示。

表3-20　逻辑"或"运算指令表

| 汇编指令 | 操作说明 | 代码长度（字节） | 指令周期 | |
|---|---|---|---|---|
| | | | Tosc | TM |
| ORL A，Rn | Rn值和A值进行"或"操作，结果在A中，A←A∨Rn | 1 | 12 | 1 |
| ORL A，direct | direct值和A值进行"或"操作，结果在A中，A←A∨（direct） | 2 | 12 | 1 |
| ORL A，♯data | 常数data和A值进行"或"操作，结果在A中，A←A∨data | 2 | 12 | 1 |
| ORL A，@Ri | @Ri值和A值进行"或"操作，结果在A中，A←A∨（（Ri）） | 1 | 12 | 1 |
| ORL direct，A | direct值和A值进行"或"操作，结果在direct中，（direct）←A∨（direct） | 2 | 12 | 1 |
| ORL direct，♯data | direct值和常数data进行"或"操作，结果在direct中，（direct）←data∨（direct） | 3 | 12 | 2 |

**【例3-34】** 设 A＝48H，R1＝0A3H

执行指令：ORL A,R1　　　;A←A∨R1

$$
\begin{array}{rl}
A = & 01001000 \\
\wedge \quad R1 = & 10100011 \\
\hline
& 11101011
\end{array}
$$

指令执行后：A＝0EBH，R1＝0A3H

#### 4. 逻辑"异或"运算指令（6 条）

逻辑异或运算的特点是：

①x⊕1= X　　　　；任何数异或 1 等于它本身的反

②x⊕0= X　　　　；任何数异或 0 等于它本身

利用这个特点，可以对某个操作数的某一位或某几位取反。

【例 3-35】设 A＝90H，R2＝72H

执行指令：XRL A,R2　　　；A←A⊕R2

$$
\begin{array}{rl}
A = & 1\ 0\ 0\ 1\ 0\ 0\ 0\ 0 \\
\oplus\ R2 = & 0\ 1\ 1\ 1\ 0\ 0\ 1\ 0 \\
\hline
& 1\ 1\ 1\ 0\ 0\ 0\ 1\ 0
\end{array}
$$

指令执行后：A＝0E2H，R2＝72H

【例 3-36】试编程实现将累加器 A 的第 0 位置"1"，第 3 位清"0"，最高位取反。

```
ORL A,   #00000001B      ;第 0 位置"1"
ANL A,#11110111B         ;第 3 位清"0"
XRL A,#10000000B         ;最高位取反
```

【例 3-37】将累加器 A 的低四位送到 P1 口的低四位，而 P1 口的高四位保持不变。

```
MOV R0,  A               ;A 值保存于 R0。
ANL A,   #0FH            ;屏蔽 A 值的高四位,保留低四位。
ANL P1,  #0F0H           ;屏蔽 P1 口的低四位。
ORL P1,  A               ;A 中低四位送 P1 口低四位。
MOV A,   R0             ;恢复 A 的内容。
```

#### 5. 循环移位指令（4 条）

循环移位指令，如表 3-21 所示。

表 3-21　循环移位指令表

| 汇编指令 | 操作说明 | 代码长度（字节） | 指令周期 | |
|---|---|---|---|---|
| | | | Tosc | TM |
| RR A | A 值循环右移（移向低位）一位，A0 移入 A7 | 1 | 12 | 1 |
| RRC A | A 值带进位位循环右移一位，A0 移入 CY，CY 移入 A7 | 1 | 12 | 1 |
| RL A | A 值循环左移（移向高位）一位，A7 移入 A0 | 1 | 12 | 1 |
| RLC A | A 值带进位位循环左移一位，A7 移入 CY，CY 移入 A0 | 1 | 12 | 1 |

　　RR A 指令和 RL A 指令的功能分别是将累加器 A 的内容循环左移或右移一位；

RRC A 指令和 RLC A 指令的功能分别是将累加器 A 的内容带进位位 CY 循环左移或右移一位。

有时可运用 RLC A 指令实现无符数乘 2 运算，用 RRC A 指令实现除 2 运算。

【例 3-38】设 A＝00111010B＝3AH（无符号数为 58），CY＝0；

执行指令：RLC A

指令执行后：A＝01110100B＝74H（无符号数为 116）

【例 3-39】设 A＝01111011B＝7BH（无符号数为 123），CY＝0；

执行指令：RRC A

指令执行后：A＝00111101B＝3DH（无符号数为 61）

 课堂练习题

1. 下列指令中哪些是合法指令，哪些是非法指令？

（1）ANL A，@R2

（2）ANL A，R2

（3）ANL ♯30H，A

（4）ORL 30H，40H

（5）ORL 30H，♯40H

（6）RL R3

（7）CLR DPTR

（8）RR A

（9）CLR ACC

（10）XRL A，@R3

2. 试求下列程序运行后有关单元的内容，已知 R1＝30H，CY＝0，（40H）＝30H，（30H）＝BFH。

```
CLR A                    ;
SUBB A,# 40H             ;
CPL A                    ;
ORL A,R1                 ;
RLC A                    ;
ANL A,@ R1               ;
RR A                     ;
XAL A,30H                ;
```

### 3.2.5  控制转移指令

控制转移指令共有 22 条。分为无条件转移（AJMP，LJMP，SJMP，JMP）指令，条件转移（JZ，JNZ，JC，JNC，JB，JNB，JBC，CJNE，DJNZ）指令，调用和返回

（ACALL，LCALL，RET，RETI）指令，空操作（NOP）指令。

控制与转移指令中，除 CJNE 指令对 CY 有影响外，其余指令都不影响标志。

控制与转移指令可改变程序计数器 PC 的值，从而使程序跳到指定的目的地址开始执行。

### 1. 无条件转移指令（4 条）

无条件转移指令，如表 3-22 所示。

表 3-22　无条件转移指令表

| 汇编指令 | 操作说明 | 代码长度（字节） | 指令周期 | |
|---|---|---|---|---|
| | | | Tosc | TM |
| LJMP addr16 | 长转移：程序转移到 addr16 指示的地址处，即 PC←addr16 | 3 | 24 | 2 |
| AJMPaddr16 | 绝对转移：程序转移到 addr16 指示的地址处，即 PC←PC+2，PC15～11 不变，PC10～0←addr10～0 | 2 | 24 | 2 |
| SJMP rel | 短转移：程序转移到 rel 指示相对地址处，即 PC←PC+2，PC←PC+rel | 2 | 24 | 2 |
| JMP @A+DPTR | 间接长转移：程序转移到 DPTR 为基址加 A 偏移地址处，即 PC←（（A+DPTR）） | 1 | 24 | 2 |

说明：程序执行无条件转移指令时，程序就无条件地转移到目的地址。

（1）长转移指令：LJMPaddr16

指令的操作是将 16 位目标地址 addr16 装入 PC 中，允许转移的目标地址在 64KB 空间的任意单元，用汇编语言编写程序时，addr16 往往是一个标号。

例如：LJMP NEC；NEC 就是个用户自定义的标号

说明：本指令为 64KB 程序存储器空间的全范围转移指令，转移地址可为 64KB 地址值中的任一值。

（2）绝对转移指令：AJMPaddr11

指令的操作是将 11 位的目标地址 addr11 装入 PC 中的低 11 位。要求目标地址的高 5 位与 PC+2 后 PC 中的高 5 位相同。即转移的目标地址必须和 AJMP 指令的下一条指令首字节地址位于程序存储器的同一段 2KB 字节范围内，编写程序时，addr11 也往往是一个标号。

例如：AJMP NEC；NEC 就是个用户自定义的标号

说明：

①本指令为 2KB 地址范围内的转移指令。转移的目的地址要求与 AJMP 指令后面一条指令在同一个 2KB 范围内。MCS-51 单片机将 64KB 程序存储器划分为 32 个连续

的 2KB 空间。划分状况如表 3-23 所示。

表 3-23　程序存储器划分表

| 0000H~07FFH | 0800H~0FFFH | 1000H~17FFH | 1800H~1FFFH |
| --- | --- | --- | --- |
| 2000H~27FFH | 2800H~2FFFH | 3000H~37FFH | 3800H~3FFFH |
| 4000H~47FFH | 4800H~4FFFH | 5000H~57FFH | 5800H~5FFFH |
| 6000H~67FFH | 6800H~6FFFH | 7000H~77FFH | 7800H~7FFFH |
| 8000H~87FFH | 8800H~8FFFH | 9000H~97FFH | 9800H~9FFFH |
| A000H~A7FFH | A800H~AFFFH | B000H~B7FFH | B800H~BFFFH |
| C000H~C7FFH | C800H~CFFFH | D000H~D7FFH | D800H~DFFFH |
| E000H~E7FFH | E800H~EFFFH | F000H~F7FFH | F800H~FFFFH |

②指令 AJMP addr11 的二进制机器码为 $a_{10}a_9a_800001a_7a_6a_5a_4a_3a_2a_1a_0$

【例 3-40】绝对转移指令 AJMP 在程序存储器中的首地址为 17F0H，要求转移到 1800H 地址处执行程序，试确定能否使用 AJMP 指令实现转移？如果要求转移到 1234H 地址执行程序，能否实现？其指令的机器码是什么？

解：因为 AJMP 指令在程序存储器中的首地址为 17F0H，其下一条指令的地址是 1800H，由上表 3-23 可知两个地址不在同一页中，所以不能转移到 1800H 处执行程序。同理，1234H 和 17F0H 在同一页中，所以可用 AJMP 指令实现程序转移。

指令机器码为：0100000100110100B＝4134H

（3）短转移指令：SJMP rel

指令中相对偏移量 rel 为 8 位的补码，将其符号扩展为 16 位后与 PC 相加得到 16 位的目标地址。转移的范围为 −128~+127 字节，编写程序时，rel 同样往往是一个标号。

MCS-51 没有专用的停机指令，若要动态停机（原地循环等待）可以用 SJMP 指令来实现。

动态停机指令：

```
LP1:SJMP LP1
```

或写成：SJMP$　　　　　　;$ 表示本指令首字节所在单元的地址,使用本可省略标号。

（4）间接长转移指令 JMP @A+DPTR

转移目标地址由数据指针 DPTR 和累加器 A（8 位无符号数）相加而得。指令的执行不影响累加器 A 和数据指令 DPTR。该指令的特点是转移地址可以在程序运行中加以改变。例如：DPTR 做为基地址。根据 A 的不同值可以实现多分支转移，因此一条指令可以完成多分支转移的功能。该功能称之为散转功能。间接长转移指令又称为散转指令。

**2. 条件转移指令（13 条）**

条件转移指令的操作是判断指定的条件，如果条件满足则转移，不满足则顺序执行。

条件转移指令共有 13 条，可分为判断 A 是否为零转移（JZ，JNZ）指令，位条件转移（JC，JNC，JB，JNB，JBC）指令，比较不等转移（CJNE）指令，减"1"循环（DJNZ）转移指令。

（1）判断累加器是否为零转移指令（2 条）

判断累加器是否为零转移指令，如表 3-24 所示。

表 3-24　条件转移指令表

| 汇编指令 | 操作说明 | 代码长度（字节） | 指令周期 | |
|---|---|---|---|---|
| | | | Tosc | TM |
| JZ rel | A 值为零时，程序转移到相对地址 rel 处：<br>若 A≠0，则 PC←（PC）+2；<br>若 A=0，则 PC←（PC）+2+rel； | 2 | 24 | 2 |
| JNZ rel | A 值不为零时，程序转移到相对地址 rel 处：若 A=0，则 PC←（PC）+2；<br>若 A≠0，则 PC←（PC）+2+rel； | 2 | 24 | 2 |

（2）位条件转移指令（5 条）

位条件转移指令，如表 3-25 所示。

表 3-25　条件转移指令表

| 汇编指令 | 操作说明 | 代码长度（字节） | 指令周期 | |
|---|---|---|---|---|
| | | | Tosc | TM |
| JC rel | 进位位 CY 为 0 时，程序转移至 rel：<br>若 CY=0，则 PC←（PC）+2<br>若 CY=1，则 PC←（PC）+2+rel | 2 | 24 | 2 |
| JNC rel | 进位位为 0 时，程序转移至 rel 处：<br>若 CY=0，则 PC←（PC）+2+rel<br>若 CY=1，则 PC←（PC）+2 | 2 | 24 | 2 |
| JB bit, rel | Bit 位为 1 时，程序转移至 rel 处：<br>若（bit）=0，则 PC←（PC）+3<br>若（bit）=1，则 PC←（PC）+3+rel | 3 | 24 | 2 |
| JNB bit, rel | Bit 位为 0 时，程序转移至 rel 处：<br>若（bit）=0，则 PC←（PC）+3+rel<br>若（bit）=1，则 PC←（PC）+3 | 3 | 24 | 2 |
| JBC bit, rel | Bit 位为 1 时，程序转移至 rel 处，同时将 bit 清零：若（bit）=0，则 PC←（PC）+3<br>若（bit）=1，则（bit）←0 后 PC←（PC）+3+rel | 3 | 24 | 2 |

单片机原理

（3）比较不等转移指令（4 条）

比较不等转移指令，如表 3-26 所示。

表 3-26　条件转移指令表

| 汇编指令 | 操作说明 | 代码长度（字节） | 指令周期 | |
|---|---|---|---|---|
| | | | Tosc | TM |
| CJNE A，#data，rel | ♯data 与 A 内容不等时转至 rel 处，同时影响 CY 位：<br>若 A＝data，则 PC←（PC）＋3，CY←0<br>若 A＞data，则 PC←（PC）＋3＋rel，CY←0<br>若 A＜data，则 PC←（PC）＋3＋rel，CY←1 | 3 | 24 | 2 |
| CJNE A，direct，rel | direct 值与 A 值不等时转至 rel 处，同时影响 CY 位：<br>若 A＝（direct），则 PC←（PC）＋3，CY←0；<br>若 A＞（direct），则 PC←（PC）＋3＋rel，CY←0；<br>若 A＜（direct），则 PC←（PC）＋3＋rel，CY←1。 | 3 | 24 | 2 |
| CJNE Rn，♯data，rel | data 与 Rn 值不等时转至 rel 处，同时影响 CY 位：<br>若（Rn）＝data，则 PC←（PC）＋3，CY←0；<br>若（Rn）＞data 则 PC←（PC）＋3＋rel，CY←0；<br>若（Rn）＜data 则 PC←（PC）＋3＋rel，CY←1。 | 3 | 24 | 2 |
| CJNE @Ri，♯data，rel | data 与 @Ri 值不等时转至 rel 处，同时影响 CY 位：<br>若（（Ri））＝data，则 PC←（PC）＋3，CY←0；<br>若（（Ri））＞data，则 PC←（PC）＋3＋rel，CY←0；<br>若（（Ri））＜data，则 PC←（PC）＋3＋rel，CY←1。 | 3 | 24 | 2 |

比较不等转移指令的功能是比较两个数，若两者不相等则转移，相等则顺序执行。如果第二个操作数（无符号数）大于第一个操作数（无符号数），则 C 置 1，否则 C 清零。指令的执行不影响操作数。

（4）减 1 循环指令（2 条）

减 1 循环指令，如表 3-27 所示。

表 3-27　条件转移指令表

| 汇编指令 | 操作说明 | 代码长度（字节） | 指令周期 | |
|---|---|---|---|---|
| | | | Tosc | TM |
| DJNZ Rn，rel | Rn 值先减 1，即 Rn←（Rn）－1；<br>若 Rn 不为零，则 PC←（PC）＋2＋rel，程序转移到相对地址 rel 处；<br>若（Rn）＝0，则 PC←（PC）＋2，按原顺序向下执行。 | 2 | 24 | 2 |

（续表）

| 汇编指令 | 操作说明 | 代码长度（字节） | 指令周期 | |
|---|---|---|---|---|
| | | | Tosc | TM |
| DJNZ direct, rel | direct 值先减 1，即（direct）←（direct）—1；<br>若 direct 不为零，则 PC←（PC）+3+rel，程序转移到相对地址 rel 处；<br>若（direct）=0，则 PC←（PC）+3，按原顺序向下执行。 | 3 | 24 | 2 |

（5）调用和返回指令（4 条）

在程序设计中，通常将反复出现、具有通用性和功能相对独立的程序段设计成子程序。子程序可以有效地缩短程序长度、节约存储空间；可被其他程序共享以及便于模块化、便于阅读、调试和修改。调用和返回指令，如表 3-28 所示。

表 3-28 条件转移指令表

| 汇编指令 | 操作说明 | 代码长度（字节） | 指令周期 | |
|---|---|---|---|---|
| | | | Tosc | TM |
| LCALL addr16 | 长调用；程序调用 addr16 处的子程序：<br>PC←（PC）+3<br>SP←（SP）+1<br>（SP）←（PC）7~0<br>SP←（SP）+1<br>（SP）←（PC）15~8<br>PC←addr16 | 3 | 24 | 2 |
| ACALL addr11 | 绝对调用；程序调用 addr11 处的子程序：<br>PC←（PC）+2<br>SP←（SP）+1<br>（SP）←（PC）7~0<br>SP←（SP）+1<br>（SP）←（PC）15~8<br>PC←addr11 | 2 | 24 | 2 |
| RET | 子程序返回：<br>PC15~8←（（sp））<br>SP←（SP）-1<br>PC7~0←（（SP））<br>SP←（SP）-1 | 1 | 24 | 2 |

（续表）

| 汇编指令 | 操作说明 | 代码长度（字节） | 指令周期 | |
|---|---|---|---|---|
| | | | Tosc | TM |
| RETI | 中断返回：<br>PC15~8← （(sp)）<br>SP← (SP) －1<br>PC7~0← （(SP)）<br>SP← (SP) －1 | 1 | 24 | 2 |

（1）长调用指令的目标地址以 16 位给出，允许子程序放在 64KB 空间的任何地方。指令的执行过程是把 PC 加上本指令代码数（三个字节）获得下一条指令的地址，并把该断点地址入栈（断点地址保护），接着将被调子程序的入口地址（16 位目标地址）装入 PC，然后从该入口地址开始执行子程序。

（2）绝对调用指令的执行过程是：PC 加 2（本指令代码为两个字节）获得下一条指令的地址，并把该断点地址（当前的 PC 值）入栈，然后将断点地址的高五位与 11 位目标地址（指令代码第一字节的高 3 位，以及第二字节的八位）连接构成 16 位的子程序入口地址，使程序转向子程序。调用子程序的入口地址和 ACALL 指令的下一条指令的地址，其高五位必须相同。因此子程序的入口地址和 ACALL 指令下一条指的第一个字节必须在同一个 2KB 范围的程序存储器空间内。

（3）返回指令的功能是恢复断点地址。即从堆栈中取出断点地址送给 PC，因此在子程序，中断服务程序内使用堆栈时要特别小心，一定要确认执行返回指令时，SP 指向的是断点地址，否则程序将出错。

子程序是通过 RET 指令返回主程序。

中断服务子程序是通过 RETI 指令返回。执行 RETI 指令时，清除响应中断时置位的优先级状态触发器以开放中断逻辑等。

【例 3-41】已知标号 LP1 的地址为 0300H，子程序 TIME1 的入口地址为 0100H，（SP）＝70H；

执行调用指令：LP1：ACALL TIME1

指令执行后：（SP）＝72H，（71H）＝02H，（72H）＝03H，（PC）＝0100H。

【例 3-42】已知标号 LOOP 的地址为 268EH，子程序 TIME2 的入口地址为 0206H，（SP）＝6AH；

执行调用指令：LOOP：LCALL TIME2

指令执行后：（SP）＝6CH，（6BH）＝91H，（6CH）＝26H，（PC）＝0206H。

【例 3-43】已知（SP）＝78H，（78H）＝46H，（77H）＝8BH；

执行指令：RET

指令执行后：（SP）＝76H，PC＝468BH。

即 CPU 从 468BH 处开始执行程序，子程序必须通过 RET 指令返回主程序（通常情况下，子程序都以 RET 指令结束，但一个子程序也可以有多条 RET 指令）。

（6）空操作指令（1 条）

空操作指令，如表 3-29 所示。

表 3-29　条件转移指令表

| 汇编指令 | 操作说明 | 代码长度（字节） | 指令周期 | |
|---|---|---|---|---|
| | | | Tosc | TM |
| NOP | 空操作：PC←（PC）+1 | 1 | 12 | 1 |

空操作指令不进行任何操作。执行空操作指令时，PC 加 1 指向下一条指令，占用 CPU 一个机器周期时间。NOP 指令常用于等待，延时等。

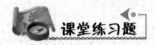

**课堂练习题**

下列指令中哪些是合法指令，哪些是非法指令？

（1）LJMP DEC

（2）SJMP ABC

（3）LCALL ABC

（4）JZ ♯30H

（5）JZ 40H，ABC

（6）JB 80H，ABC

（7）DJNZ R3，ABC

（8）DJNZ 40H，ABC

（9）DJNZ @R1，ABC

（10）DJNZ DPTR，ABC

## 3.2.6　位操作指令

MCS-51 硬件结构中有一个布尔处理器，实际上是一个一位微处理器。它有自己的位运算器、位累加器、位存储器（可住寻址区中的各位），位 I/O 口（P0，P1，P2，P3 中的各位），MCS-51 具有很强的位处理能力，具有丰富的操作指令。

位操作指令共有 12 条。可分为位传送指令（MOV）、位状态操作指令（CLR，CPL，SETB）、位逻辑运算指令（ANL，ORL）。

**1. 位传送指令（2 条）**

位传送指令是实现位累加器 CY 与位 bit 之间的位数据双向传送。位传送指令，如表 3-30 所示。

表 3-30　位传送指令表

| 汇编指令 | 操作说明 | 代码长度（字节） | 指令周期 | |
|---|---|---|---|---|
| | | | Tosc | TM |
| MOV C，bit | bit 中状态送入 CY 中，CY←（bit） | 2 | 12 | 1 |
| MOV bit，C | CY 中状态送入 bit 中，bit←CY | 2 | 24 | 2 |

【例 3-44】已知片内 RAM（2FH）＝10110101B

执行指令：MOV CY,2FH.7　;CY←（07H）

或：MOV CY,7FH　　　　;CY←（07H）

指令执行后：CY＝1。

【例 3-45】将 P1.3 传送给 P1.6

MOV C,P1.3

MOV P1.6,C

**2. 位状态操作指令（6 条）**

位状态操作指令是位累加器 C 或位地址中状态进行清零，置"1"，或取反。位状态操作指令，如表 3-31 所示。

表 3-31　位状态操作指令表

| 汇编指令 | 操作说明 | 代码长度（字节） | 指令周期 | |
|---|---|---|---|---|
| | | | Tosc | TM |
| CLR C | CY 位状态清 0，CY←0 | 1 | 12 | 1 |
| SETB C | CY 位状态置 1，CY←1 | 1 | 12 | 1 |
| CPL C | CY 位状态取反，CY←/CY | 1 | 12 | 1 |
| CLRbit | bit 位状态清 0，bit←0 | 2 | 12 | 1 |
| SETB bit | bit 位状态置 1，bit←1 | 2 | 12 | 1 |
| CPL bit | bit 位状态取反，bit←/bit | 2 | 12 | 1 |

**3. 位逻辑运算指令（4 条）**

位逻辑运算指令是位地址 bit 中的位状态或位反状态与位累加器 CY 中的状态进行逻辑"与"，"或"操作，结果在位累加器 CY 中。位状态操作指令，如表 3-32 所示。

表 3-32　位逻辑运算指令表

| 汇编指令 | 操作说明 | 代码长度（字节） | 指令周期 | |
|---|---|---|---|---|
| | | | Tosc | TM |
| ANL C，bit | bit 中状态和 C 中状态相"与"，结果送入 CY，CY←CY∧（bit） | 2 | 24 | 2 |

94

（续表）

| 汇编指令 | 操作说明 | 代码长度（字节） | 指令周期 | |
|---|---|---|---|---|
| | | | Tosc | TM |
| ANL C，/bit | bit 中状态取反和 Cy 中状态相"与"，结果送入 CY，CY←CY∧/（bit） | 2 | 24 | 2 |
| ORL C，bit | bit 中状态和 C 中状态相"或"，结果送入 CY，CY←CY∨（bit） | 2 | 24 | 2 |
| ORL C，/bit | bit 中状态取反和 CY 中状态相"或"，结果送入 CY，CY←CY∨/（bit） | 2 | 24 | 2 |

位逻辑运算指令中，只有逻辑与，逻辑或指令，没有逻辑异或指令。位的逻辑异或运算可由逻辑与，逻辑或指令来实现。

【例 3-46】试编程完成下列操作 P1.0＝（ACC.1∧P2.3）∨C

```
MOV 10H,C
MOV C,ACC.1
ANL C,P2.3
ORL C,10H
MOV P1.0,C
```

# 本章小结

MCS-51 单片机共有 111 条指令，按指令功能分类，可分为数据传送指令（29条）、算术运算指令（24条）、逻辑运算指令（24条）、控制转移指令（22条）及位操作指令（12条）指令五大类。

MCS-51 单片机有七种寻址方式：立即寻址、直接寻址、寄存器寻址、寄存器间接寻址、变址寻址、相对寻址和位寻址。

MCS-51 单片机共定义了 8 条伪指令，伪指令与 CPU 可执行指令的形式类似，但汇编时不产生机器码，CPU 不执行伪指令。伪指令是在机器汇编时供汇编程序执行的命令，目的是为汇编提供某种控制信息。

MCS-51 硬件结构中有一个布尔处理器，实际上是一个一位微处理器。它有自己的位运算器、位累加器、位存储器（可住寻址区中的各位），位 I/O 口（P0，P1，P2，P3 中的各位），MCS-51 具有很强的位处理能力，指令系统中有相应的位操作指令。是 MCS-51 单片机指令系统所具有的一大特色。

# 思考题与习题

**3-1 选择题**

1. MOVX A，@DPTR 指令中源操作数的寻址方式是（　　）。

（A）寄存器寻址　　　　　　　　（B）寄存器间接寻址

（C）直接寻址　　　　　　　　　（D）立即寻址

2. ORG　0003H

　　LJMP　2000H

　　ORG　000BH

　　LJMP　3000H　当 CPU 响应外部中断 0 后，PC 的值是（　　）。

（A）0003H　　　　（B）2000H　　　　（C）000BH　　　　（D）3000H

3. CALL 指令操作码地址是 2000H，执行完相子程序返回指令后，PC=（　　）。

（A）2000H　　　　（B）2001H　　　　（C）2002H　　　　（D）2003H

4. 51 执行完 MOV A，♯08H 后，PSW 的一位被置位（　　）。

（A）C　　　　　　（B）F0　　　　　　（C）OV　　　　　　（D）P

5. MOV C，♯00H 的寻址方式是（　　）。

（A）位寻址　　　　　　　　　　（B）直接寻址

（C）立即寻址　　　　　　　　　（D）寄存器寻址

6. ORG　0000H

　　JMP　0040H

　　ORG　0040H

　　MOV SP,♯00H 当执行完左边的程序后，PC 的值是（　　）。

（A）0040H　　　　（B）0041H　　　　（C）0042H　　　　（D）0043H

7. 对程序存储器的读操作，只能使用（　　）。

（A）MOV 指令　　　　　　　　　（B）PUSH 指令

（C）MOVX 指令　　　　　　　　（D）MOVC 指令

**3-2 判断题**

1. MCS-51 的相对转移指令最大负跳距是 127B。（　　）

2. 当 MCS-51 上电复位时，堆栈指针 SP=00H。（SP=07H）（　　）

3. 调用子程序指令（如：CALL）及返回指令（如：RET）与堆栈有关但与 PC 无关。（　　）

4. 下面几条指令是否正确：

（1）MOV @R1，♯80H（　　）

（2）INC DPTR（　　）

（3）CLR R0（　　）

（4）MOV @R1，♯80H（　　）

（5）ANL R1，♯0FH（　　）

（6）ADDC A，C（　　）

（7）XOR P1，♯31H（　　）

**3-3** 试解释指令系统，机器语言和汇编语言。

**3-4** 何谓寻址方式？MCS-51 单片机有哪几种寻址方式？相应的寻址空间在何处？

**3-5** 变址寻址方式有什么特点？应用于什么场合？采用 DPTR 或 PC 作基址寄存器时其寻址范围有何不同？

**3-6** 设内部 RAM（30H）=5AH，（5AH）=40H，（40H）=00H，端口 P1=7FH，问执行下列指令后，各有关存储单元（即 R0，R1，A，B，P1，30H，40H 及 5AH 单元）的内容如何？

**3-7** SJMP（短转移）指令和 AJMP（绝对转移）指令的主要区别。

**3-8** 设（A）=8FH，（R0）=40H，内部 RAM 的（40H）=38H，（41H）=0A8H，（42H）=74H，试写出下列各指令执行后各单元内容的变化。

```
MOV A,@R0
MOV @R0,42H
MOV 42H,A
INC R0
MOV A,@R0
```

**3-9** 试用数据传送指令实现下列数据传送；

①R1 的内容送 R4。

②内部 RAM20H 单元的内容送给累加器 A。

③内部 RAM20H 单元的内容送给 R0。

④外部 RAM0030H 单元的内容送给累加器 A。

⑤外部 RAM0040H 单元的内容送给 R1。

⑥外部 RAM0040H 单元的内容送给内部 RAM20H 单元。

⑦外部 RAM1FFEH 单元的内容送给 R1。

⑧外部 RAM1FFEH 单元的内容送给外部 RAM007FH 单元。

⑨程序存储器 ROM1000H 单元的内容送给外部 RAM0030H 单元。

⑩程序存储器 ROM1000H 单元的内容送给内部 RAM20H 单元。

**3-10** 已知（A）=4AH，（PSW）=81H，（R1）=50H，（B）=20H，（50H）=0B3H，试写出下列各指令执行后 A，50H，PSW 各单元的内容。

①SWAP A　　　　　　⑤XCHD A,@R1

②ADD A,♯50H　　　　⑥MOV A,R1

③ADDC A,50H　　　　⑦DIV AB

④SUBB A,50H　　　　⑧MUL AB

**3-10** 试判断下列指令的正误，并加以改正。

① MOVX A,0023H      ⑥ MOVC A,@ A+ PC

② MOVX B @ DPTR      ⑦ PUSH direct

③ MOV A, # 1000      ⑧ MOV A, @ DPTR

④ XCH B,Rn      ⑨ MOVX direct1,direct2

⑤ MOVC A,@ DPTR      ⑩ XCH Rn, direct

**3-11** 写出下面各程序段执行后的最终结果。

```
① MOV    SP,    #60H
   MOV    A,     #8AH
   MOV    B,     #46H
   PUSH   ACC
   PUSH   B
   POP    ACC
   POP    B
② MOV    A,     #30H
   MOV    B,     #0AFH
   MOV    R0,    #31H
   MOV    30H,   #87H
   XCH    A,     R0
   XCHD   A,     @R0
   XCH    A,     B
   SWAP   A
③ MOV    A,     #45H
   MOV    R5,    #78H
   ADD    A,     R5
   DA     A
④ MOV    A,     #83H
   MOV    R0,    #47H
   MOV    47H,   #34H
   ANL    A,     #47H
   ORL    47H,   A
   XRL    A,     @R0
```

**3-12** 试分析下列程序的功能。

```
① MOV    A,     R2
   MOV    B,     #64H
   DIV    A      B
   MOV    R4,    A
   MOV    A,     #0AH
   XCH    A,     B
```

```
    SWAP    A
    ADD     A,          B
    MOV     R3,         A
    RET
②  CLR     C
    MOV     A,          R2
    RLC     A
    MOV     R2,         A
    MOV     A,          R3
    RLC     A
    MOV     R3,         A
    MOV     A,          R2
    ADDC    A,          ＃00H
    MOV     R2,         A
```

# 第4章 单片机汇编语言

汇编语言是最早应用于单片机开发的程序语言，汇编语言更贴近硬件结构本身，因此，了解汇编语言能够加深单片机的理解，但另一方面，汇编语言太过于底层，因此大大影响了学习的进度，增大了开发的难度。

本章将主要介绍汇编语言的程序结构，通过本章的学习，读者应该实现如下几个目标：

- 熟悉和掌握汇编语言伪指令；
- 掌握单片机汇编语言程序的格式；
- 掌握典型的汇编程序结构。

## 4.1 单片机汇编语言概述

单片机汇编语言是最早的单片机程序开发语言，和计算机上的汇编语言一样，单片机汇编语言具有执行速度快、代码短小精悍，且指令的执行周期确定等优点。下面将主要介绍单片机汇编语言的基本情况。

### 4.1.1 单片机汇编语言简介

单片机汇编语言就是单片机汇编指令的集合，它采用了助记符的形式来描述指令。单片机汇编语言其实不是底层的开发语言。对于计算机或者单片机来说，它能够识别的指令和数据均是二进制的，即机器语言。机器语言对开发者来说是很难使用的，因此，人们用一些英文单词和字符作为助记符来描述每一条二进制指令的功能，这就便于了解和记忆这些计算机的指令。

单片机汇编语言相比于后期推出的单片机 C 语言，具有如下一些优势：

- 程序执行速度快。
- 每条指令的执行时间确定，特别适合于对时序要求比较高的场合。
- 占用内存单元和 CPU 资源比较少。
- 和硬件结构和资源密切相关，对于理解单片机的运行和组成很有帮助。

单片机汇编语言虽然对机器语言进行了封装，但还是不够友好，仍属于一种面向机器的低级语言。单片机汇编语言缺点限制了它的推广使用，随着电子技术的发展，汇编语言的使用范围越来越小，逐渐被 C51 语言所代替，但是学习汇编语言对理解 8051 的结构及指令是很有帮助的，特别是单片机汇编语言的执行速度很快，这一点单片机 C51 语言是无法比拟的。因此，我们并不能完全丢弃单片机汇编语言，在有些时候还需要两者结合来使用。

## 4.1.2 结构化程序的概念

所谓结构化程序设计是指程序的设计、编写和测试都采用一种规定的组织形式进行，而不是想怎么写就怎么写。这样，可使编制的程序结构清晰，易于读懂，易于调试和修改，充分显示模块化程序设计的优点。

在 20 世纪 70 年代初，有 Boehm 和 Jacobi 提出并证明了结构定理，即任何程序都可以由 3 种基本结构构成结构化程序，这 3 种结构是：顺序结构、分支结构和循环结构。每一个结构只有一个入口和一个出口。

（1）顺序结构

顺序结构是按照语句实现的先后次序执行一系列的操作，程序流程图如图 4-1（a）所示。

（2）分支结构

分支结构根据不同情况做出判断和选择，分支的意思是在两个或多个不同的操作中选择一个，分为双分支结构和多分支结构，程序流程图如图 4-1（b）和 4-1（c）所示。

（3）循环结构

循环结构是重复执行一系列操作，直到某个条件出现为止。根据条件判断的位置，可以把循环结构分为"当型循环"和"直到型循环"，第一种循环先作条件判断再循环，第二种情况是先执行一次循环，然后判断条件是否继续循环，程序流程图如图 4-1（d）和 4-1（e）所示。

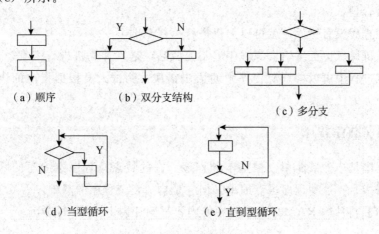

（a）顺序　　（b）双分支结构　　　　（c）多分支

（d）当型循环　　　　（e）直到型循环

**图 4-1　五种基本逻辑结构**

# 4.2 汇编语言程序设计

用汇编语言设计程序，一般按下述步骤进行：

（1）分析问题，抽象出描述问题的数学模型。分析问题的目的就是求得对问题有一个确切的理解，弄清已知条件、数据，处理的要求，最后得到问题的答案。

有的问题比较简单，有现成的数学公式和数学模型可以利用。有的问题没有现成的公式和模型可以利用时，就需要建立一个数据模型来描述处理过程，即建立一个数学模型，这样把一个实际问题变成了能用计算机处理的问题。

（2）确定解决问题的算法或解题思路。所谓算法，就是确定解决问题的方法和步骤。评价算法好坏的指标是程序执行的时间和占用存储器的空间、投入的人力、理解算法的难易程度及可扩充性和可适应性等。

（3）绘制流程图和结构图。流程图描述算法是一种传统常用的方法，流程图中指出了计算机操作的逻辑次序，设计者可以从流程图上直接了解系统执行任务的全过程以及各部分之间的关系，便于排除设计错误。

流程图的种类比较多，如逻辑流程图、算法流程图、结构流程图、功能流程图等，对于一个复杂的问题，可以画多级流程图。本章中程序流程图比较简单、易于画出，根据算法将解决问题的顺序描述出来即可。

（4）分配存储空间和工作单元。根据存储器特点及 CPU 工作特点合理分配存储单元，程序员做到内存分配情况心中有数。

（5）编制程序。用计算机的指令助记符或语句实现算法的过程就是编制程序，编制程序时，必须严格按语言的语法规则书写，这样编制的程序称为源程序。

（6）程序静态检查。程序编制好后，首先要进行静态检查，观察程序中语法和格式上是否有错误、选用的指令是否合适、程序执行流程是否符合算法和流程图、分配的空间是否合理。

静态检查后没有错误，就可以上机进行运行调试了。

（7）上机调试。汇编语言源程序编制完成后，送入计算机进行汇编、连接和调试。在上机调试过程中可以检查源程序中的语法错误，调试人员根据指出的语法错误修改程序，直至无语法错误。

## 4.2.1 顺序程序

顺序程序是一种最简单、最基本的程序。它的特点是程序按编写的顺序依次往下执行每一条指令。这种程序虽然简单，但它是构成复杂程序的基础。

【例 4-1】将片内 RAM30H 单元中的内容移到片内 RAM40H 单元。

**示例代码 4-1**

```
ORG 2000H
MOV 30H,# 33H                    ;初始化单元内容
MOV A,30H
MOV 40H,A                        ;(30H)→(40H)
SJMP $
END
```

【程序分析】片内数据存储区与片内数据存储区的单向传递。

【例 4-2】将片内 RAM30H 单元中的内容移到片外 RAM4000H 单元。

**示例代码 4-2**

```
ORG2000H
MOV 30H,# 33H                    ;初始化单元内容
MOV DPTR,# 4000H
MOV A,30H
MOVX @ DPTR,A                    ;(30H)→(4000H)
SJMP $
END
```

【程序分析】片内数据存储区与片外数据存储区的单向传递。

【例 4-3】将片外 RAM3000H 单元中的内容移到片外 RAM4000H 单元。

**示例代码 4-3**

```
ORG2000H
MOV DPTR,# 3000H
MOV A,# 33H
MOVX @ DPTR,A                    ;初始化单元内容
MOV R1,# 00H
MOV P2,# 40H
MOVX A,@ DPTR
MOVX @ R1,A                      ;(3000H)→(4000H)
SJMP $
END
```

【程序分析】片外数据存储区与片外数据存储区的单向传递。

【例 4-4】将 20H 单元内的两位 BCD 码拆开并转换成 ASCII 码，存入 21H，22H 两个单元中。

**示例代码 4-4**

```
ORG 2000H
MOV 20H,# 23H                    ;初始化
MOV A,20H                        ;取值
```

```
ANL A,# 0FH              ;取低 4 位
ADD A,# 30H              ;转换成 ASCII 码
MOV 21H,A                ;保存结果
MOV A,20H                ;重新取值
SWAP A                   ;高 4 位与低 4 位互换
ANL A,# 0FH              ;取高 4 位
ADD A,# 30H              ;转换成 ASCII 码
MOV 22H,A                ;保存结果
SJMP $                   ;停机
END
```

【程序分析】数字 0～9 的 ASCII 码为 30H～39H。可将两位 BCD 码拆开分别存入到另两个单元中，再加上 30H，即可以实现 BCD 码到 ASCII 码的转换。

【例 4-5】给 7000H 单元的内容置 1。

### 示例代码 4-5

```
ORG 2000H
MOV DPTR,# 7000H         ;初始化
MOV A,# 0FFH             ;给寄存器 A 置 1
MOVX @ DPTR,A            ;给片外 7000H 单元置 1
SJMP $
END
```

#### 课堂练习题

1. 求补码，已知一个 16 位二进制负数存放在 R1 和 R0 中，求其补码，并将结果存放在 R3 和 R2 中。

2. 拆分程序，已知 R3 中存放压缩的 BCD 码，拆分成分离的 BCD 码，分别存放在 R4 和 R5 中。

### 4.2.2　分支程序

在程序设计中，经常需要计算机对某种情况进行判断，然后根据判断的结果选择程序执行的流向，这就是分支程序。

分支程序主要是用条件转移指令来实现的，因此，设计分支程序的关键是如何判断分支条件，分支程序的设计要点如下。

（1）先建立可供条件转移指令测试的条件。可以通过算术运算和逻辑运算等影响标志位的指令设定标志位、累加器 A 或片内 RAM 某位的结果状态。

（2）选用合适的条件转移指令。

（3）在转移的目的地址处设定标号，通常有一个规律，几分支程序就至少有几个标号。

**【例 4-6】**已知片内 30H 单元中有一个有符号数，试编写程序，求该单元数据的绝对值。

### 示例代码 4-6

```
ORG2000H
MOV 30H,# 88H          ;初始化
MOV A,30H              ;取数
JB ACC.7,NEG           ;如为负数,转到 NEG 处执行
SJMP SAVE              ;如为正数,转到 SAVE 处执行
NEG:DEC A
    CPL A              ;求绝对值
SAVE:MOV 31H,A         ;保存数据
SJMP $                 ;停机
END
```

**【程序分析】**该程序是一个双分支程序，先判断数据的正负，如果数据为正数，则直接输出；如果数据为负数，则求绝对值后输出。

**【例 4-7】**已知片外 3000H 单元中有一个有符号数，试编写程序，求该单元数据的绝对值。

### 示例代码 4-7

```
ORG2000H
MOV DPTR,# 3000H
MOV A,# 88H
MOVX @ DPTR,A          ;初始化
MOVX A,@ DPTR          ;取数
JB ACC.7,NEG           ;如为负数,转到 NEG 处执行
SJMP SAVE              ;如为正数,转到 SAVE 处执行
NEG:DEC A
    CPL A              ;求绝对值
SAVE: MOVX @ DPTR,A    ;保存数据
SJMP $                 ;停机
END
```

**【程序分析】**该程序是一个双分支程序，先判断数据的正负，如果数据为正数，则直接输出；如果数据为负数，则求绝对值后输出。应注意片外数据存储区存取数据的方法，与上题不同的是数据来源于片外 RAM 单元中。

**【例 4-8】**设 X 存在 30H 单元中，根据下式

$$Y = \begin{cases} X+2 & X>0 \\ 100 & X=0 \\ |X| & X<0 \end{cases}$$

求出 Y 值，并将 Y 值存入 31H 单元。

### 示例代码 4-8

```
ORG2000H
MOV 30H,# 88H          ;初始化
MOV A,30H              ;取数
JB ACC.7,NEG           ;如果为负数,转到 NEG 处执行
JZ ZER0                ;如果为零,转到 ZER0 处执行
ADD A,# 02H            ;如果为正数,顺序执行
AJMP SAVE              ;跳转指令
ZER0:MOV A,# 64H       ;数据为零,Y= 100
     AJMP SAVE
NEG:DEC A              ;数据小于零,Y= |X|
    CPL A
SAVE:MOV 31H,A         ;保存数据
SJMP $                 ;停机
END
```

【程序分析】该程序是一个三分支程序，根据数据的符号位判别该数的正负，若最高位为 0，再判别该数是否为 0。整个程序需经过两次判断。

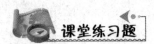课堂练习题

1. 将 30H 和 31H 两个单元中的 ASCII 码转换为十六进制数，并合并为一个字节存放在 40H 单元中。

2. 设 X 存在 30H 单元中，根据下式

$$Y = \begin{cases} 0 & X < 37 \\ X & 37 \leqslant X \leqslant 42 \\ -1 & X > 42 \end{cases}$$

求出 Y 值，并将 Y 值存入 31H 单元。

### 4.2.3 循环程序

程序设计中，常常要求某一段程序重复执行多次，这时可采用循环结构程序。

循环结构程序一般包括如下四个部分。

(1) 初始化：置循环初值，即设置循环开始的状态。比如设置地址指针，设定工作寄存器，设定循环次数等。

(2) 循环体：这是要重复执行的程序段，是循环结构的基本部分。

(3) 循环控制：循环控制包括修改指针、修改控制变量和判断循环是否结束还是继续，修改指针和变量为下一次循环判断作准备，当符合结束条件时，循环结束；否

则继续循环。

（4）结束：存放结果。

【例 4-9】有从片内 RAM 的 31H～35H 单元开始存入，根据下式

$$Y = \begin{cases} X+2 & X>0 \\ 100 & X=0 \\ |X| & X<0 \end{cases}$$

求出 Y 值，并将 Y 值存入 31H～35H 单元。

### 示例代码 4-9

```
ORG2000H
MOV 31H,# 05H
MOV 32H,# 88H
MOV 33H,# 00H
MOV 34H,# 09H
MOV 35H,# 0A0H
MOV R0,# 5
MOV R1,# 31H              ;初始化
START:MOV A,@ R1          ;取数
      JB ACC.7,NEG        ;如果为负数,转到 NEG 处执行
      JZ ZER0             ;如果为零,转到 ZER0 处执行
      ADD A,# 02H         ;如果为正数,顺序执行
      AJMP SAVE           ;跳转指令
ZER0:MOV A,# 64H          ;数据为零,Y= 100
      AJMP SAVE
NEG:DEC A                 ;数据小于零,Y= |X|
    CPL A
SAVE:MOV @ R1,A           ;保存数据
    INC R1                ;进入到下一个地址处
DJNZ R0,START             ;改变循环变量,判断是否进入下一次循环
SJMP $                    ;停机
END
```

【程序分析】上题同样的问题执行 5 次，因此需要用循环结构来完成。设置一个计数器控制循环次数，每处理完一个数据，计数器减 1。

【例 4-10】编写程序，将内部 RAM 的 30H～3FH 等 16 个单元置－1。

### 示例代码 4-10

```
ORG2000H
MOV R0,# 30H             ;地址的计数初值
MOV R1,# 10H             ;循序次数的设定
```

```
BEGIN:MOV A,# 0FFH
     MOV @ R0,A              ;置 - 1
     INC R0                  ;改变地址初值
     DJNZ R1,BEGIN           ;改变循环变量
     SJMP $
     END
```

【程序分析】该程序给片内数据存储区置1，根据给出的地址范围可以确定循环的次数。

【例4-11】编程将片内RAM中地址为20H～24H中的数据块，全部转移到片外RAM0100H～0104H单元中。

### 示例代码4-11

```
ORG2000H
MOV 20H,# 11H
MOV 21H,# 22H
MOV 22H,# 33H
MOV 23H,# 44H
MOV 24H,# 55H
MOV DPTR,# 0100H
MOV R0,# 20H
MOV R1,# 5                  ;初始化
BEGIN:MOV A,@ R0
      MOVX @ DPTR,A         ;片内 RAM→片外 RAM
      INC DPTR
      INC R0
      DJNZ R1,BEGIN         ;改变循环变量
SJMP $
END
```

【程序分析】片内RAM中的数据送到片外RAM中，根据地址范围可算出循环次数。

### 课堂练习题

1. 统计片内RAM30H～50H单元中00H的个数，并将统计结果存入到60H单元中。

2. 片外RAM2000H～200FH数据区域中存放着若干个字符和数字，并且最后是以"$"作为结束符，统计出这些单元中字符和数字的个数，将结果存入30H单元中。

### 4.2.4  延时程序

延时程序是一种最简单的程序，常用在系统设计中显示、键盘及数据采集中。单片机的延时可使用软件延时，也可以使用定时器中断延时。本节中介绍的是软件延时。

软件延时方法就是程序延时方法，即可用循环程序的结构，使机器进入某一循环，重复执行一些无用的操作，适当控制循环次数，就可以获得所需要的延时。

编写这类程序要注意单片机的时钟频率，因为运行同样一个软件延时程序，不同的时钟频率延时的时间是不一样的。

程序延时时间可根据机器周期和执行程序所用的总机器周期数来计算，即

$$T 延时时间 = T 机器周期 \times T 总的机器周期数$$

其中 T 延时时间为程序的延时时间；T 机器周期为机器周期，T 机器周期＝振荡周期的 12 分频；T 总的机器周期数为程序执行中占有的总的机器周期数。

【例 4-12】设计一个软件延时子程序，假设单片机系统的晶振频率为 12MHz，延时时间为 0.1ms。

### 示例代码 4-12

```
ORG0100H
        MOV R0,# 200          ;机器周期数 1
LOOP1:MOV R1,# 250           ;机器周期数 1,外循环
LOOP2:DJNZ R1,LOOP2          ;机器周期数 2,内循环
        DJNZ R0,LOOP1
RET
```

【程序分析】由于采用 12MHz 晶振，机器周期为 ×12＝1μs，内循环 LOOP2 的指令周期为 2，整个程序执行时间为 $200 \times 250 \times 2 \times 1\mu s = 100000\mu s = 0.1s$。

【例 4-13】设计一个软件延时子程序，假设单片机系统的晶振频率为 12MHz，延时时间为 1s。

### 示例代码 4-13

```
        ORG0100H
        MOV R0,# 10          ;外循环
LOOP1:MOV R1,# 200           ;内循环
LOOP2:MOV R2,# 250
LOOP3:DJNZ R2,LOOP3          ;三重循环
        DJNZ R1,LOOP2
        DJNZ R0,LOOP1
RET
```

【程序分析】由于采用 12MHz 晶振，机器周期为 ×12＝1μs，内循环 LOOP3 的指令周期为 2，整个程序执行时间为 $10 \times 200 \times 250 \times 2 \times 1\mu s = 1000000\mu s = 1s$。

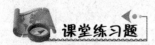
**课堂练习题**

1. 试编写延时 10ms 延时子程序，设晶振为 6MHZ。

2. 试编写延时 1s 延时子程序，设晶振为 12MHZ。

### 4.2.5 查表类程序

查表类程序是工程应用中最常用、最重要的模板程序之一，它可以完成数据计算、转换、补偿等各类功能，其具有程序简单、执行速度快等优点，在单片机具体程序设计中普遍采用的一种程序设计方法。

查表类程序编程时，普遍需要用到 ROM 中的区域，因此查表类程序的指令：

MOVC A,@ A+ DPTR 和 MOVC A,@ A+ PC

【例 4-14】在程序存储器中从 TAB 开始的 16 个单元连续存放 0～15 的平方值，设计程序，在任意给的一个数 X（0≤X≤15），查表求出 X 的平方值，并把结果存入 Y 单元。

示例代码 4-14

```
ORG0100H
MOV 30H,# 04H
MOV DPTR,# TAB          ;送表头首址
MOV A,X                 ;待查找的值
MOVC A,@ A+ DPTR        ;查表
MOV Y,A                 ;存结果
SJMP $
TAB:DB 00H,01H,04H,09H,10H,19H,24H,31H,40H,51H,64H,79H,90H,0A9H,0C4H,0E1H
    X DATA 30H
    Y DATA 31H

END
```

【程序分析】表格首址在 TAB 中，待查的内容在 X（30H）中，查找的结果在 Y（31H）中。

【例 4-15】在程序存储器中从 TAB 开始的 15 个单元中连续存放 0～F 字符，设计程序，在任意给的一个数 X，查表求出 X 低 4 位相应的 ASCII，并把结果存入 Y 单元。

示例代码 4-15

```
ORG0100H
MOV 30H,# 25H
MOV DPTR,# TAB          ;送表头地址
MOV A,X                 ;待查找的值
ANL A,# 0FH             ;屏蔽高 4 位
MOVC A,@ A+ DPTR        ;查表
MOV Y,A                 ;存结果
SJMP $
TAB:DB '0','1','2','3','4','5','6','7','8','9','A','B','C','D','E','F'
    X DATA 30H
    Y DATA 31H
```

— 110 —

END

【程序分析】表格首址在 TAB 中,待查的内容在 X(30H)中,查找的结果在 Y(31H)中。

【例 4-16】设计程序,在 TAB 表中查找 30H 中要查找的内容,如果找到置 Y=0,如果未找到 OV=1。

**示例代码 4-16**

```
        ORG 0100H
        MOV 30H,# 03H          ;待查找的内容
        MOV R0,# 0             ;指向表首
        MOV R1,# 5             ;初始化表格长度,循环次数
LOOP:MOV A,R0                  ;按顺序号读取表格内容
        MOV DPTR,# TAB         ;送表头首址
        MOVC A,@ A+ DPTR       ;查表
        CJNE A,30H,LOOP1       ;与查找的内容比较
        MOV Y,# 00H            ;相同,查找成功 Y= 0
        MOV A,R0               ;取对应的顺序号
        SJMPLOOP2              ;退出
LOOP1:INC R0                   ;指向表格中的下一个内容
        DJNZ R1,LOOP           ;查完全部表格内容
        MOV Y ,# 01H           ;未查找到,Y= 1
LOOP2:SJMP $
TAB:DB 01H,02H,03H,04H,05H
    Y DATA 31H
END
```

【程序分析】表格首址在 TAB 中,待查的内容在 X(30H)中,查找的结果在 Y(31H)中,如果在 TAB 表中找到待查内容,说明查找成功 Y=0,否则 Y=1。

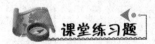

**课堂练习题**

1. 试将 1 位十六进制数转换为 ASCII 码。

2. 试将 30H 中显示的数字 0~9 转换为字段码。(数字 0~9 共阴极字段码为 3FH,06H,5BH,4FH,66H,6DH,7DH,07H,7FH,6FH)

### 4.2.5 位操作程序

单片机有着优异的位操作性能,可以用软件替代硬件的方法实现各种逻辑运算,从而大大简化硬件设计,以软件运行时间为代价换取硬件成本。

【例 4-17】设计程序，实现图 4-2 中的逻辑电路。

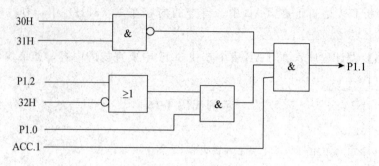

图 4-2　硬件逻辑电路

**示例代码 4-17**

```
ORG 0100H
MOV C,30H
ANL C,31H              ;与运算
CPL C                 ;取反
MOV 20H,C             ;数据暂存
MOV C,P1.2
ORL C,/32H            ;或运算
ANL C,P1.0
ANL C,20H
ANL C,ACC.1
MOV P1.1,C            ;输出结果
SJMP $
END
```

【程序分析】用逻辑运算代替了硬件电路。

# 思考题与习题

1. 编写程序，实现算式 $Y=A^2+B^2+C^2$。

2. 编写程序，实现算式 $Y=2(a+b)+2(b+c)+a(a+c)$。

3. 已知片外 RAM 中 2000H 单元中有一个有符号整数，试编写程序，求该单元数据的绝对值。

4. 设 X 存在 30H 单元中（20＜X＜40），根据下式

$$Y=\begin{cases} 3X & X\geqslant 30 \\ |X| & 10\leqslant X\leqslant 30 \\ 0 & X<10 \end{cases}$$

求出 Y 值，并将 Y 值存入 31H 单元。

5. 编写程序，将内部 RAM 的 30H～3FH 等 16 个单元清零。

6. 试编写统计数据块长度的程序，设数据块从内部 RAM30H 开始，该数据块以 FFH 结束，统计结果送入 6FH 中。

7. 在内部 RAM30H 单元开始存放 20 个带符号数，要求统计出其中大于 0、小于 0 和等于 0 的数目，并把统计结果分别存入 30H、31H、32H 单元中。

8. 编写程序，查找内部 RAM 的 30H～50H 单元中出现 00H 的次数，并将查找的 结果存入 60H 单元中。

9. 外部 RAM2000H～2100H 有一个数据块，现将它们送到 3000H～3100H 的区 域，试编写程序。

10. 从 X 单元开始，连续存放 10 个无符号数，设计程序，从中找出最大数送入 Y 单元中。

11. 设单片机的晶振频率为 6MHz，用软件延时的方法实现 20ms、60ms、100ms 和 1s 的程序编制。

12. 设单片机的晶振为 6MHz，计算如下程序的执行时间。

```
ORG 0100H
MOV R0,# 20H
MOV R3,# 05H
MOV A,@ R0
CPL A
ADD A,# 01H
MOV @ R0,A
LOOP:INC R0
     MOV A,@ R0
     CPL A
     ADDC A,# 00H
     MOV @ R0,A
     DJNZ R3,LOOP
SJMP $
END
```

13. 编写查表程序求十进制 0～10 的立方值。

14. 用位操作指令实现下面的逻辑方程。

(1) P1.2＝ACC.1 · P1.3＋20H · 30H

(2) P1.0＝（PSW.2＋20H＋P3.3）· ACC.1＋/20H

# 第5章 中断系统

单片机的中断系统是单片机的一个重要组成部分,中断系统为单片机提供处理外部紧急事件的能力,使得 CPU 不必总是处在查询状态,节省系统的内部资源。通过本章的学习,可以实现如下几个目标:

- 熟记 51 系列单片机 5 个中断源及其中断入口地址;
- 掌握 51 系列单片机中断源的工作方式;
- 熟悉 IE、IP、TCON 和 SCON 的结构、控制作用和设置方法;
- 了解 51 系列单片机的中断响应过程;
- 了解外部中断的结构及原理及应用;
- 掌握中断服务程序的编制方法。

## 5.1 中断基础知识

单片机执行主程序时,由于某个事件的原因,暂停主程序的执行,调用相应的程序处理该事件,处理完毕后再自动继续执行主程序的过程称为中断。实现这一功能的部件称为中断系统,申请 CPU 中断的请求源称为中断源。执行一个中断时又被另一个事件打断,暂停该中断处理过程转去处理这个更重要的事件,处理完毕之后再继续处理本中断的过程,叫作中断的嵌套。MCS-51 系列单片机有 5 个中断源,有两个中断优先级。

### 5.1.1 中断技术概述

中断技术主要用于实时监测与控制,要求单片机能及时地响应中断请求源提出的服务请求,并作出快速响应、及时处理。这是由片内的中断系统来实现的。

当中断请求源发出中断请求时,如果中断请求被允许,单片机暂时中止当前正在执行的主程序,转到中断服务处理程序处理中断服务请求。中断服务处理程序处理完中断服务请求后,再回到原来被中止的程序之处(断点),继续执行被中断的主程序。图 5-1 为中断响应和处理过程。

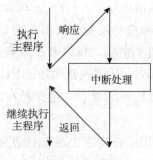

图 5-1　中断响应图

CPU 转至中断服务程序与 CPU 调用子程序相比，从执行程序而言两者是相仿的，但在实质上性质是有区别的：

1. 主程序调用子程序是程序员在程序设计中已经设计好的。但主程序转中断服务程序是由外设中断源随机地根据需要请求中断而转至中断服务程序的。

2. 主程序调用子程序是用 CALL 指令实现的，而中断是由外设向 CPU 发出 INT 信号实现的。

### 5.1.2　响应中断的过程

CPU 处理中断的过程随着外设的多少而复杂程度不一，但基本过程是一样的。

**1. 中断申请**

每一个外设需要中断服务时，就要发出中断申请信号 $\overline{INT0}$，送至 CPU 的中断接收端 $\overline{INT0}$，而且要求这个信号能保持到 CPU 响应这个中断为止。因此，每一个外设中断源就需设置一个产生中断申请信号的设备。

**2. 中断的开放和关闭**

为了使 CPU 能开放和关闭中断，在 CPU 内部设置一个中断允许触发器 IFF，只有在开中断的情况下，CPU 才能响应中断。若在关中断的情况下，即使 CPU 的 $\overline{INT}$ 线上有外设的中断请求信号，CPU 也不能响应。

**3. CPU 对中断的响应**

当外设准备好数据以后，即向 CPU 发出中断请求信号 $\overline{INT}$ 为低电平，在开中断的情况下，CPU 则在现行指令周期的末尾采样 $\overline{INT}$ 线，测试到 $\overline{INT}$ 为低电平信号时，便响应中断。之后 CPU 应有下列步骤：

（1）关中断。CPU 响应中断时便向外设发出中断响应信号，同时自动地关中断，以保证在处理一个中断过程中不致又接收另一新的中断，防止误了响应。

（2）保护断点。为了保证 CPU 在执行完中断服务程序后，准确地返回断点，CPU 将断点处的 PC 值推入堆栈保护。待中断服务程序执行完后，由返回指令 RETI 将其从堆栈中弹回 PC，而返回主程序。

（3）执行中断服务程序。找出中断服务程序入口地址，转入执行中断服务程序。

（4）保护现场。由于 CPU 响应中断是随机的，而 CPU 中各寄存器的内容和状态标志会因转至中断服务程序而受到破坏，所以要在中断服务程序的开始，把断点处有关的各个寄存器的内容和状态标志，用堆栈操作指令 PUSH 推入堆栈保护。

（5）恢复现场。在中断服务程序完成后，把保护在堆栈中的各寄存器内容和状态标志，用 POP 指令弹回 CPU。

（6）开中断。上面已谈到 CPU 在响应中断时自动关中断。为了使 CPU 能响应新的中断请求，在中断服务程序末尾应按排开中断指令。

（7）返回主程序。当中断服务程序执行完毕返回主程序时，必须将断点地址弹回 PC，因此在中断服务程序的最后用一条 RETI 指令，使 PC 返回断点。

 课堂练习题

1. 解释定义中断，中断源，中断嵌套。

2. 中断技术主要应用在哪些方面？

3. CPU 转至中断服务程序与 CPU 调用子程序相比有什么不同？

# 5.2  MCS-51 的中断系统

使用中断技术，有以下几个优点：

1. 同步工作。采用中断后，使得 CPU 与外设之间不再是串行工作，而是分时并行操作，CPU 启动外设后，就继续执行主程序，而外设要和 CPU 进行数据交换时就发出中断请求信号，CPU 响应后就去执行中断处理。

2. 提高了 CPU 的工作效率。采用中断后，CPU 可以同时和多种外设打交道，并同时处理内部数据，从而大大提高了 CPU 的工作效率。

3. 实时处理。在实时控制中，计算机的故障检测、自动处理、人机联系、客机系统等均要求 CPU 具有中断功能，能够立即响应加以处理。

## 5.2.1  MCS-51 中断系统结构

MCS-51 中断系统结构如图 5-2 所示。MCS-51 单片机增强了片内中断系统的性能，在一般的应用场合，可以不加任何硬件就能满足实时控制的设计要求。它允许有五个中断源，提供两个中断优先级（能实现二级中断嵌套）。每个中断源的优先级的高低都可通过编程来设定。中断源的中断请求是否能得到响应受中断允许寄存器 IE 的控制；各个中断源的优先级可以由中断优先级寄存器 IP 中的各位来确定，同一优先级中的各中断源同时请求中断时，由内部的查询逻辑来确定响应的次序。

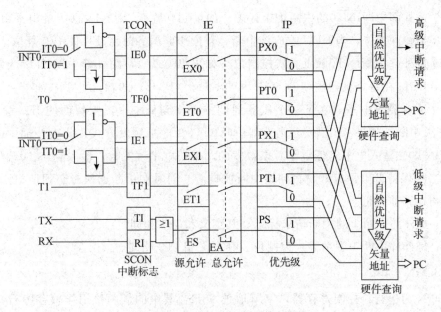

图 5-2　MCS-51 中断系统结构图

**1. 中断请求源 MCS-51 提供五个中断源：**

（1）$\overline{INT0}$来自 P3.2 引脚上的外部中断请求（外部中断 0）。

（2）$\overline{INT1}$来自 P3.3 引脚上的外部中断请求（外部中断 1）。

（3）T0 片内定时器/计数器 0 溢出（TF0）中断请求。

（4）T1 片内定时器/计数器 1 溢出（TF1）中断请求。

（5）片内串行口完成一帧发送或接收中断请求源 TI 或 RI。

每一中断源都对应一个中断请求标志位，它们设置在特殊功能寄存器 TCON 和 SCON 中，当这些中断源请求中断时，由 TCON 和 SCON 中的相应位来锁存。

**2. TCON**

TCON 是定时器/计数器 T0 和 T1 的控制寄存器，也用来锁存 T0，T1 的溢出中断请求源 TF0，TF1 标志和外部中断请求源 IE0、IE1 标志。其格式如下：

| 位序 | D7 | D6 | D5 | D4 | D3 | D2 | D1 | D0 |
|------|-----|-----|-----|-----|-----|-----|-----|-----|
| 位标志 | TF1 | TR1 | TF0 | TR0 | IE1 | IT1 | IE0 | IT0 |

其中，TF0 是定时器/计数器 T0 溢出中断请求标志。当启动 T0 计数后，从初值开始加 1 计数到产生溢出时，由硬件使 TF0 置 "1"，向 CPU 请求中断，CPU 响应中断时，自动将 TF0 清 "0"，也可由软件清 "0"。

TF1 是定时器/计数器 T1 溢出中断请求标志，其作用同 TF0。

TR1 是定时器 1 的运行位。该位靠软件置位或清零，置位时，定时器/计数器接通工作，清零时，停止工作。TR0 位功能和操作同 TR1。

IE0 是外部中断 $\overline{\text{INT0}}$ 的中断请求标志。如果 IT0 置 1，则当 $\overline{\text{INT0}}$ 上的电平由 1 变 0 时，IE0 由硬件置位，当 CPU 响应该中断，转向中断服务时由硬件使 IE0 复位。

IT0 是外部中断 $\overline{\text{INT0}}$ 触发方式控制位。如果 IT0 为 1，则外部中断 $\overline{\text{INT0}}$ 为跳变触发方式。CPU 在每个机器周期的 S5P2 采样 $\overline{\text{INT0}}$（P3.2）的输入电平，如果在一个机器周期中采样到高电平，在下一个机器周期中采样到低电平，则硬件使 IE0 置 1，向 CPU 请求中断。如果 IT0 为 0，则外部中断 $\overline{\text{INT0}}$ 为电平触发方式，此时外部中断是通过检测 $\overline{\text{INT0}}$ 端输入电平（低电平）来触发的。采用电平触发时，输入到 $\overline{\text{INT0}}$ 端的外部中断源必须保持低电平有效，直到该中断被响应。同时在中断返回时必须使电平变高，否则会再次产生中断。

IE1 是外部中断 1 的中断请求标志。其意义和 IE0 相同。

IT1 是外部中断 1 触发方式控制位。其意义相 IT0 相同。

### 3. SCON

SCON 为串行口控制寄存器，字节地址 98H，其中的低两位用作锁存串行口的接收和发送中断标志。其格式如下：

| 位序 | D7 | D6 | D5 | D4 | D3 | D2 | D1 | D0 |
|------|------|------|------|------|------|------|------|------|
| 位标志 | SM0 | SM1 | SM2 | REN | TB8 | RB8 | TI | RI |

其中，RI 串行口接收中断标志。在串行方式 0 中，每当接收到第 8 位数据时，由硬件使 RI 置 1，在其他方式中，当接收到停止位的中间位时，使 RI 置 1。但当 CPU 转入串行口中断服务程序入口时 RI 不复位，必须由软件来使 RI 清 0。

TI 串行口发送中断标志。在方式 0 中，每当发送完 8 位数据由硬件使 TI 置 1，在其他方式中发送至停止位开始时置位。TI 也必须由软件来清 0。其他位功能在后续章节介绍。

## 5.2.2 中断控制

关于中断控制的有中断允许寄存器 IE 和中断优先级寄存器 IP，现分别叙述。

### 1. 中断的开放和屏蔽

MCS-51 CPU 对中断源的开放或屏蔽，是由片内的中断允许寄存器 IE 控制的，字节地址 A8H。其格式如下：

| 位序 | D7 | D6 | D5 | D4 | D3 | D2 | D1 | D0 |
|------|------|------|------|------|------|------|------|------|
| 位标志 | EA | / | / | ES | ET1 | EX1 | ET0 | EX0 |

其中，EA 是 CPU 的中断开放标志。EA＝1，CPU 开放中断，EA＝0，CPU 屏蔽所有的中断请求。但每个中断源的中断请求是允许还是被禁止，还需由各自的允许位确定。

ES 是串行口中断允许位。ES＝1，允许串行口中断；ES＝0，禁止串行口中断。

ET1 是定时器/计数器 1 的溢出中断允许位。ET1＝1，允许 T1 中断，ET1＝0，禁止定时器/计数器 1 中断。

EX1 是外部中断 1 中断允许位。EX1＝1，允许外部中断 1 中断 EX1＝0，禁止外部中断 1 中断。

ET0 是定时器/计数器 0 的溢出中断允许位。ET0＝1 允许定时器/计数器 0 中断，ET0＝0，禁止定时器/计数器 0 中断。

EX0 是外部中断 0 的中断允许位。EX0＝1，允许外部中断 0 中断，EX0＝0，禁止外部中断 0 中断。

IE 寄存器中各相应位的状态，由用户根据要求用指令置位（SETB BIT）或清 0（CLR BIT），而实现该中断源允许中断或禁止中断。当单片机复位时，IE 寄存器被清 0。

**2. 中断优先级控制**

MCS-51 中断系统有两个中断优先级，对于每一个中断请求源都可编程为高优先级中断或低优先级中断，可实现两级中断嵌套。中断优先级是由片内的中断优先级寄存器 IP 控制的，字节地址 B8H。其格式如下：

| 位序 | D7 | D6 | D5 | D4 | D3 | D2 | D1 | D0 |
|---|---|---|---|---|---|---|---|---|
| 位标志 | / | / | / | PS | PT1 | PX1 | PT0 | PX0 |

其中，PS 是串行口中断优先级控制位。PS＝1，串行口定义为高优先级中断源；PS＝0，串行口定义为低优先级中断源。

PT1 是定时器/计数器 1 的中断优先级控制位。PT1＝1，T1 定义为高优先级中断源，PT1＝0，T1 定义为低优先级中断源。

PX1 是外部中断 1 的优先级控制位。PX1＝1，外部中断 1 定义为高优先级中断源，PX1＝0，外部中断 1 定义为低优先级中断源。

PT0 是定时器/计数器 0 的中断优先级控制位。功能同 PT1。

PX0 外部中断 0 的优先级控制位。功能同 PX1。

中断优先级控制寄存器 IP 的各位都由用户置位或复位，可用位操作指令或字节操作指令更新 IP 的内容，以改变各中断源的中断优先级，单片机复位后 IP 全为 0，各个中断源均为低优先级中断。

**3. 中断优先级结构**

MCS-51 中断系统具有两级优先级，它们遵循下列两条基本规则：

（1）低优先级中断源可被高优先级中断源中断，而高优先级中断源不能被任何中断源所中断。

（2）一种中断源（无论是高优先级或低优先级）一旦得到响应，与它同级的中断源不能再中断它。

为了实现上述两条规则，中断系统内部包含两个不可寻址的优先级状态触发器。其中一个用来指示某个高优先级的中断源正在得到服务，并屏蔽所有其他中断的响应；另一个触发器则指出某低优先级的中断源正在得到服务，所有同级的中断都被屏蔽，但不屏蔽高优先级中断源。

当同时收到几个同一优先级中断请求源时，响应哪一个中断请求源取决于内部查询顺序，其优先级排列如表 5-1 所列。

表 5-1　MCS-51 单片机中断源自然优先顺序

| 中断源 | 中断入口地址 | 同一级的中断优先级 |
| --- | --- | --- |
| 外部中断 INT0 | 0003H | 最高 |
| 定时器/计数器 T0 | 000BH | |
| 外部中断 INT1 | 0013H | |
| 定时器/计数器 T1 | 001BH | |
| 串行口中断 | 0023H | 最低 |

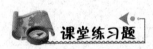课堂练习题

1. MCS-51 单片机有几个中断源？几个中断优先级？

2. MCS-51 单片机响应中断服务子程序时，PC 的值是怎么变化的？

3. 写出 MCS-51 单片机的中断源的入口地址，它们有什么特点？

### 5.2.3　中断的处理过程

**1. 响应**

如果没有被下述条件所阻止，将在下一个机器周期的状态周期 S1 响应激活了的最高级中断请求。

（1）CPU 正在处理相同的或更高优先级的中断。

（2）现行的机器周期不是所执行指令最后一个机器周期。

（3）正在执行的指令是 RETI 或是访问 IE 或 IP 的指令，CPU 在执行 RETI 或访问 IE、IP 的指令后，至少需要再执行一条指令才会响应新的中断请求。

如果上述条件中有一个存在，CPU 将丢弃中断查询的结果。

CPU 响应中断时，先置相应的优先级状态触发器（该触发器指出 CPU 开始处理的中断优先级别），然后执行一个硬件子程序调用，使控制转移到相应的入口，中断请求源申请标志清 0（TI 和 RI 除外），硬件把程序计数器 PC 的内容压入堆栈，把中断子程序（即中断服务程序）的入口地址（中断向量）送入程序计数器 PC。

**2. 中断服务**

中断服务程序由程序员编写，用于满足用户的特定需求。

**3. 中断返回**

RETI 指令表示中断服务程序的结束，CPU 执行该指令时，一方面把响应中断时所置位的优先级状态触发器清 0，使得单片机可以继续响应别的中断请求；另一方面从栈顶弹出断点地址（两个字节）送到程序计数器 PC，CPU 从原来中断处继续执行被中断的程序。

硬件调用中断服务程序时，把程序计数器 PC 的值压入堆栈，同时把被响应的中断服务程序的入口地址装入 PC 中。各中断服务程序的入口地址见表 5-1。

为了要跳转到用户设计的中断服务处理程序，通常在中断入口地址处安排一条跳转指令。

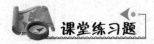 **课堂练习题**

1. 中断返回指令是什么？

2. 单片机响应中断有什么条件？

3. 多个中断源同时提出中断请求，CPU 是如何处理的。

## 5.2.4　中断服务子程序的流程

中断服务子程序的基本流程如图 5-3 所示。下面对有关中断服务子程序执行过程中的一些问题进行说明。

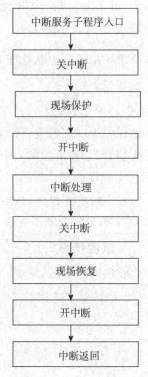

图 5-3　中断服务子程序基本流程图

121

### 1. 现场保护和现场恢复

现场是指单片机中某些寄存器和存储器单元中的数据或状态。为使中断服务子程序的执行不破坏这些数据或状态，因此要送入堆栈保存起来，这就是现场保护。在中断服务程序中，通常会用到一些特殊功能寄存器，如 A，PSW，DPTR 等，而这些特殊功能寄存器中断前的数据在中断返回后还要用到，因此，要求把这些特殊功能寄存器在中断前的数据保存起来，待中断返回后恢复。

现场保护一定要位于中断处理程序的前面。中断处理结束后，在返回主程序前，则需要把保存的现场内容从堆栈中弹出恢复原有内容，这就是现场恢复。现场恢复一定要位于中断处理的后面。

### 2. 关中断和开中断

现场保护前和现场恢复前关中断，是为防止此时有高一级的中断进入，避免现场被破坏。

在现场保护和现场恢复之后的开中断是为下一次的中断做好准备，也为了允许有更高级的中断进入。这样，中断处理可以被打断，但原来的现场保护和现场恢复不允许更改，除了现场保护和现场恢复的片刻外，仍然保持着中断嵌套的功能。

但有时候，一个重要的中断，必须执行完毕，不允许被其他的中断嵌套。可在现场保护前先关闭总中断开关位，待中断处理完毕后再开总中断开关位。这样，需把图 5-3 中的"中断处理"步骤前后的"开中断"和"关中断"去掉。

### 3. 中断处理

应用设计者根据任务的具体要求，来编写中断处理部分的程序。

### 4. 中断返回

中断服务子程序最后一条指令必须是返回指令 RETI。CPU 执行完这条指令后，把响应中断时所置 1 的不可寻址的优先级状态触发器清 0，然后从堆栈中弹出栈顶上的两个字节的断点地址送到程序计数器 PC，弹出的第一个字节送入 PCH，弹出的第二个字节送入 PCL，从断点处重新执行主程序。

【例 5-1】根据图 5-3 流程，编写中断服务程序。设现场保护只将 PSW 寄存器和累加器 A 的内容压入堆栈中保护。一个典型的中断服务子程序如下：

**示例代码 5-1**

```
INT:    CLR     EA          ;CPU关中断
        PUSH    PSW         ;现场保护
        PUSH    Acc
        SETB    EA          ;总中断允许
        中断处理段
        CLR     EA          ;关中断
        POP     Acc         ;现场恢复
```

```
        POP     PSW
        SETB    EA          ;总中断允许
        RETI                ;中断返回,恢复断点
```

**【程序分析】**

（1）本例的现场保护假设仅仅涉及 PSW 和 A 的内容,如有其他需要保护的内容,只需在相应位置再加几条 PUSH 和 POP 指令即可。注意,堆栈的操作是先进后出。

（2）"中断处理程序段",设计者应根据中断任务的具体要求,来编写中断处理程序。

（3）如果不允许被其他的中断所中断,可将"中断处理程序段"前后的"SETB EA"和"CLR EA"两条指令去掉。

（4）最后一条指令必须是返回指令 RETI,不可缺少,CPU 执行完这条指令后,返回断点处,重新执行被中断的主程序。

**课堂练习题**

1. 单片机处理中断处理过程包括哪几个步骤?

2. 什么是现场保护?需要保护哪些内容?

3. 什么是恢复现场?

# 5.3  中断技术应用实例

**【例 5-2】**  在单片机的外部中断 0 端接入一个单脉冲触发器,每按一次单脉冲触发器中的开关,都在外部中断 0 端出现一个负脉冲,使得单片机产生中断。每次产生的中断都会使 P1 口的数据左移一位。在 P1 口扩展了 8 个发光二极管,亮 1 灯左移循环。参考程序如下:

**示例代码 5-2**

```
        ORG 0000H
        AJMP MAIN
        ORG 0003H           ;外部中断 0 中断服务程序入口地址
        AJMP ZHD0
        ORG 0030H
MAIN:   MOV SP,# 60H        ;设置堆栈指针
        SETB IT0            ;设置外部中断 0 为边沿触发方式
        SETB EX0            ;开放外部中断 0
        SETB EA
        MOV IP,# 01H
```

```
                MOV A,# 01H
LOOP:           MOV P1,A              ;设置 P1 口的初始状态
                AJMP LOOP             ;循环等待外部中断
ZHD0:           MOV A,P1              ;中断服务程序的开始
                RL A                  ;P1 口的数据左移
                LCALL DELAY           ;调用延时程序
                MOV P1,A              ;数据再送 P1 口
                RETI                  ;中断服务程序返回
DELAY:          MOV R0,# 20           ;延时程序
DELAY1:         MOV R1,# 0FAH
DELAY2:         DJNZ R1,DELAY1
                DJNZ R0,DELAY2
                RET                   ;延时程序返回
                END
```

【程序分析】亮 1 灯左移循环，中断程序由外部中断 0 产生，以 20ms 间隔 8 灯依次亮起，再依次熄灭。

【例 5-3】若规定外部中断 1 为边沿触发方式，高优先级，在中断服务程序中将寄存器 B 的内容进行半字节交换，B 的初值设为 21H。试编写主程序与中断服务程序。

### 示例代码 5-3

```
                ORG 0000H
                AJMP MAIN
                ORG 0013H             ;中断矢量
                AJMP INTS
                ORG 0030H
MAIN:           SETB EA               ;总中断允许"开"
                SETB EX1              ;外部中断 1 允许"开"
                SETB PX1              ;设置为高优先级
                SETB IT1              ;边沿触发方式
                MOV B,# 21H           ;给 B 寄存器赋初值
HERE:           AJMP HERE             ;原地等待中断申请
INTS:           MOV A,B               ;自 B 寄存器中取数
                SWAP A                ;半字节交换
                MOV B,A               ;存回 B
                RETI                  ;中断返回
                END
```

【程序分析】中断程序由外部中断 1 产生，中断入口失量地址 0013H 处取中断服务子程序执行。

【例 5-4】电路结构如图 5-4 所示，要求每次按动按键，使外接发光二极管 LED 改

变一次亮灭状态，输入按键信号，P1.0 输出改变 LED 状态，对于外部中断，可以有两种方式：边沿触发方式和电平触发方式。这里分两种情况分别介绍。

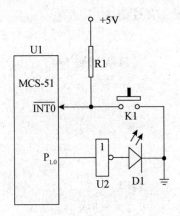

图 5-4　电路连接图

（1）边沿触发方式：

### 示例代码 5-4

```
            ORG 0000H        ;复位入口
            AJMP MAIN
            ORG 0003H        ;中断入口
            AJMP PINT0
            ORG 0100H        ;主程序
MAIN:       MOV SP,# 40H     ;设栈底
            SETB EA          ;开总允许开关
            SETB EX0         ;开 INT0 中断
            SETB IT0         ;负跳变触发中断
H:          AJMP H           ;等待(执行其他任务)
            ORG 0200H        ;中断服务程序
PINT0:      CPL P1.0         ;改变 LED
            LCALL Delay      ;软件延时去开关抖动
            RETI             ;返回主程序
DELAY:      MOV R0,# 20      ;延时程序
DELAY2:     MOV R1,# 20
DELAY1:     NOP
            NOP
            DJNZ R1,DELAY1
            DJNZ R0,DELAY2
            RET
            END
```

**【程序分析】**每次按键 K1 按下，产生的一次跳变，引起一次外部中断 0 请求，在外部中断 0 服务程序中，将 P1.0 的输出状态反转，为了避免开关抖动引起的多次中断可以考虑利用软件延时或者硬件去抖动法。

（2）电平触发：

**示例代码 5-4**

```
            ORG 0000H        ;复位入口
            AJMP MAIN
            ORG 0003H        ;中断入口
            AJMP PINT0
            ORG 0100H        ;主程序
MAIN:       MOV SP,# 40H     ;设栈底
            SETB EA          ;开总允许开关
            SETB EX0         ;开 INT0 中断
            CLR IT0          ;低电平触发中断
H:          SJMP H           ;等待(执行其他任务)
            ORG 0200H        ;中断服务程序
PINT0:      CPL P1.0         ;改变 LED
WAIT:       JNB P3.2,WAIT    ;等按键释放
            RETI             ;返回主程序
            END
```

**【程序分析】**为了避免一次按键引起多次中断响应，应该在每次按键按下引起的中断服务程序中执行完 P1.0 的电平反转后先不退出中断服务程序，而是利用软件等待按键释放，按键释放后才结束中断服务程序。

**课堂练习题**

在 P1 口扩展 8 个发光二极管，用外部中断 1 使单片机产生中断，实现亮 1 灯右移循环。

# 本章小结

中断系统及定时/计数器是单片机的重要组成部分。利用中断技术能够更好地发挥单片机系统的处理能力，有效地解决慢速工作的外设与快速工作的 CPU 之间的矛盾，从而提高了 CPU 的工作效率，增强了它的实时处理能力。

中断处理一般包括中断请求、中断响应、中断服务、中断返回四个环节。

MCS-51 单片机中断系统有 5 个中断源，即外部中断 0 和外部中断 1，定时/计数器 T0 和 T1 的溢出中断，串行口的发送和接收中断。这 5 个中断源可以分成两个中断优先级，由用户对中断优先级寄存器 IP 赋值来实现。

CPU 对所有中断源以及某个中断源的开放和禁止是由中断允许寄存器 IE 管理的；5 个中断源的中断请求是借用定时/计数器的控制寄存器 TCON 和串行控制寄存器 SCON 中的有关位作为标志，由 CPU 在每个机器周期自动进行查询的方式实现的。

# 思考题与习题

1. MCS-51 有几个中断源？有几个中断标志？这些中断标志如何置位、复位？CPU 响应中断时，它们的中断矢量地址分别是多少？

2. 什么是中断系统？中断系统的功能是什么？

3. MCS-51 在响应中断的过程中，PC 值如何变化？

4. 中断初始化包括哪些内容？

5. MCS-51 系列单片机的中断系统中有几个优先级？如何设定？

6. CPU 响应中断有哪些条件？在什么情况下中断响应会受阻？

7. 简述 MCS-51 中断响应的过程？

8. MCS-51 中断响应时间是否固定不变？为什么？

9. 设系统有两个中断源，分别是外部中断 0 和串行口中断，要求串行口中断优先级高，试编制它们的初始化程序。

10. 编写出外部中断 1 为跳沿触发的中断初始化程序。

11. 中断服务子程序返回指令 RETI 和普通子程序返回指令 RET 有什么区别？

12. 某系统有三个外部中断源 1、2、3，当某一中断源变为低电平时，便要求 CPU 进行处理，它们的优先处理次序由高到底为 3、2、1，中断处理程序的入口地址分别为 1000H，1100H，1200H。试编写主程序及中断服务程序（转至相应的中断处理程序的入口即可）。

13. 设在单片机的 P1.0 引脚接一个开关，用 P1.1 控制一个发光二极管。要求当开关按下时 P1.1 能输出低电平，控制发光二极管发亮，请设计相关电路，并编写一个查询方式的控制程序。如果开关改接在（P3.3 脚）改用中断方式，编写一个控制程序。

# 第6章 定时器/计数器

MCS-51 单片机内设有两个可编程的定时器/计数器 T0 和 T1，它们都是 16 位的，可用于定时，也可用于对外部事件进行计数及为串行接口的波特率发生器。

本章将主要介绍定时计数器的结构、原理、工作方式和使用方法，通过本章的学习，读者应该实现如下几个目标：

- 了解定时器/计数器的内部结构；
- 了解定时器/计数器的工作原理；
- 掌握定时器/计数器的工作方式；
- 熟练掌握的编制定时器/计数器的应用。

## 6.1 定时器/计数器的内部结构

定时器/计数器是单片机系统中一个重要的部件，其工作方式灵活、编程简单、使用方便、可用来实现控制、延时、频率测量、脉宽测量、信号发出、信号检测等。

MCS-51 单片机内部有两个定时器/计数器 T0 和 T1，核心是计数器，基本功能是加1。当对单片机内部机器周期脉冲计数时，用作定时器使用；当对外部脉冲（下降沿）计数时，用做计数器使用。

定时器/计数器的内部结构如图 6-1 所示。计数器由两个 8 位计数器构成，构成 16 位的计数器。T0 的两个 8 位计数器是 TH0、TL0、TH0 存高 8 位，TL0 存放低 8 位，字节地址分别为 8CH、8AH。T1 的两个 8 位计数器是 TH1，TL1，TH1 存高 8 位，TL1 存放低 8 位，字节地址分别为 8DH、8BH。

MCS51 单片机定时器/计数器是可编程的，其编程操作通过控制寄存器 TM0D 和定时器/计数器的控制寄存器 TCON 的设置来实现。

定时/计数器本质上是加1计数器，加1计数器的初值可以由程序设定，设置的初值不同，定时的时间或计数值就不同。可以通过软件设置定时/计数器为定时工作方式和计数工作方式。

当定时/计数器设置为定时工作方式时，加1计数器对内部机器周期计数，每个机器周期计数器加1，直至计满溢出，发出定时器溢出中断请求信号。这时，定时器的计数频率是片内振荡器频率的十二分之一，计数值 N 乘以机器周期 Tcy 就是定时时间 t。

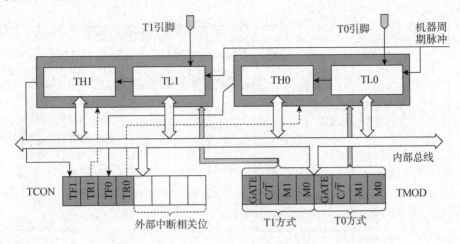

图 6-1　MCS-51 系列单片机定时器/计数器结构

当定时/计数器设置为计数工作方式时，加 1 计数器对来自输入引脚 T0（P3.4）和 T1（P3.5）的外部脉冲信号计数，在每个机器周期的 S5P2 期间采样外部脉冲，若前一个机器周期采样到高电平，后一个机器周期采样到低电平，则将触发计数器加 1，更新的计数值将在下一个机器周期的 S3P1 期间装入计数器。因此，单片机检测一个从高电平到低电平的下降沿需要 2 个机器周期，要使下降沿能被检测到，就得保证被采样高、低电平分别至少维持一个机器周期的时间，即外部输入信号的频率不超过晶振频率的 1/24。如：当晶振频率为 12MHz 时，最高计数频率不超过 0.5MHz，即计数脉冲的周期要大于 2 微秒。

# 6.2　定时器/计数器的控制寄存器

定时器/计数器是一种可编程的部件，其工作方式由控制寄存器决定。定时器/计数器在使用时要进行初始化，即对寄存器进行设置，下面对寄存器格式一一进行介绍。

## 6.2.1　定时器方式控制寄存器 TMOD

TMOD 为定时/计数器 T0、T1 的工作方式控制寄存器，字节地址 89H，只能按字节对它寻址。TMOD 的位格式如下：

| 位序 | D7 | D6 | D5 | D4 | D3 | D2 | D1 | D0 |
|------|------|------|------|------|------|------|------|------|
| 位标志 | GATE | C/$\overline{T}$ | M1 | M0 | GETE | C/$\overline{T}$ | M1 | M0 |

TMOD 各位定义及具体的意义如图 6-2 所示。

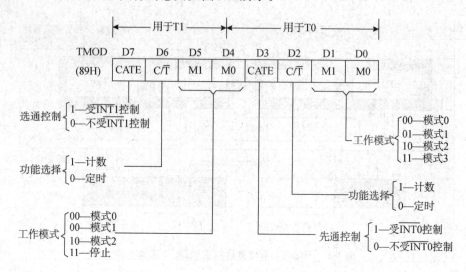

图 6-2　TMOD 位定义图

·GATE：门控位，决定定时器/计数器的启动开关信号（图中的 K2）是否受外部中断请求信号的影响。GATE＝0，只要用软件使 TR0（或 TR1）置 1 就可以启动定时器，而不管 INT0（或 INT1）的电平是高还是低。GATE＝1，只有 INT0（或 INT1）引脚为高电平且由软件使 TR0（或 TR1）置 1 时，才能启动定时器工作。门控位对定时计数器启动开关信号的控制作用：

·C/T：定时或计数功能选择位当＝1 时为计数方式；当 C/T＝0 时为定时方式。

·M1、M0：定时器/计数器工作方式选择位，定时器/计数器 T0 和 T1，有四种工作方式，由 TMOD 中的 M1，M0 来确定。其值与工作方式对应关系如下表所示。

表 6-1　定时器/计数器工作方式表

| M1 | M0 | 工作方式 | 功能说明 |
|---|---|---|---|
| 0 | 0 | 方式 0 | 13 位计数器 |
| 0 | 1 | 方式 1 | 16 位计数器 |
| 1 | 0 | 方式 2 | 自动重装 8 位计数器 |
| 1 | 1 | 方式 3 | 定时器 T0 分成两个 8 位计数器，T1 停止工作 |

系统复位时，寄存器 TMOD 的所有位被清零。

## 6.2.2　定时器控制寄存器 TCON

TCON 寄存器用于控制定时器的操作及对定时器中断的控制。字节地址 88H，可以位寻址，其格式如下：

| 位序 | D7 | D6 | D5 | D4 | D3 | D2 | D1 | D0 |
|---|---|---|---|---|---|---|---|---|
| 位标志 | TF1 | TR1 | TF0 | TR0 | IE1 | IT1 | IE0 | IT0 |

各位的含义如下：

·TF1：定时器1溢出标志位。当定时器1计满数产生溢出时，由硬件自动置TF1为1，（在允许中断的情况下）向CPU发出中断请求信号。如果CPU响应中断则转向中断服务程序，硬件自动将该位清零。在中断屏蔽时，CPU不响应中断无法用硬件将该位清零，可以用软件对其清零。

·TR1：定时器1运行控制位。使用软件编程将TR1置1或清0可以控制定时/计数器的启动与关闭。但是当GATE=1，需要同时满足$\overline{INT1}$为高电平的条件，将TR1置1才会启动定时器1。

·TF0：定时器0溢出标志位。其功能及操作情况同TF1。

·TR0：定时器0运行控制位。其功能及操作情况同TR1。

TCON中的低4位IT0、IE0、IT1、IE1与中断有关，已经在上一章介绍过。在系统复位时，寄存器TCON的所有位被清零。

# 6.3　定时器/计数器的工作方式

MCS-51定时器/计数器具有四种工作方式。T0有方式0、1、2、3四种方式；T1具有方式0、1、2三种方式。

## 6.3.1　方式0

当M1M0＝00时，定时器/计数器设定为工作方式0，这时为13位的定时/计数器，由TLX的低5位和THX的高8位构成（X＝0，1）其逻辑结构如图6-3所示。

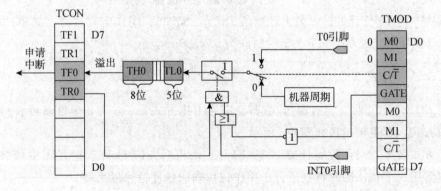

图6-3　定时器TX（X＝0，1）的方式0逻辑图

在方式0下，T0和T1工作在13位的定时/计数器方式，计数器的这13位由THx的8位作高8位和TLx的低5位作低5位组成。当TLx（x＝0或1）的低5位计数溢出时就向高8位THx进位，THx溢出时，置位TCON中的TFX标志，向CPU发出中断请求，当单片机进入中断服务程序时，由内部硬件自动清除该标志。

当C/T＝0时（定时方式），多路开关与片内振荡器的12分频输出相连，工作在定时工作方式。其定时时间为：（$2^{13}$－定时器初值）×机器周期

方式0是13位计数器，最大计数值为$2^{13}$＝8192。用作定时器时，如单片机晶振频率为12MHZ，则方式0最大定时时间为8.192ms。

### 6.3.2 方式1

当M1M0＝01时，定时器/计数器设定为工作方式1，方式1的计数位数是16位，由TL0（TL1）作为低8位、TH0（TH1）作为高8位，组成了16位加1计数器，其逻辑结构如图6-4所示。

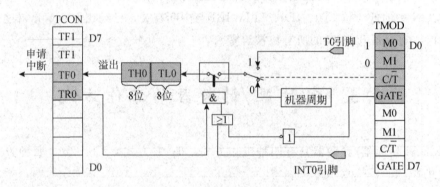

图6-4 定时器Tx（X＝0，1）的方式1逻辑图

方式1除了计数位数与方式0不同外，其他均与工作方式0相同。在定时模式下定时时间为：

$$（2^{16}－定时器初值）×机器周期$$

方式1是16位计数器，最大计数值为$2^{16}$＝65536。用作定时器时，如单片机晶振频率为12MHZ，则方式1最大定时时间为65.536ms。

### 6.3.3 方式2

当M1M0＝10时，定时器/计数器设定为工作方式2，方式2为自动重装初值的8位计数方式，其逻辑结构如图6-5所示。

在方式2下，当计数器计满255（FFH）溢出时，CPU自动把TH的值装入TL中，不需用户干预。因此特别适合于用作较精确的脉冲信号发生器。

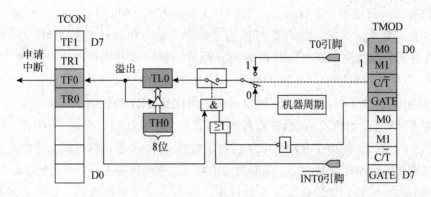

图 6-5 定时器 TX（X＝0，1）的方式 2 逻辑图

工作方式 0 和工作方式 1 的最大缺点就是计数溢出后，计数器为 0，因而在循环定时或循环计数应用时就存在需反复用软件向 THx 和 TLx 预置计数初值的问题，给程序设计带来不便，同时也会影响计时精度，工作方式 2 就针对这个问题而设置的。

在工作方式 2 中，16 位计数器分为两部分，即以 TLx 作为 8 位计数器进行计数，以 THx 保存 8 位初值并保持不变，作为预置寄存器，初始化时把相同的计数初值分别加载至 TLx 和 THx 中，当计数溢出时，不需再像方式 0 和方式 1 那样需要由软件重新赋值，而是由硬件自动将预置寄存器 THx 的 8 位计数初值重新加载给 TLx，继续计数，不断循环。

除能自动加载计数初值之外，方式 2 的其他控制方法同方式 0 类似。方式 2 的定时时间为：（$2^8$－定时器初值）×机器周期。

### 6.3.4 方式 3

当 M1M0＝11 时，定时器/计数器设定为工作方式 3，方式 3 只适用于定时器/计数器 T0，定时器 T1 方式 3 时相当于 TR1＝0，停止计数。其逻辑结构如图 6-6 所示。

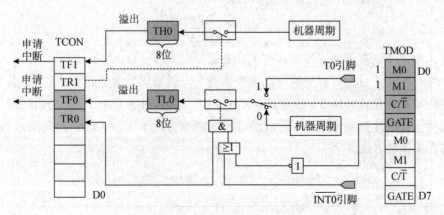

图 6-6 定时器 TX（X＝0，1）的方式 3 逻辑图

工作方式 3 只适用于定时器 T0。当 T0 工作在方式 3 时，TH0 和 TL0 被拆成 2 个独立的 8 位计数器。这时，TL0 既可作为定时器，也可作为计数器使用，它占用定时器 T0 所使用的控制位，除了它的位数为 8 位外，其功能和操作与方式 0 或 1 完全相同。TH0 只能作定时器用，并且占据了定时器 T1 的控制位 TR1 和中断标志位 TF1，TH0 计数溢出置位 TF1，且 TH0 的启动和关闭仅受 TR1 的控制。

定时器 T1 无工作模式 3，当将定时器 T0 设定为方式 3 时，定时/计数器 T1 仍可设置为方式 0、1 或 2。但由于 TR1、TF1 已被定时器 TH0 占用，中断源已被定时器 T0 占用，所以当其计数器计满溢出时，不能产生中断。在这种情况下，定时计数器 1 一般用作串行口波特率发生器，其计数溢出将直接传送给串行口控制数据的传输。这种情况下，定时/计数器 T1 只要设置好工作方式（设置好工作模式，工作初值），然后用控制位 C/T 切换其为定时或计数功能就可以使 T1 运行，若想停止它的运行，只要把它的工作方式设置为方式 3 即可，因为定时器 T1 没有方式 3，将它设置为方式 3 就使它的工作停止。

课堂练习题

1. fosc=12MHZ、T0 工作在方式 0，定时 50ms，设置定时器初值，TH0，TL0 的初值。
2. fosc=6MHZ、T1 工作在方式 2，定时 0.3ms，设置定时器初值，TH1，TL1 的初值。

# 6.4 定时器/计数器应用

定时器/计数器是单片机的一个重要组成部分。在单片机应用系统中，常常需要定时检测某一物理参数或延长一段时间进行某种控制，同时也要求计数功能，能对外部事件进行计数。这些功能都能利用单片机的定时器/计数器来完成。

MCS51 单片机定时器/计数器初值的计算公式为

$$T_{初值} = 2^N - \frac{定时时间}{机器周期} \qquad (6\text{-}1)$$

公式中：$N$ 的取值和工作方式有关。方式 0 时，$N=13$；方式 1 时，$N=16$；方式 2 和方式 3 时，$N=8$。机器周期与晶振频率有关，机器周期为时钟频率的 12 倍。

【例 6-1】利用定时器 T0 的方式 0 产生定时 0.5ms 脉冲，由 P1.0 输出此定时序列脉冲信号（设时钟频率为 6MHz）。计算 T0 工作在方式 0 下最大的计数周期是多少？

**解**：工作与方式 0

$$T0_{初值} = 2^{12} - \frac{500}{2} = 8192 - 250 = 7942 = 1F06H$$

$$1F06H = 0001111100000110B$$

将其中的低 5 位的前面加上 3 个 0 送如 TL0 中，即 TL0=00000110B=06H；高 8 位送入 TH0 中，则 TH0=11111000B=F8H.

参考程序如下：

方法一：采用查询工作方式，编程如下：

**示例代码 6-1**

```
        ORG 0000H
        AJMP MAIN
        ORG 0100H
MAIN:   CLR P1.0
        MOV TMOD,# 00H    ;设定 T0 的工作方式
        MOV TH0,# F8H     ;给定时器 T0 送初值
        MOV TL0,# 06H
        SETB TR0          ;启动 T0 工作
LOOP:   JNB TF0,$         ;$ 为当前指令指针地址
        CLR TF0
        SETB P1.0         ;产生 2 个机器周期的正脉冲
        NOP
        CLR P1.0
        MOV TH0,# F8H     ;重装载 TH0 和 TL0
        MOV TL0,# 06H
        SJMPLOOP
        END
```

【程序分析】由于时钟频率为 6MHZ，所以，机器周期为 $2\mu s$。T0 工作在方式 0 下最大的计数周期是：tmax＝（8192－T0 初值）×机器周期＝（8192－0）×$2\mu s$＝16.384ms。为了产生周期为 0.5ms 的定时周期，先计算出定时器 T0 初值。

方法二：采用中断工作方式，编程如下：

**示例代码 6-1**

```
        ORG 0000H
        AJMP MAIN
        ORG 000BH
        AJMP T0INT
        ORG 0100H
MAIN:   CLR P1.0
        MOV TH0,# F8H     ;给定时器 T0 送初值
        MOV TL0,# 06H
        MOV IE,# 82H      ;开放 T0 中断与中断总开关
        SETB TR0          ;启动 T0
        SJMP $
        ORG 0300H         ;中断服务程序
T0INT:  SETB P1.0         ;产生 2 个机器周期的正脉冲
```

```
NOP
CLR P1.0
MOV TH0,# F8H          ;重装载 TH0 和 TL0
MOV TL0,# 06H
RETI
```

【程序分析】采用中断实现，程序到 T0 的中断入口矢量地址 000BH 处执行中断服务子程序。

## 6.4.2  方式 1 的应用

【例 6-2】编写一段程序，让 51MCU 的 P1.7 输出 1ms 的方波如图 6-7 所示（用定时器 T1 完成），fosc=12MHz。主程序流程图如图 6-8 所示，中断服务程序流程图如图 6-9 所示。

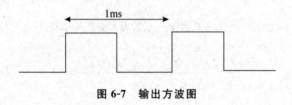

图 6-7  输出方波图

解：定时器初值计算（TCY=1us）此时定时时间采用 0.5ms，采用方式 1：N=65536-500/1=65036=0FE0C，所以（TH1）=0FEH，（TL1）=0CH。

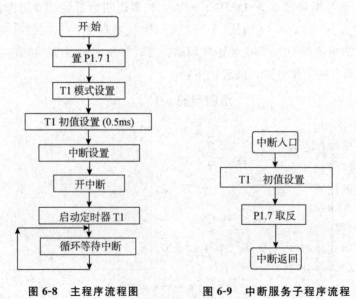

图 6-8  主程序流程图          图 6-9  中断服务子程序流程

### 示例代码 6-2

```
ORG 0000H              ;主程序
AJMP MAIN
```

```
            ORG 001BH              ;定时中断 1 入口
            AJMP SERT1
MAIN:       SETB P1.7
            MOV TMOD,# 10H         ;设 T1 为方式 1
            MOV TH1,# 0FEH         ;给 T1 赋初值
            MOV TL1,# 0CH
            SETB ET1               ;开定时器 T1 中断
            SETB EA
            SETB TR1               ;启动定时器 T1
            SJMP $
SERT1:      MOV TH1,# 0FEH         ;定时器回赋初值
            MOV TL1,# 0CH
            CPL P1.7
            RETI
```

【**程序分析**】采用中断实现，程序到 T1 的中断入口矢量地址 001BH 处执行中断服务子程序。

【**例 6-3**】编写一段程序用定时器 T1，使用工作方式 1，在单片机的 P1.0 输出一个周期为 2min、占空比为 1:1 的方波信号。主程序流程图如图 6-10 所示，中断服务程序流程图如图 6-11 所示。

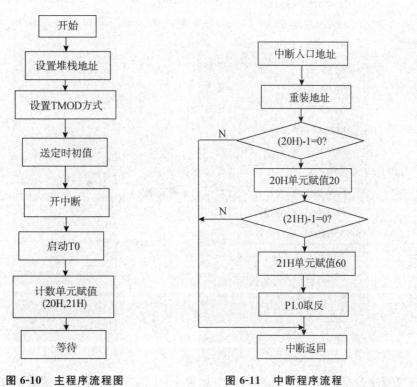

图 6-10　主程序流程图　　　　图 6-11　中断程序流程

**解:** 由于定时器定时时间有限，设定 T1 的定时为 50ms，软件计数 1200 次，可以

实现 1 分钟定时。

**1. 计算 TMOD 的值**

由于：GATE＝0；M1、M0＝0、1；C/T＝0；

所以：(TMOD)＝10H

**2. 计算初值（单片机的振荡频率为 12MHZ）**

所需要的机器周期数：

$$n＝(50000us/1us)＝50000$$

计数器的初始值：X＝65536-50000＝15536

所以：(TH0)＝3CH；(TL0)＝0B0H

**3. 参考程序清单如下：**

**示例代码 6-3**

```
        ORG 4000H
        LJMP MAIN
        ORG 001BH          ;T1 中断入口地址
        LJMP SER           ;中断服务程序
MAIN:   MOV SP,#50H        ;开辟堆栈
        MOV TMOD,#10H      ;工作方式设置
        MOV TH1,#3CH       ;初始值设置
        MOV TL1,#0B0H
        SETB EA            ;开中断
        SETB ET1           ;开 T0 中断
        SETB TR1           ;运行 T0
        MOV 20H,#20
        MOV 21H,#60
HERE:   SJMP $             ;等待中断
SER:    MOV TH1,#3CH       ;初始值重新设置
        MOV TL1,#0B0H
        DJNZ20H,NO
        MOV20H,#20
        DJNZ 21H,NO
        MOV21H,#60
        CPL P1.0           ;定时到,输出取反
NO:     RETI               ;中断返回
        END
```

【程序分析】周期为 2min，占空比为 1：1 的方波信号，只需要利用 T1 产生定时，每隔 1 分钟将 P1.0 取反即可。

138

### 6.4.3 工作方式2应用实例

【例6-4】定时器 T1 工作在方式2下最大的计数周期是多少？用定时器 T1 的方式2从 P1.0 脚输出频率＝1kHz 方波（设时钟频率为 6MHz）。

**解：** T1 工作在方式1下最大的计数周期（晶振频率为 6MHZ）是：tmax＝（$2^8$－T0 初值）×机器周期＝（256-0）×2μs＝512μs。

由于（$2^8$－定时器初值）×机器周期＝定时时间，因此（256-X）×2μs＝500μs，由此得到计算初值：X＝6。

采用中断工作方式，编程如下：

示例代码 6-4

```
        ORG 0000H
        AJMP MAIN
        ORG 001BH        ;T1 的中断矢量
        CPL P1.0         ;中断服务:P1.0取反
        RETI
        ORG 0030H        ;中断返回
MAIN:   MOV TMOD,#20H    ;选 T1 方式 2
        MOV TH1,#6       ;赋重装值
        MOV TL1,#6       ;赋初值
        SETB ET1         ;开 T1 中断
        SETB EA          ;开总中断
        SETB TR1         ;启动 T1
HERE:   AJMP HERE        ;原地等待中断
        END
```

【程序分析】fosc＝6MHz，1 机器周期＝2μs，1kHz 方波周期＝1ms，半个方波周期＝500μs。

【例6-5】用 8051 对外部脉冲进行计数，每计满 100 个脉冲后使内部 40H 单元内容加 1，用 T0 以方式 2 中断实现，TR0 启动。

图 6-12 脉冲计数示意图

**解：** 计数器初值 X ＝$2^8$－100＝156D＝9CH，TMOD＝00000110B＝06H

参考程序如下：

示例代码 6-5

```
          ORG 0000H
          AJMP MAIN
          ORG 000BH          ;T0 中断入口地址。
          AJMP ZD
MAIN:     ORG 0040H
          MOV SP,# 30H       ;初始化。
          MOV TMOD,# 06H
          MOV TH0,# 9CH
          MOV TL0,# 9CH
          MOV 40H,# 00H
          SETB EA            ;中断设置。
          SETB ET0
          SETB TR0
          AJMP $
          ORG 0080H
ZD:       INC 40H
          RETI
          END
```

【程序分析】采用中断实现，程序到 T0 的中断入口矢量地址 000BH 处执行中断服务子程序。

### 6.4.4 工作方式 3 应用实例

【例 6-6】设晶振频率为 12MHz，定时计数器 T0 工作于方式 3，TL0 和 TH0 作为两个独立的 8 位定时器，要求 TL0 使 P1.0 产生 $200\mu s$ 的方波，TH0 使 P1.1 产生 $400\mu s$ 的方波。

参考程序如下：

示例代码 6-6

```
          ORG 0000H
          AJMP MAIN
          ORG 000BH          ;T0 中断服务程序
          CPL P1.0           ;P1.0 取反
          MOV TL0,# 9CH      ;重新装入计数初值
          RETI
          ORG 001BH          ;T1 中断服务程序
          CPL P1.1           ;P1.1 取反
          MOV TH0,# 38H      ;重新装入计数初值
          RETI
```

```
        ORG 0100H          ;主程序
MAIN:   MOV TMOD,#03H      ;T0工作于方式3
        MOV TH0,#38H       ;置计数初值
        MOV TL0,#9CH
        SETB ET0           ;允许T0中断(用于TL0)
        SETB ET1           ;允许T1中断(用于TH0)
        SETB EA            ;CPU开中断
        SETB TR0           ;启动TL0
        SETB TR1           ;启动TH0
        SJMP $             ;等待中断
        END
```

【程序分析】若选择工作方式 3,计算初值：TL0 初值＝256-100/1＝156＝9CH,
TH0 初值＝256-200/1＝56＝38H

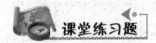
课堂练习题

设 fosc＝12MHZ,编写程序,用 T0 工作在方式 2,在 P1.0 口输出脉冲,输出一个周期为 2ms 的方波。

# 本章小结

MCS-51 内部有两个 16 位的定时/计数器 T0 和 T1,它们可以实现控制、延时、脉冲技术、频率测量、信号处理功能。在串行通信中,还可以作为波特率发生器。

它们均可以工作于定时或计数模式 (但 T0 或 T1 不能同时工作于这两种模式下)。不论是作定时器,还是计数器,它们都有 4 种工作方式,由 TMOD 中的 M1M0 来设定。

计数器初值 $X＝M-t/Tosc$ (Tosc 为机器周期,t 为定时时间)

工作方式 0：$M＝2^{13}＝8192$

工作方式 1：$M＝2^{16}＝65536$

工作方式 2：$M＝2^8＝256$

工作方式 3：$M＝2^8＝256$

定时/计数器的启、停由 TMOD 中的 GATE 位和 TCON 中的 TR0、TR1 位控制 (软件控制),或由 $\overline{INT0}$、$\overline{INT1}$ 引脚输入的外部信号控制 (硬件控制)。

定时器/计数器工作方式 2 能在计数器溢出时自动装入初值,适合于精确定时。

定时器/计数器工作方式 3 适合于要求增加一个额外的 8 位定时器的场合。

# 思考题与习题

1. 当定时/计数器 T0 用作方式 3 时，定时/计数器 T1 可以工作在何种方式下？如何控制 T1 的开启和关闭？

2. 已知 TMOD 的值，试分析 T0、T1 的工作状态。

①TMOD＝68H       ②TMOD＝52H

③TMOD＝0CBH      ④TMOD＝93H

3. 按下列要求设置定时初值，并设置 TH 和 TL 的初值。

①fosc＝12MHz、T0 方式 1，定时 50ms；

②fosc＝6MHz、T1 方式 2，定时 300$\mu$s；

③fosc＝12MHz、T1 方式 1，定时 15ms。

4. 设单片机的晶振频率为 6MHz，要求从 P1.0 输出周期为 130ms 的连续方波，定时器用 T0 工作于方式 1，采用定时器溢出中断方式，中断优先级为高优先级。试编程实现。

5. 设 8051 单片机晶振频率为 6MHz，定时器 T0 工作于方式 1。要求 8051 以中断方式工作并在 P1.0 引脚输出周期为 2ms 的方波。试：计算初值、编写含有初始化功能的主程序和完成方波输出的中断服务程序。

6. 若单片机的晶振频率为 6MHz，从 P1.0 输出周期为 1ms 的连续方波，定时器用 T0 工作于方式 2，试编程实现。

7. 若单片机的晶振频率为 6MHz，从 P1.0 输出周期为 100ms 的连续方波，定时器用 T0 工作于方式 1，试编程实现。

8. 若单片机的晶振频率为 6MHz。有一外部信号是周期为 200ms 的连续方波，请利用该信号作为定时器用 T0 的计数输入，T0 工作于方式 2，请编程实现从 P1.7 输出 4 秒的方波。

9. 若单片机的晶振频率为 6MHz。有一外部信号是周期为 200ms 的连续方波，请利用该信号作为定时器用 T1 的计数输入，T1 工作于方式 2，请编程实现从 P1.0 输出 2 秒的方波。

11. 设单片机的晶振频率为 12MHz，要求从 P1.0 输出周期为 130ms 的连续方波，定时器用 T0 工作于方式 1，采用定时器溢出中断方式，中断优先级为高优先级。试编程实现。

12. 设 8051 单片机晶振频率为 6MHz，定时器 T0 工作于方式 1。要求 8051 以中断方式工作并在 P1.0 引脚输出周期为 500 微秒的方波。试：计算初值、编写含有初始化功能的主程序和完成方波输出的中断服务程序。

13. 若单片机的晶振频率为 6MHz，从 P1.0 输出周期为 1ms 的连续方波，定时器用 T0 工作于方式 2，实现的程序如下，试将不完整的部分填完整，并对程序加注释。

```
            ORG 0000H
            AJMP MAIN
            ORG _____H
            CPL P1.0
            RETI
    MAIN:   MOV TMOD,#2
            MOV TH0,# _____
            MOV _____
            SETB _____
            SETB ET0
            SETB TR0
            SJMP $
            END
```

# 第7章 串行口及串行通信技术

微型机特别是单片机的发展，应用已经从单机逐渐转向多机或联网，而多机应用的关键技术在于微机的相互通信即数据信息的传递。

本章将主要介绍微机件的串行通信，通过本章的学习，读者应该实现如下几个目标：

- 掌握单片机串行通信 I/O 接口的结构；
- 掌握串行通信控制寄存器；
- 掌握单片机串行通信的工作方式；
- 掌握串行通信的应用；
- 了解 SPI 和 I2C 总线接口。

## 7.1 串行通信基础知识

随着多微机系统的应用和微机网络的发展，计算机和外界的信息交换越来越显得重要。通信包括计算机和外部设备之间，以及计算机和计算机之间的信息交换。串行通信指的是二进制数据一位一位地依次传送，每一个数据位的传送占据一个固定的时间长度，故它所需传输线条数极少，并且可以借助现成的电话网进行信息传送，因此，特别适用于远距离传送，也适用于分级、分层和分布式控制系统通信之中，但是串行通信的速度相对并行通信而言，其速度比较慢。

在串行通信中，由于信息在一个方向上传输，只占用一根通信线，因此这根通信线既作数据线又作联络线，也就是说要在一根传输线上既传输数据信息，又传输控制信息，这就是串行通信的首要特点；串行通信的第二个特点是它的信息格式有固定的要求；串行通信的第三个特点是串行通信中对信息的逻辑定义与 TTL 不兼容，因此，需要进行逻辑电平转换。

### 7.1.1 串行通信的基本方式

通信的基本方式可以分为并行通信和串行通信两种方式。

并行通信通常是将数据字节的各位用多条数据线同时进行传送，并行通信控制简单、传输速度快；由于传输线较多，长距离传送时成本高且接收方的各位同时接收存在困难。因此并行通信适用近距离、处理速度快的场合，比如计算机与磁盘驱动器、并行打印机以及多 CPU 的计算机系统等。并行通信如图 7-1 所示。

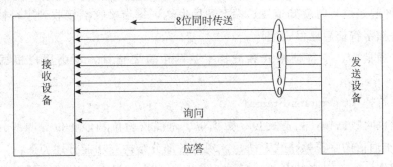

图 7-1　并行通信

串行通信是将数据字节分成一位一位的形式在一条传输线上逐个地传送。串行通信的优点是传输线少，通信距离长，特别适合于计算机之间、计算机与外部设备之间的远距离通信。例如计算机局域网络、计算机与串行打印机终端的链接。串行通信的特点是传输线少，长距离传送时成本低，且可以利用电话网等现成的设备，但数据的传送控制比并行通信复杂。串行通信如图 7-2 所示。

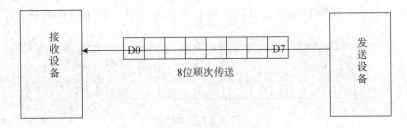

图 7-2　串行通信

串行通信适合近距离数据传送，如大型主机与其远程终端之间、处于两地的计算机之间，采用串行通信就非常经济。串行通信又分为同步通信和异步通信。

## 7.1.2　串行通信的分类

异步通信是一种利用字符的再同步技术的通信方式，同步通信是通过同步字符的识别来实现数据的发送和接收的。

### 1. 异步通信（Asynchronous Communication）

在异步通信中，数据通常是以字符（或字节）为单位组成字符帧传送的。字符帧由发送端一帧一帧地发送，通过传输线为接收设备一帧一帧地接收。发送端和接收端可以有各自的时钟来控制数据的发送和接收，这两个时钟源彼此独立，互不同步。在异步通信中，两个字符之间的传输间隔是任意的，所以，每个字符的前后都要用一些

数位来作为分隔位。

发送端和接收端依靠字符帧格式来协调数据的发送和接收，在通信线路空闲时，发送线为高电平（逻辑"1"），每当接收端检测到传输线上发送过来的低电乎逻辑"0"（字符帧中的起始位）时就知道发送端已开始发送，每当接收端接收到字符帧中停止位时就知道一帧字符信息已发送完毕。

在异步通信中，字符帧格式和波特率是两个重要指标，可由用户根据实际情况选定。

（1）字符帧（Character Frame）

字符帧也叫数据帧，由起始位、数据位、奇偶校验位和停止位等四部分组成。如图 7-3（异步通信的字符帧格式）所示。现对各部分结构和功能分述如下：

①起始位：位于字符帧开头，只占一位，始终为逻辑 0 低电平，用于向接收设备表示发送端开始发送一帧信息。

②数据位：紧跟起始位之后，用户根据情况可取 5 位、6 位、7 位或 8 位，低位在前高位在后（即先发送数据的最低位）。若所传数据为 ASCII 字符，则常取 7 位。

③奇偶校验位：位于数据位后，仅占一位，用于表征串行通信中采用奇校验还是偶校验，由用户根据需要决定采取何种校验方式。

④停止位：位于字符帧末尾，为逻辑"1"高电平，通常可取 1 位、1.5 位或 2 位，用于向接收端表示一帧字符信息已发送完毕，也为发送下一帧字符作准备。

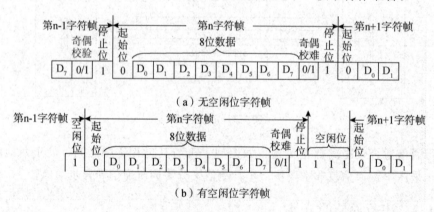

（a）无空闲位字符帧

（b）有空闲位字符帧

**图 7-3 异步通信的字符帧格式**

在串行通信中，发送端一帧一帧发送信息，接收端一帧一帧接收信息。两相邻字符帧之间可以无空闲位，也可以有若干空闲位，这由用户根据需要决定。如图 8-3（b）所示为有三个空闲位时的字符帧格式。

（2）波特率（band rate）

在用异步通信方式进行通信时，发送端需要用时钟来决定每一位对应的时间长度，接收端需要用一个时钟来测定每一位的时间长度，前一个时钟叫发送时钟，后一个时钟叫接收时钟，这两个时钟的频率可以是位传输率的 16 倍、32 倍或者 64 倍。这个倍数称为波特率因子，而位传输率称为波特率。波特率的定义为每秒钟传送二进制数码的位数（也称比特数），单位通常为 bps（bit per second），即位/秒。波特率是串行通信的重要指标，用于表征数据传输的速度。波特率越高，数据传输速度越快，但和字符的实际传输速率不同。字符的实际传输速率是指每秒钟内所传字符帧的帧数，和字符帧格式有关。例如，波特率为 1200bps 的通信系统，若采用图 7-3（a）的字符帧（每一字符帧包含数据位 11 位），则字符的实际传输速率为 1200/11＝109.09 帧/秒；若改用图 7-3（b）的字符帧（每一字符帧包含数据位 14 位），则字符的实际传输速率为 1200/14＝85.71 帧/秒。

每位的传输时间定义为波特率的倒数。例如：波特率为 9600bps 的通信系统，其每位的传输时间应为：

$$T_d = \frac{1}{9600} = 0.104 \ (\text{ms})$$

波特率还和信道的频带有关。波特率越高，信道频带越宽。因此，波特率也是衡量通道频宽的重要指标。通常，异步通信的波特率在 50～9600bps 之间。波特率不同于发送时钟和接收时钟，常是时钟频率的 1/16 或 1/64。

收发双方的数据传送率（波特率）要有一定的约定。在 8051 串行口的四种工作方式中，方式 0 和 2 的波特率是固定的，而方式 1 和 3 的波特率是可变的，由定时器 T1 的溢出率控制。

方式 0 的波特率是固定的，其值为 Fosc/12（Fosc 为主机频率）。

方式 2 的波特率也是固定的，其波特率为 Fosc/32 或者 Fosc/64，根据 PCON 中 SMOD 位的状态来选择波特率。

方式 1 和方式 3 的波特率是可变的，其串行口波特率由定时器的溢出率来决定。

$$\text{波特率} = \frac{2^{\text{SMOD}}}{32} \text{Fosc}$$

定时器 T1 的溢出公式为：

$$\text{定时器 T1 溢出率} = \frac{\text{Fosc}}{12} \left( \frac{1}{2^K - N} \right)$$

其中，$K$ 为定时器 T1 的计数位数，$N$ 是定时器 T1 的预置初值。

选择定时器作为波特率发生器通常将定时器设置为定时器方式 2，可以不用重新装入初值：

$$\text{波特率} = \frac{2^{\text{SMOD}}}{32} \times \frac{\text{Fosc} \times 10^6}{12} \times \frac{1}{(2^8 - N)}$$

在实际使用时，一般是固定一个通信波特率，然后计算 T1 的预置初值 $N$。其计算公式如下：

$$N = 256 - \frac{2^{\text{SMOD}} \times \text{Fosc} \times 10^6}{\text{波特率} \times 32 \times 12}$$

例如，系统的时钟频率为 12MHZ，通信波特率为 2400 波特，当 SMOD＝1 时，定

时器 T1 的预置初值：

$$N = 256 - \frac{2^1 \times 12 \times 10^6}{2400 \times 32 \times 12} \approx 230 = E6H$$

SMOD 的设置会影响数据传输的准确性。例如：系统的时钟频率为 6MHZ，通信波特率为 2400 波特，当 SMOD=1 时，定时器 T1 的初值：

$$N = 256 - \frac{2^1 \times 6 \times 10^6}{2400 \times 32 \times 12} \approx 243 = F3H$$

将此值带入波特率的公式，可得实际波特率：

$$波特率 = \frac{2^1}{32} \times \frac{6 \times 10^6}{12} \times \frac{1}{(2^8 - 243)} \approx 2403.846$$

$$波特率误差 = \frac{2403.846 - 2400}{2400} \approx 0.16\%$$

当 SMOD=0 时，定时器 T1 的预置初值：

$$N = 256 - \frac{2^0 \times 6 \times 10^6}{2400 \times 32 \times 12} \approx 249 = F9H$$

将此值带入波特率的公式，可得实际波特率：

$$波特率 = \frac{2^0}{32} \times \frac{6 \times 10^6}{12} \times \frac{1}{(2^8 - 249)} \approx 2234.14$$

$$波特率误差 = \frac{2400 - 2232.14}{2400} \approx 6.9\%$$

从以上计算可知，虽然 SMOD 可以任意取值，但它的取值可影响实际传输中的波特率误差，为了保证串行通信的可靠性，需选择波特率相对误差最小的。

串行接口或终端直接传送串行信息位流的最大距离与传输速率及传输线的电气特性有关。当传输线使用每 0.3m（约 1 英尺）有 50PF 电容的非平衡屏蔽双绞线时，传输距离随传输速率的增加而减小。当比特率超过 1000bps 时，最大传输距离迅速下降，如 9600bps 时最大距离下降到只有 76m（约 250 英尺）。

当波特率因子为 16，通信时，接收端在检测到电平由高到低变化以后，便开始计数，计数时钟就是接收时钟。当计到第 8 个时钟以后，就对输入信号进行采样，如仍为低电平，则确认这是起始位，而不是干扰信号。此后，接收端每隔 16 个时钟脉冲对输入线进行一次采样，直到各个信息位以及停止位都输入以后，采样才停止。当下一次出现由 1 到 0 的跳变时，接收端重新开始采样。正因为如此，在异步通信时，发送端可以在字符之间插入不等长的时间间隔，也即空闲位。

虽然接收端和发送端的时钟没有直接的联系，但是因为接收端总是在每个字符的起始位处进行一次重新定位，因此，必须要保证每次采样对应一个数据位。只有当接收时钟和发送时钟的频率相差太大，从而引起在起始位之后刚采样几次就造成错位时，才出现采样造成的接收错误。如果遇到这种情况，那么，就会出现停止位（按规定停止位应为高电平）为低电平（此情况下，未必每个停止位都是低电平）于是，会引起信息帧格式错误。对于这类错误，大多数串行接口都是有能力检测出来的。也就是说，大多数可编程的串行接口都可以检测出奇/偶校验错误和信息帧格式错误。

异步通信的优点是不需要传送同步脉冲，字符帧长度也不受限制，故所需设备简单。缺点是字符帧中因包含有起始位和停止位而降低了有效数据的传输速率。

**2. 同步通信（Synchronous Communication）**

同步通信是一种连续串行传送数据的通信方式，一次通信只传送一帧信息。这里的信息帧和异步通信中的字符帧不同，通常含有若干个数据字符，根据控制规程分为：面向字符及面向比特两种。

（1）面向字符型的数据格式

面向字符型的同步通信数据格式可采用单同步、双同步和外同步三种数据格式，见图 7-4 所示。

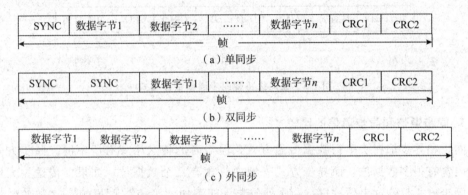

图 7-4　面向字符型同步通信数据格式

如图 7-4 所示。图中（a）为单同步字符帧结构，（b）为双同步字符帧结构，（c）为外同步字符帧格式。

单同步和双同步均由同步字符、数据字符和校验字符 CRC 等三部分组成。单同步是指在传送数据之前先传送一个同步字符"SYNC"，双同步则先传送两个同步字符"SYNC"。其中，同步字符位于帧结构开头，用于确认数据字符的开始（接收端不断对传输线采样，并把采样到的字符和双方约定的同步字符比较，只有比较成功后才会把后面接收到的字符加以存储）；数据字符在同步字符之后，个数不受限制，由所需传输的数据块长度决定；校验字符有 1～2 个，位于帧结构末尾，用于接收端对接收到的数据字符的正确性校验。外同步通信的数据格式中没有同步字符，而是用一条专用控制线来传送同步字符，使接收方及发送端实现同步。当每一帧信息结束时均用两个字节的循环控制码 CRC 为结束。

在同步通信中，同步字符可以采用统一标准格式，也可由用户约定。在单同步字符帧结构中，同步字符常采用 ASCII 码中规定的 SYN（即 16H）代码，在双同步字符帧结构中，同步字符一般采用国际通用标准代码 EB90H。

（2）面向比特型的数据格式

根据同步数据链路控制规程（SDLC），面向比特型的数据一帧为单位传输，每帧由六个部分组成。第一部分是开始标志"7EH"；第二部分是一个字节的地址场；第三部分是一个字节的控制场；第四部分是需要传送的数据，数据都是位（bit）的集合；第五部分是两个字节的循环控制码CRC；最后部分又是"7EH"，作为结束标志。

同步通信的数据传输速率较高，通常可达56000bps或更高，因此适用于传送信息量大，要求传送速率很高的系统中。同步通信的缺点是要求发送时钟和接收时钟保持严格同步，故发送时钟除应和发送波特率保持一致外，还要求把它同时传送到接收端去。

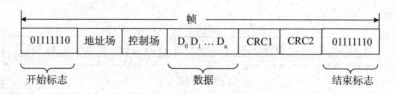

图 7-5  面向比特型同步通信数据格式

### 3. 同步通信和异步通信的比较

同步和异步都属于串行数据传送方式，但二者的传送格式有所不同。同步方式的一帧内含有很多数据位，而异步方式一帧内只含有几个数据位。如果要传送一大堆数据，同步方式只给这串数据进行一次外包装（即添加"头帧"、"尾帧"、"校验"帧），而异步方式在传送这串数据时则要对数据的每一个字节分别加以包装（即添加"头"位、"尾"位和校验）。

显然在相同的数据传输波特率下，同步方式比异步方式的传送速度快，但同步方式要求收发双方在整个事件传送过程中始终保持严格同步，这将增加硬件上的难度，而异步通信只要求每帧（字节）的传送中短时间保持同步即可，实现起来要容易得多。

## 7. 1. 3  串行通信的分类

在串行通信中，数据是在两个站之间传送的。按照数据传送方向，串行通信可分为单工方式、半双工和全双工三种方式。

### 1. 单工（Simplex）方式

在单工方式下，通讯线的一端连接发送器，另一端连接接收器，它们形成单向连接，只允许数据按照一个固定的方向传送，即一方只能发送，而另一方只能接收，这种方式现在较少使用。

### 2. 半双工（Half Duplex）方式

在半双工方式下，系统中的每个通讯设备都由一个发送器和一个接收器组成，通过开关接到通讯线路上，如图7-6（a）所示，图中，因为A站和B站之间只有一个通信回路，A、B 两站之间只要一条信号线和一条接地线，所以数据要么由 A 站发送而为 B 站接收，要么由 B 站发送为 A 站接收，也即不能同时在两个方向上传送。

半双工方式比单工方式灵活，但是它的效率依然不高，因为，发送和接收两种方式之间的切换需要时间，重复线路切换所引起的延迟累积，是半双工通讯协议效率不高的主要原因。

图中所示的收发开关并不是实际的物理开关，而是由软件控制的电子开关，通讯线两端通过半双工通讯协议进行功能切换。

**3. 全双工（Full Duplex）方式**

在全双工方式下，A、B 两站间有两个独立的通信回路，两站都可以同时发送和接收数据。因此，全双工方式下的 A、B 两站之间至少需要三条传输线：一条用于发送，一条用于接收和一条用于信号地，如图 7-6（b）所示。

通常，许多串行通讯接口电路均具有全双工通讯能力，但是在实际使用中，大多数情况只工作与半双工方式，即两个工作站通常并不同时收发。

（a）半双工传送 （b）全双工传送

**图 7-6 串行通信数据传送方式**

## 7.1.4 串行通信中的调制解调器

计算机的通信是要求传送数字信号，而在进行远程数据通信时，通信线路往往是借用现成的电话网，但是，电话网是为 $300\sim3400\,\mathrm{Hz}$ 间的音频模拟信号设计的，这对二进制数据的传输不合适。而且在计算机中，数据信号电平是 TTL 型的，即 $\geqslant2.4\,\mathrm{V}$ 表示逻辑"1"和 $\leqslant0.5\,\mathrm{V}$ 表示逻辑"0"，这种信号用于远距离传输必然会使信号衰减和畸变，以致传送到接收端后无法辨认。为了使数据能在远程通信中可靠地传送，以及适应通过电话网进行传输，可以利用调制的手段，将数字信号变换成能在通讯线上传输而不受影响的波形信号，在发送时需要采用调制器（Modulator）把数字信号转换成模拟信号，也即对二进制信号进行调制，使之变化成适合在电话网上传输相应的音频信号—正弦波（因为正弦波不易受电话线固有频率的影响），送到通信链路上去，而在接收时，需要用解调器（Demodulator）再把从通信链路上收到的模拟信号还原成数字信号。

多数情况下，通信是双向的，调制器和解调器合在一个装置中，这就是调制解调器 MODEM。如图 7-7 所示。图中，MODEM 和计算机系统之间以及 MODEM 和远程终端之间由 RS-232C 电缆相连，MODEM 和 MODEM 之间由公用电话网络相连。

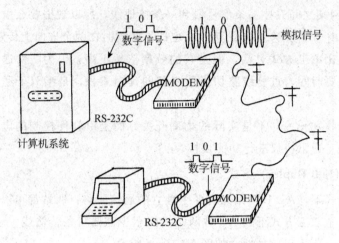

**图 7-7　通信网络中的调制与解调**

MODEM 在远程通信中发挥了关键作用，在计算机的本地通信中也是不可缺少的重要部件。短距离 MODEM 的通信距离通常在 16km 之内，但波特率可达 1Mbps，常可用于一个工厂的车间级的过程控制或企事业单位内的计算机系统中。目前，MODEM 的应用日益广泛，已成为非常流行的微型计算机必需配置的设备。

### 1. MODEM 的分类

（1）按照工作速度，MODEM 通常可分为以下三类：

①低速 MODEM

低速 MODEM 价格便宜，波特率通常为 600bps，常用于在主计算机系统和它的外部设备之间进行通信。一般采用频移键控（FSK）调制方式。

②中速 MODEM

这类 MODEM 采用 PSK（相移键控）技术，波特率在 1200～9600bps。之间，常用于计算机系统间的快速串行通信。

③高速 MODEM

高速 MODEM 采用复杂的 PAM（相幅调制）技术，波特率可达 9600bps 以上，常用于高速计算机系统间的远程通信。

（2）按照对数字信号的调制技术，MODEM 也可分为三类。

①频移键控（FSK）型

②相移键控（PSK）型

③相幅调制（PAM）型

以上三种 MODEM 的分类方法之间的关系如图 7-8 所示。

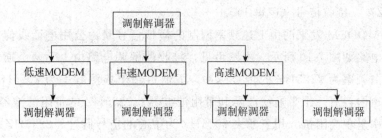

图 7-8 调制解调器的分类

**2. MODEM 的调制解调**

PSK 和 PAM 型 MODEM 的调制解调原理比较复杂,在此不作介绍。仅以 FSK 型 MODEM 为例来分析它的工作原理。

①应答式 MODEM 的发送器

通常,低速 MODEM 均采用 FSK 调制技术,即采用两种不同的音频信号来调制数字 "0" 和 "1"。调制频率的分配是:

1070HZ   发送空号(逻辑 0)

1270HZ   发送传号(逻辑 1)

两个调制信号分别由两个振荡器产生,被调制数字信号由 RS-232C 总线送来。调制后的模拟信号由运算放大器组合后沿着公用电话线发送出去,如图 7-9 所示。由图可见,当 RS-232C 的 TXD 线为 −12V(逻辑 1)时,电子开关 1 开启(电子开关 2 断开),故一串 1270HZ 脉冲便可经运算放大器 OA 后输出传号脉冲(逻辑 1);当 RS-232C 的 TXD 线为 +12V(逻辑 0)时,电子开关 2 开启(电子开关 1 断开),振荡源 2 的一串空号脉冲(1070HZ)为经过电子开关 2 被传送到 OA 输出端。

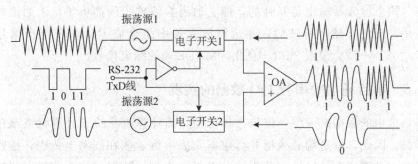

图 7-9 MODEM 发送器的调制示意图

显然,运算放大器输出的模拟信号频率是随 RS-232C 上信号的不同而不同的。

②应答式 MODEM 的接收器

始发端的应答式 MODEM 在次通道上接收对方来的模拟信号,该模拟信号的两种频率和主通道不同。通常为:

2025HZ   接收空号(逻辑 0)

2225HZ      接收传号（逻辑 1）

对方 MMODEM 发来的由上述频率调制的模拟信号是由公用电话线传输到接收器的，接收器电路如图 7-10 所示。由图可见，接收器解调电路由上下两个通道组成。上通道用于检测频率为 2225HZ 的传号脉冲，下通道用于检测频率为 2025HZ 的空号脉冲。两个通道内各有一个带通滤波器和带阻滤波器。2225HZ 的带阻滤波器对 2225HZ 为中心的频率呈现高阻抗，用于滤去 2025HZ 为中心的空号脉冲；2225HZ 的带通滤波器和带阻滤波器正好相反，它对 2025HZ 为中心的空号脉冲呈现高阻而让 2225HZ 的传号脉冲通过。

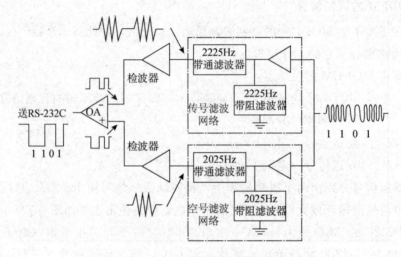

**图 7-10    MODEM 接收器的解调示意图**

同理，下通道让 2025HZ 的空号脉冲通过，2225HZ 的传号脉冲被滤掉。上下通道经检波器（两个检波器输出是互补的，即上通道检波输出为高电平，下通道检波输出必为低电平，反之亦然）检波后，在运算放大器中组合成 RS-232C 电平信号（即＋12V 表示"0"，－12V 表示"1"）。至此，MODEM 的结束接收。

## 7.1.5   串行通信中串行 I/O 数据的实现

串行通信中的数据是一位一位依次传送的，而计算机系统或计算机终端中数据是并行传送的。因此，发送端必须把并行数据变成串行才能在线路上传送，接收端接收到的串行数据又需要变换成并行数据才可以送给终端。数据的这种并串（或串并）变换可以用软件也可以用硬件方法实现。

### 1. 软件实现

下例是在异步通信中的数据发送中通过软件实现数据并串变换。设要发送的数据已经装配好存放在内部 RAM 以 20H 为起始地址的地方，每个要发送的数据帧长度为 11 位（1 位起始位、8 位字符位、1 位奇校验位和 1 位停止位，共需要占用两个字节的 RAM 存储单元，存放方式是：第一个字节的 $D_0$ 为奇校验位（假设该位在存放数据时已经设置好），第二个字节为要发送的 8 位数据，数据块长度在 LEN 单元，以下为能在 8031 的 $P_{1.0}$ 引脚上串行输出字符帧的程序。

本程序应采用双重循环，外循环控制发送字符的个数，内循环发送每帧字符位数。

```
                ORG 1000H
SOUT:           MOV R0,# 20H,      ;数据块起始地址送 R₀
NEXT:           MOV R2,# 0AH       ;每字符帧长度(不含起始位)送 R₂
                MOVA,@R0           ;带有奇校验位的数据送 A
                RRCA               ;将奇校验位送到 Cᵧ中
                MOVA,00H           ;起始位送 ACC.0
                ORL P1,A           ;在 P₁.₀上输出起始位
                INCR0              ;R0 加 1,指向要发送数据
                MOV A,@R0          发送数据送 A
                INC R0             ;数据块指针 R₀加 1,指向下一个数据
LOOP:           MOV R1,A           ;发送字符暂存 R₁
                ANL A,# 01H        ;屏蔽 A 中高 7 位
                ANL P1,# 0FEH      ;清除 P₁.₀
                ORL P1,A           ;在 P₁.₀上输出串行数据
                MOV A,R1           ;恢复 A 中的值
                ACALL DELAY        ;调用延时程序
                RRC A              ;准备输出下一位
                SETB C             ;在 Cᵧ中形成停止位
                DJNZ R2,LOOP       ;若一帧未发完,则 LOOP
                DJNZ LEN,NEXT      ;若所有字符未发完,则 NEXT 继续发送
                RET                ;若所有字符已发完,则返回
DELAY:                             ;延时子程序
                ……
                END
```

延时程序 DELAY 的延时时间由串行发送的位速率决定，近似等于位速率的倒数。上述程序没有包含校验位的添加，校验位的发送方法很多，在此不再介绍。用软件实现并串变换比较简单，不需要外加硬件电路，但字符帧格式变化时（例如数据位数发生变化）常需要修改程序，而且 CPU 的效率也不高，故通常不被人们采用。

**2. 硬件实现**

串行接口电路芯片种类和型号很多，能完成异步通讯的硬件电路称为 UART（Universal Asynchronous Receiver/ Transmitter）即通用异步接收/发送器，可以实现并串变换，其硬件框图如图 7-11 所示。现对它的工作原理和特点分析如下：

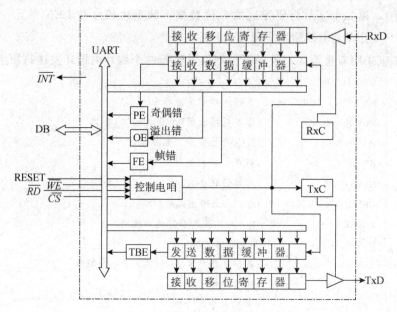

图 7-11　串口结构图

（1）工作原理

从本质上讲，所有的串行接口电路都是以并行数据形式与 CPU 接口，而以串行数据形式与外部逻辑接口，它的基本工作原理是：串行发送时，CPU 可以通过数据总线把 8 位并行数据送到"发送数据缓冲器"，然后并行送给"发送移位寄存器"，并在发送时钟和发送控制电路控制下通过 TXD 线一位一位串行发送出去。起始位和停止位是由 UART 在发送时自动添加上去的。UART 发送完一帧后产生中断请求，CPU 响应后可以把下一个字符送到发送数据缓冲器，以重复上述过程。

串行接收时，UART 监视 RXD 线，并在检测到 RXD 线上有一个低电平（起始位）时就开始一个新的字符接收过程。UART 每接收到一位二进制数据位后就使"接收移位寄存器"左移一次，连续接收到一个字符后就并行传送到"接收数据缓冲器"，并通过中断促使 CPU 从中取走所接收的字符。

串行通讯接口电路至少包括一个接收器和一个发送器，而接收器和发送器都分别包括一个数据寄存器和一个移位寄存器，以便实现将 CPU 输出的并行数据转换成串行数据发送出去，接收时可以将接收的串行数据转换成并行数据送给 CPU。

（2）UART 对 RXD 线的采样

UART 对 RXD 线的采样是由接收时钟 RXC 完成的。其周期 $T_c$ 和所传数据位的传输时间 $T_d$（位速率的倒数）必须满足如下关系：

$$T_c = \frac{T_d}{K}$$

式中，$K=16$ 或 64。现以 $K=16$ 来说明 UART 对 RXD 线上字符帧的接收过程。平常，UART 按 RXC 脉冲上升沿采样 RXD 线。每当连续采样到 RXD 线上 8 个低电平（起始位之半）后，UART便确认对方在发送数据（不是干扰信号）。此后，UART便每隔16个RXC脉冲采样RXD线一次，并把采样到的数据作为输入数据，以移位方式存入接收移位寄存器。RXC对RXD线的采样关系如图7-12所示。

（3）错误校验

数据在长距离传送过程中必然会发生各种错误，奇偶校验是一种最常用的校验数据传送错误的方法。奇偶校验分奇校验和偶校验两种。UART的奇偶校验是通过发送端的奇偶校验位添加电路和接收端的奇偶校验检测电路实现的，如图7-13所示。

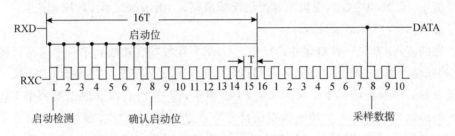

图7-12 UART对数据的采样

UART在发送时，由电路自动检测发送字符位中"1"的个数，并在奇偶校验位上添加"1"或"0"，使得"1"的总和（包括奇偶校验位）为偶数（奇校验时为奇数）。如图7-13（a）所示。

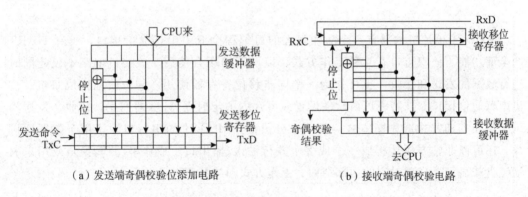

（a）发送端奇偶校验位添加电路　　　　　　（b）接收端奇偶校验电路

图7-13 收发两端的奇偶校验电路

UART在接收时，由电路对字符位和奇偶校验位中旬的个数加以检测。若"1"的个数为偶数（奇校验时为奇数），则表明数据传输正确；若"1"的个数变为奇数（奇校验时为偶数），则表明数据在传送过程中出现了错误。如图7-13（b）所示。

为了使数据传输更为可靠，UART常设置如下三种出错标志：

①奇偶错误（Parity Error）：

在接收时，UART按照事先约定的方式（偶校验、奇校验或无奇偶校验）进行奇偶校验计算，UART将检查接收到的每一个字符的"1"的个数（包含奇偶校验位），然后将奇偶校验的期望值与它的实际值进行比较，如果两者不一致，则置奇偶错误标

志，发出奇偶校验出错信息。奇偶错误 PE 由奇偶错标志触发器指示，该触发器由奇偶校验结果信号置位（见图 8-13 (b)）。此位可供查询用，也可选定在检测到出错时，产生中断请求，再由 CPU 响应中断，转去执行中断服务程序进行相应的处理，常采用的处理方式是启动重发过程。

②帧错误（Frame Error）：

以起始位开始、停止位为结束的二进制序列称为一帧，帧错误由帧错误标志触发器 FE 指示。若接收到的字符格式不符合规定（例如缺少停止位，或接收到的停止位应当是逻辑 1，但是却接收到逻辑 0 等便出现帧出错），则该触发器 FE 被置位。

③溢出错误（Overrun Error）：

上述的 UART 是一种双缓冲器结构。UART 接收端在接收到第一个字符后便放入"接收数据缓冲器"，然后就继续从 RXD 线上接收第二个字符，并等待 CPU 从"接收数据缓冲器"中取走第一个字符。如果 CPU 很忙，一直没有机会取走第一个字符，以致接收到的第二字符进入"接收数据缓冲器"而造成第一个字符被丢失，于是产生了溢出错误。发生这种错误时，UART 自动使"溢出错误标志触发器"OE 置位。由此可见，若数据缓冲器的级数越多，则溢出错误的几率就越少。

# 7.2　MCS-51 单片机的串行接口

MCS-51 单片机内部有一个功能强大的可编程全双工串行通信接口，具有 UART 的全部功能。该串行口有 4 种工作方式，以供不同场合使用。该接口电路不仅能同时进行数据的发送和接收，也可作为一个同步移位寄存器使用。能方便地构成双机、多机串行通信接口。波特率可由软件设置或由片内的定时器/计数器产生。接收、发送均可工作在查询方式或中断方式，使用十分灵活。MCS-51 的串行口除了用于数据通讯外，还可以非常方便地构成一个或多个并行输入/输出口，或作串/并转换，或用来驱动键盘和显示器。现对它的内部结构、工作方式和波特率讨论如下：

## 7.2.1　串行口的结构

MCS-51 单片机内部的串行口，有两个物理上独立的接收、发送缓冲器 SBUF，可同时发送、接收数据。发送缓冲器只能写入不能读出，接收缓冲器只能读出不能写入，读 SBUF 就是读接收器（接收器是双缓冲的），写 SBUF 就是写发送寄存器，两个缓冲器占用同一个地址（99H），是可以直接寻址的专用寄存器。

串行口的结构由串行口控制寄存器 SCON、发送和接收电路等三部分组成。

### 1. 发送和接收电路

串行口的发送和接收电路如图 7-14 所示。由图可见，发送电路由"SBUF（发送）寄存器"、"零检测器"和"发送控制器"等电路组成，用于串行口的发送；接收电路由"SBUF（接收）寄存器"、"接收移位寄存器"和"接收控制器"等组成，用于串行口的接收。"SBUF（发送）寄存器"和"SBUF（接收）寄存器"皆为 8 位缓冲寄存器："SBUF（发送）寄存器"用于存放将要发送的字符数据；"SBUF（接收）寄存器"用于存放串行口接收到的字符。SBUF（发送）寄存器和 SBUF（接收）寄存器共用一个选口地址（99H），CPU 可以通过执行不同指令对它们进行存取。CPU 执行 MOV SBUF，A 指令产生"写 SBUF"脉冲，以便把累加器 A 中准备发送的字符送入 SBUF（发送）寄存器；执行 MOV A，SBUF 指令可以产生"读 SBUF"脉冲，把"SBUF（接收）寄存器"中接收到的字符传送到累加器 A 中。

在异步通信中，发送和接收都是在发送时钟和接收时钟控制下进行的，发送时钟和接收时钟都必须同字符位数的波特率保持一致。MCS-51 串行口的发送和接收时钟既可由主机频率 $f_{osc}$ 经过分频后提供，也可由内部定时器 T1 或 T2 的溢出率经过 16 分频后提供。定时器 T1 的溢出率还受 SMOD 触发器状态的控制。SMOD 位于电源控制寄存器 PCON 的最高位。PCON 也是一个特殊功能寄存器，选口地址为 87H。

CPU 执行如下一条指令可以使串行口自动开始发送过程：

$$MOV\ SBUF,A$$

累加器 A 中欲发送字符进入 SBUF（发送）寄存器后，发送控制器在发送时钟 TXC 作用下自动在发送字符前后添加起始位、停止位和其他控制位（如奇偶校验位），然后在 SHIFT（移位）脉冲控制下一位一位地从 TXD 线上串行发送字符帧。

串行口的接收过程基于采样脉冲（接收时钟的 16 倍）对 RXD 线的监视。当"1"到"0"跳变检测器连续 8 次采样到 RXD 线上的低电平时，该检测器便可确认 RXD 线上出现了起始位。此后，接收控制器就从下一个数据位开始改为对第 7、8、9 三个脉冲采样 RXD 线（参见图 7-12），并遵守三中取二原则来决定所检测的值是"0"还是"1"。采用这一检测的目的在于抑制干扰和提高信号的传输可靠性，因为采样信号总是在每个接收位的中间位置，这样不仅可以避开信号两端的边沿失真，也可防止接收时钟频率和发送时钟频率不完全同步所引起的接收错误。接收电路连续接收到一帧字符后就自动去掉起始位和使 RI＝1，并向 CPU 提出中断请求（设串行口中断是开放的）。CPU 响应中断可以通过 MOV A，SBUF 指令把接收到的字符送入累加器 A。至此，一帧字符接收过程宣告结束。

**2. 串行口控制寄存器 SCON 和 PCON**

控制 MCS-51 单片机串行口控制寄存器共有两个：特殊功能寄存器 SCON 和 PCON。SCON 和 PCON 选口地址分别为 98H 和 87H，SCON 用于控制和监视串行口的工作状态，8 可以位寻址，PCON 没有位寻址功能，串行口接收和发送电路如图 7-14 所示。

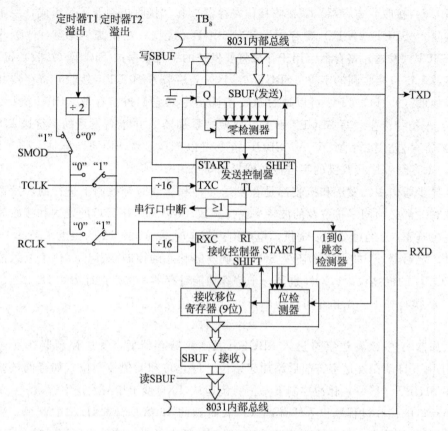

图 7-14 MCS-51 串行口发送和接收电路框图

（1）SCON 各位定义

• $SM_0$、$SM_1$：为串行口方式选择位，用于控制串行口的工作方式，如表 7-15 所示。

• $SM_2$：允许方式 2 和方式 3 进行多机通信控制位。在方式 0 时，$SM_2$ 不用，应设置为 0 状态。在方式 1 下，如 $SM_2 = 1$，则只有收到有效停止位时才激活 RI，并自动发出串行口中断请求（设中断是开放的），若没有收到有效停止位，则 RI 清零，则这种方式下，$SM_2$ 也应设置为 0。在方式 2 或方式 3 下，若 $SM_2 = 1$，则接收到的第 9 位数据（RB8）为 0 时不激活 RI，若 $SM_2 = 0$，串行口以单机发送或接收方式工作，TI 和 RI 以正常方式被激活，但不会引起中断请求；若 $SM_2 = 1$ 和 $RB_8 = 1$ 时，RI 不仅被激活而且可以向 CPU 请求中断。

• REN：允许串行接收控制位。由软件清零（REN＝0）时，禁止串行口接收；由软件置位（REN＝1）时，允许串行口接收。

• $TB_8$：是工作在方式 2 和方式 3 时要发送数据的第 9 位。$TB_8$ 根据需要由软件置位或复位。

• $RB_8$：是工作在方式 2 和方式 3 时，接收到的第 9 位数据，实际上是来自发送机

的 $TB_8$。在方式 1 下，若 $SM_2=0$，则 $RB_8$ 用于存放接收到的停止位。方式 0 下，不使用 $RB_8$。

· TI：为发送中断标志位，用于指示一帧数据发送完否，在方式 0 下，发送电路发送完第 8 位数据时，TI 由内部硬件自动置位，请求中断；在其他方式下，TI 在发送电路开始发送停止位时由硬件置位，请求中断。这就是说：TI 在发送前必须由软件复位，发送完一帧后由硬件置位的。因此，CPU 可以通过查询 TI 状态判断一帧信息是否已发送完毕。

· RI：为接收中断标志位，用于指示一帧信息是否接收完。在方式 0 串行接收完第 8 位数据时由硬件置位 RI；在其他方式下，RI 是在接收电路接收到停止位的中间位时置位的。RI 也可供 CPU 查询，以决定 CPU 是否需要从 "SBUF（接收）" 中提取接收到的字符或数据。和 TI 一样，RI 也不能自动复位，只能由软件复位。

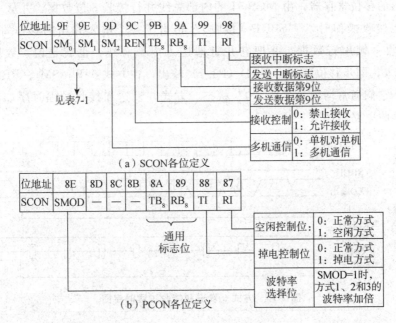

（a）SCON各位定义

（b）PCON各位定义

图 7-15　SCON 和 PCON 中各位定义

（2）PCON 各位的定义

PCON 中与串行接口有关的只有 $D_7$（即 SMOD），其余各位用于 MCS-51 的电源控制，再此不在介绍。

· SMOD：为串行口波特系数控制位。在方式 1、方式 2 和方式 3 时，串行通信波特率和 $2^{SMOD}$ 成正比。即：当 SMOD=1 时，通信波特率可以提高一倍。

## 7.2.2　串行口的工作方式

MCS-51 有方式 0、方式 1、方式 2 和方式 3 等四种工作方式。串行通信只使用方式 1、2、3。方式 0 主要用于扩展并行输入输出口。

表 7-1　SM0、SM1 确定的四种工作方式

| SM0 | SM1 | 工作方式 | 功能说明 |
|---|---|---|---|
| 0 | 0 | 0 | 8 位移位寄存器方式 |
| 0 | 1 | 1 | 8 位异步串行通信 |
| 1 | 0 | 2 | 9 位异步串行通信 |
| 1 | 1 | 3 | 9 位异步串行通信 |

**1. 方式 0 （SM$_1$＝SM$_0$＝0）**

在方式 0 下，串行口为同步移位寄存器方式，其波特率是固定的，为 $f_{osc}/12$，其中 SBUF 是作为同步的移位寄存器用的。在串行口发送时，"SBUF（发送）"相当于一个并入串出的移位寄存器，由 MCS-51 的内部总线并行接收 8 位数据，并从 RXD 线串行输出；在接收操作时，"SBUF（接收）"相当于一个串入并出的移位寄存器，从 RXD 线接收一帧串行数据，并把它并行地送入内部总线，也就是说，数据由 RXD（P3.0）出入，同步移位脉冲由 TXD（P3.1）输出。在方式 0 下，SM$_2$、RB$_8$ 和 TB$_8$ 皆不起作用，它们通常均应设置为"0"状态。方式 0 发送和接收过程时序如图 7-16 所示，发送接收电路图如图 7-17 所示。

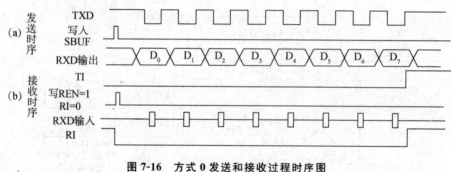

图 7-16　方式 0 发送和接收过程时序图

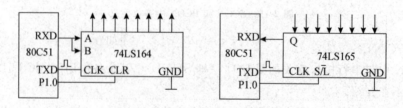

图 7-17　方式 0 接收和发送电路图

（1）方式 0 发送

发送操作是在 TI＝0（由软件清零）下进行的，CPU 执行任何一条将 SBUF 作为目的寄存器送出发送字符指令（例 MOV SBUF，A 指令），此命令使写信号有效后，相隔一个机器周期，发送控制端 SEND 有效（高电平），允许 RXD 发送数据，同时，

允许从 TXD 端输出同步移位脉冲，数据开始从 RXD 端串行发送，其波特率为震荡频率的十二分之一，发送完 8 位数据后，TI 由硬件置位，并可向 CPU 请求中断（若中断开放）。CPU 响应中断后必须用软件将 TI 清零，然后再给"SBUF（发送）"送下一个欲发送字符，才能发送新数据。

在串行口方式 0 发送时，TXD 上的负脉冲与从引脚 RXD 发送的一位数据的时间关系是：在 TXD 为低电平期间数据一直有效，在 TXD 从低电平跳变为高电平的上升沿之前一段时间，RXD 上的数据已有效且稳定，在 TXD 为低电平期间数据一直有效，在 TXD 由低电平跳变为高电平之后，RXD 上的数据还保留一段时间，因此可以利用 TXD 的上跳变或下跳变作为外部串行输入移位寄存器的移位触发时钟信号。

（2）方式 0 接收

串行口接收过程是在 RI＝0 和 REN＝1 条件下启动的。此时，串行数据依然由 RXD 线输入，TXD 线作为同步脉冲输出端。TXD 每一个负脉冲对应于从 RXD 引脚接收到的一位数据。在 TXD 的每个负脉冲跳变之前，串行口对 RXD 引脚采样，并在 TXD 上跳变后使串行口的"输入移位寄存器"左移一位，把在此之前（TXD 上跳之前）采样 RXD 所得到的一位数据从 RXD 逐位进入"输入移位寄存器"变成并行数据。接收电路接收到 8 位数据后，TXD 停留在高电平不变，停止接收，同时，串行口把"输入移位寄存器"的 8 位并行数据装到接收缓冲寄存器（SBUF），并且使 RI 自动置"1"和发出串行口中断请求。CPU 查询到 RI＝1 或响应中断后便可通过指令把"SBUF（接收）"中数据送入累加器 A（例 MOV A，SBUF），同时要想再次接收数据，RI 必须由软件复位。

实际上，串行口方式 0 下工作并非是一种同步通信方式。它的主要用途是和外部同步移位寄存器外接，以达到扩张一个并行口的目的。

**2. 方式 1 （$SM_0＝0$，$SM_1＝1$）**

当 SCON 中的 $SM_0$、$SM_1$ 两位为 01 时，串行口以方式 1 工作，此时串行口为 8 位异步串行通信接口。一帧信息为 10 位：一位起始位（逻辑 0）、8 位数据位（低位在前，高位在后）和一位停止位（逻辑 1）。数据格式图如图 7-18 所示。TXD 为发送端，RXD 为接收端，波特率可变。方式 1 发送和接收过程时序如图 7-19 所示。

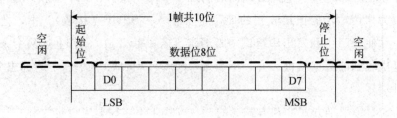

图 7-18　10 位数据格式图

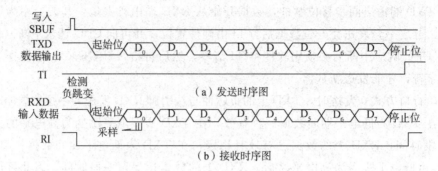

图 7-19　串行方式 1 发送和接收过程时序图

（1）方式 1 发送

当串行口以方式 1 发送（前提是 TI＝0）时，CPU 执行一条写入 SBUF 的指令（MOV SBUF，A 指令）就启动一次串行口发送过程，发送电路就自动在 8 位发送字符前后分别添加 1 位起始位和停止位（在启动发送过程时自动把 SCON 的 TB$_8$ 置 1，作为发送的停止位），并在移位脉冲作用下将数据从 TXD 线上依次发送出去，发送完一帧信息后，发送电路自动维持 TXD 线为高电平，发送中断标志 TI 也由硬件在发送停止位时置位，应由软件将它复位。

（2）方式 1 接收

在 RI＝0 时置 REN＝1（或同时置 SCON 的 REN＝1 和 RI＝0），便启动了一次接收过程。置 REN＝1 实际上是选择 RXD/P3.0 引脚为 RXD 功能。若 REN＝0，则选择 RXD/P3.0 引脚为 P3.0 功能。接收器对 RXD 线采样，采样脉冲频率是接收时钟的 16 倍。当采样到 RXD 端从 1 到 0 的跳变时就启动接收器接收，当接收电路连续 8 次采样到 RXD 线为低电平时，相应检测器便可确认 RXD 线上有了起始位。在起始位，如果接收到的值不为 0，则起始位无效，复位接收电路，当再次接收到一个由 1 到 0 的跳变时，重新启动接收器。如果接收值为 0，起始位有效，接收器开始接收本帧的其余信息（一帧信息为 10 位）。此后，接收电路就改为对第 7、8、9 三个脉冲采样到的值进行位检测，并以三中取二原则来确定所采样数据的值。在方式 1 接收中，在接收到第 9 数据位（即停止位）时，接收电路必须同时满足以下两个条件：RI＝0 和 SM$_2$＝0 或接收到的停止位为 "1"，才能把接收到的 8 位字符存入 "SBUF（接收）"中，把停止位送入 RB$_8$ 中，并使 RI＝1 和发出串行口中断请求（若中断开放），若上述两个条件任一不满足，则这次收到的数据就被丢弃，不装入 "SBUF（接收）"中。中断标志 RI 必须由用户用软件清零。

其实，SM$_2$ 是用于方式 2 和方式 3 的。在方式 1 下，SM$_2$ 应设定为 0。

在方式 1 下，发送时钟、接收时钟和通信波特率皆由定时器溢出率脉冲经过 32 分频获得，并由 SMOD＝1 倍频。因此，方式 1 时的波特率是可变的，这点同样适用于方式 3。

### 3. 方式 2 和方式 3

方式 2 和方式 3 都是 11 位通讯口，发送和接收的一帧数据由 11 位组成，即 1 位起始位、8 位数据位（低位在先）、1 位可编程位（第 9 位）和 1 位停止位。数据格式如图 7-20 所示。发送时可编程位（$TB_8$）根据需要设置为 0 或 1（$TB_8$ 既可作为多机通讯中的地址数据标志位又可作为数据的奇偶校验位），接收时，可编程位被送入 SCON 中的 $RB_8$。方式 2 和方式 3 的差异仅在于通信波特率有所不同：方式 2 的波特率由 MCS-51 主频 $f_{osc}$ 经 32 或 64 分频后提供；方式 3 的波特率由定时器 $T_1$ 或 $T_2$ 的溢出率经 32 分频后提供，故它的波特率是可调的。串行方式 2、3 发送和接收过程时序如图 7-21 所示。

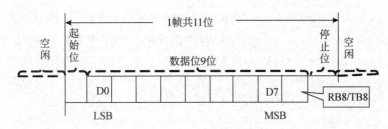

**图 7-20 11 位数据格式图**

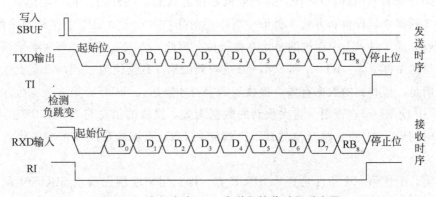

**图 7-21 串行方式 2、3 发送和接收过程时序图**

（1）方式 2、3 发送

方式 2 和方式 3 的发送过程类似于方式 1，所不同的是方式 2 和方式 3 有 9 位有效数据位。发送时，数据由 TXD 端输出，附加的第 9 位数据为 SCON 中的 $TB_8$，CPU 要把第 9 数据位预先装入 SCON 的 $TB_8$ 中，第 9 数据位可由用户安排，可以是奇偶校验位，也可以是其他控制位。第 9 数据位的装入可以用如下指令中的一条来完成：

```
SETB TB8 ;TB₈ = 1

CLR TB8  ;TB₈ = 0
```

第 9 数据位的值装入 $TB_8$ 后，执行一条写 SBUF 的指令，把发送字符装入"SBUF（发送）"，便立即启动发送器发送。一帧数据发送完后，TI 被置 1，CPU 便可通过查询

TI 来判断一帧数据是否发送完毕，并以同样方法发送下一字符帧。在发送下一帧信息之前，TI 必须在中断服务程序（或查询程序）由软件清零。

下面是一个实际的发送中断服务程序，以 $TB_8$ 作为奇偶校验位，R0 为发送数据区地址指针。

```
SEND:      PUSH    PSW         ;保护现场
           PUSH    A
           CLR     TI          ;清除发送中断标志
           MOV     A,@R0       ;取数据
           MOV     C,P         ;奇偶位送 TB₈
           MOV     TB8,C
           MOV     SBUF,A      ;数据写入发送缓冲器,启动发送
           INC     R0          ;数据指针加1,指向下一个待发送数据
           POP     A           ;恢复现场
           POP     PSW
           RETI                ;中断返回
```

（2）方式 2、3 接收

当 REN＝1 时，允许串行口接收数据。数据由 RXD 端输入，接收 11 位信息。当接收器采样到 RXD 端的负跳变，并判断起始位有效后，便开始接收一帧信息。方式 2 和方式 3 的接收过程也和方式 1 类似。所不同的是：方式 1 时 $RB_8$ 中存放的是停止位，方式 2 或方式 3 时 $RB_8$ 中存放的是第 9 数据位。因此，方式 2 和方式 3 时必须满足接收有效字符的条件变为：RI＝0 和 $SM_2$＝0 或收到的第 9 数据位为"1"，只有上述两个条件同时满足，接收到的数据有效，接收到的字符才能送入 SBUF，第 9 数据位才能装入 $RB_8$ 中，并使 RI＝1；否则，这次收到的数据无效，接收的信息将丢失，RI 也不置位，在一位时间后，"1 到 0 跳变检测器"又检测到 RXD 引脚的负跳变，准备接收下一帧数据。

其实，上述第一个条件是要求 SBUF 空，即：用户应预先读走 SBUF 中信息，好让接收电路确认它已空。第二个条件是提供了利用 $SM_2$ 和第 9 数据位共同对接收加以控制；若第 9 数据位是奇偶校验位，则可令 $SM_2$＝0，以保证串行口能可靠接收；若要求利用第 9 数据位参与接收控制，则可令 $SM_2$＝1，然后依靠第 9 数据位的状态来决定接收是否有效。

下面是一实际的中断接收服务程序，该程序具有校验处理，R1 为接收缓冲器指针。

```
RECEIVE:   PUSH    PSW         ;保护现场
           PUSH    A
           CLR     RI          ;清中断标志
           MOV     A,SBUF      ;接收数据
           MOV     C,P
```

```
        JNC     L1
        JNB     RB8,ER      ;奇偶错则转错误处理程序
        AJMP    L2          ;接收的数据正确,跳转
L1:     JB      RB8,ER      ;奇偶错则转出错处理程序
L2:     MOV     @ R1,A      ;接收的数据送缓冲区
        INCR    1           ;指针加 1
        POP     A           ;恢复现场
        POP     PSW
        LJMP    END
ER:     ……                 ;错误处理(程序略)
END:    RETI                ;返回
```

### 7.2.3　串行口的通信波特率

MCS-51 单片机串行通讯的波特率随串行口工作方式选择不同而不同,它除了与系统的震荡频率 $f_{osc}$,电源控制寄存器 PCON 的 SMOD 位有关外,还与定时器 T1 的设置有关。串行口的通信波特率反映了串行传输数据的速率。通信波特率的选用,不仅和所选通信设备、传输距离和 MODEM 型号有关,还受传输线状况所制约。用户应根据实际需要加以正确选用。

**1. 方式 0 的波特率**

在方式 0 下,串行口的通信波特率是固定不变的,仅与系统震荡频率 $f_{osc}$ 有关,其值为 $f_{osc}/12$($f_{osc}$ 为主机频率)。

**2. 方式 2 的波特率**

在方式 2 下,波特率也只有两种:$f_{osc}/32$ 或 $f_{osc}/64$。用户可以根据 PCON 中 SMOD 位状态来驱使串行口在那个波特率下工作。选定公式为:

$$波特率 = \frac{2^{SMOD}}{64} \times f_{osc}$$

这就是说:若 SMOD=0,则所选波特率为 $f_{osc}/64$;若 SMOD=1,则波特率为 $f_{osc}/32$。

**3. 方式 1 或方式 3 的波特率**

在这两种方式下,串行口波特率是由定时器 $T_1$ 或 $T_2$(仅 8052 有)的溢出率和 SMOD 决定的,因此要确定波特率,关键是要计算定时器 $T_1$ 或 $T_2$ 的溢出率,$T_1$ 或 $T_2$ 是可编程的,可选的波特率的范围很大,因此,这是很常用的工作方式。

方式 1 或方式 3 的波特率计算公式:

$$波特率 = \frac{2^{SMOD}}{32} \times \frac{f_{osc}}{12} \times \left(\frac{1}{2^k - 初值}\right)$$

式中:$K$ 为定时器 $T_1$ 的位数,它和定时器 $T_1$ 的设定方式有关。即:

若定时器 $T_1$ 设为方式 0，则 $K = 13$

若定时器 $T_1$ 设为方式 1，则 $K = 16$

若定时器 $T_1$ 设为方式 2 或 3，则 $K = 8$

在串行通信中，收发双方对发送或接收数据的速率要有约定。通过软件可对单片机串行口编程为四种工作方式，其中方式 0 和方式 2 的波特率是固定的，而方式 1 和方式 3 的波特率是可变的，由定时器 T1 的溢出率来决定。各种波特率的计算见表 7-2。

表 7-2　波特率计算公式

| 方式 | 计算公式 |
|---|---|
| 方式 0 | $fosc/12$ |
| 方式 1 | $K * fosc / [32 * 12 * (256-TH1)]$ |
| 方式 2 | $K * fosc/64$ |
| 方式 3 | $K * fosc / [32 * 12 * (256-TH1)]$ |

注明：若 SMOD=0，则 $K = 1$；若 SMOD=1，则 $K = 2$

常用的波特率及计算器初值见表 7-3 所示。

表 7-3　常用波特率和定时器 $T_1$ 的初值关系表

| 波特率 | $f_{osc}$ | SMOD | 定时器 $T_1$ | | |
|---|---|---|---|---|---|
| | | | C/$\overline{T}$ | 所选方式 | 相应初值 |
| 串行口方式 0　0.5M | 6MHz | × | × | × | × |
| 串行口方式 2　187.5K | 6MHz | 1 | × | × | × |
| 方式 1 或 3　19.2K | 6MHz | 1 | 0 | 2 | FEH |
| 9.6K | 6MHz | 1 | 0 | 2 | FDH |
| 4.8K | 6MHz | 0 | 0 | 2 | FDH |
| 2.4K | 6MHz | 0 | 0 | 2 | FAH |
| 1.2K | 6MHz | 0 | 0 | 2 | F4H |
| 0.6K | 6MHz | 0 | 0 | 2 | E8H |
| 110 | 6MHz | 0 | 0 | 2 | 72H |
| 55 | 6MHz | 0 | 0 | 1 | FEEBH |

其实，定时器 $T_1$ 通常采用方式 2，因为定时器 $T_1$ 在方式 2 下工作时，当 $TL_1$ 从全"1"变为全"0"时，$TH_1$ 自动重装 $TL_1$。这种方式，不仅可使操作方便，也可避免因重装初值（时间常数初值）而带来的定时误差。

方式 1 或方式 3 下所选波特率常常需要通过计算来确定初值因为该初值是要在定时器 $T_1$ 初值化时使用的。为避免烦杂的计算，波特率和定时器 $T_1$ 初值间的关系常可列成表 7-3，以供查考。

应当注意两点：一是表中定时器 $T_1$ 的时间常数初值和相应波特率之间有一定误差（例如：FDH 的对应波特率的理论值是 10416 波特），消除误差可以通过调整单片机的主频 $f_{osc}$ 实现，二是在定时器 $T_1$ 的方式 1 时的初值应考虑到它的重装时间。

# 7.3　单片机串行口工作方式的应用

51 单片机串行口可以工作于 4 种工作方式，下面就各种工作方式应用举例。

## 7.3.1　方式 0 的应用举例

方式 0 工作时往往需要外部有串入并出寄存器（输出）和并入串出寄存器（输入）配合使用，方式 0 多用于将串行口转变为并行口的使用场合，如图 7-22 所示。

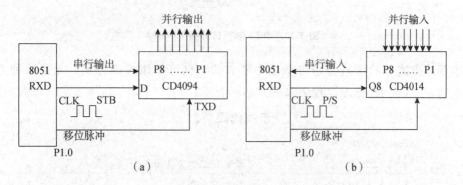

图 7-22　串行工作方式 0 与输入、输出电路的连接示例

图 7-22（a）中 CD4094 是"串入并出"移位寄存器，TXD 端输出频率为 F 晶振/12 的固定方波信号（移位脉冲），在该移位脉冲的作用下，D 端串行输入数据可依次存入 CD4094 内部 8D 锁存器锁存。P1.0 为选通信号，当 P1.0＝STB 为高电平时，将内部 8D 锁存器数据并行输出。图 7-22（b）中 CD4014 为"串入/并出—串出"移位寄存器，P1—P8 为并行输入端，Q8 为串行输出端，当 P1.0＝P/S＝1，加在并行输入端 P1—P8 上的数据在时钟脉冲作用下从 Q8 端串行输出。

【例 7-1】试编写从 CD4094 并行输出数据 36H，参考程序如下：

### 示例代码 7-1

```
MOV SCON,# 00H        ;串行口工作方式 0。
CLR ES                ;禁止串行口中断。
MOV A,# 36H           ;传送数据送 A。
CLR P1.0              ;关闭并行输出。
MOV SBUF,A            ;启动串行输出。
```

```
HERE:     JBC TI,FS                    ;等待串行输出完毕。
          AJMP HERE
FS:       SETB P1.0                    ;开启并行输出。
          RET                          ;返回。
```

【程序分析】方式0的移位操作的波特率固定为单片机晶振频率 $f$ 晶振的十二分之一。即：波特率＝$f$ 晶振/12。例如当 $f$ 晶振＝12MHZ，波特率＝$10^6$（位/秒）。

【例7-2】用8051串行口外接CD4094扩展8位并行输出口，如图7-23所示，8位并行口的各位都接一个发光二极管，要求发光管呈流水灯状态。

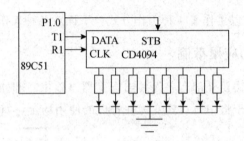

图7-23　8051串行口外接CD4094

串行口方式0的数据传送可采用中断方式，也可采用查询方式，无论哪种方式，都要借助于 TI 或 RI 标志，程序如下：

### 示例代码7-2

```
          ORG 2000H
START:    MOV SCON,#00H                ;置串行口工作方式0
          MOV A,#80H                   ;最高位灯先亮
          CLR P1.0                     ;关闭并行输出(避免传输过程中,各LED的"暗红"现象)
OUT0:     MOV SBUF,A                   ;开始串行输出
OUT1:     JNB TI,OUT1                  ;输出完否
          CLR TI                       ;完了,清TI标志,以备下次发送
          SETB P1.0                    ;打开并行口输出
          ACALL DELAY                  ;延时一段时间
          RR A                         ;循环右移
          CLR P1.0                     ;关闭并行输出
          JMP OUT0                     ;循环
```

说明：DELAY延时子程序前面已经讲过，这里就不给出了。

【程序分析】串行发送时，可以靠 TI 置位（发完一帧数据后）引起中断申请，在中断服务程序中发送下一帧数据，或者通过查询 TI 的状态，只要 TI 为0就继续查询，TI 为1就结束查询，发送下一帧数据。在串行接收时，则由 RI 引起中断或对 RI 查询来确定何时接收下一帧数据。无论采用什么方式，在开始通讯之前，都要先对控制寄存器 SCON 进行初始化。在方式0中将00H送SCON就可以了。

## 7.3.2　方式 1 的应用举例

串行方式 1，采用 8 位异步通信，通常应用在点对点的双机通信中。

【例 7-3】设有两个 8031 应用系统相距很近，将它们的串行口直接相连，以实现全双工的双机通信，如图 7-24 所示。设甲机发送乙机接收，串行口工作在方式 1，波特率为 1200，$fosc=11.059MHZ$。

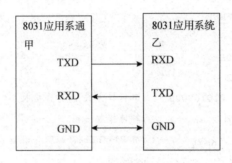

图 7-24　方式 1 的双机通信

（1）波特率的计算

串行口工作在方式 1，定时器 T1 工作在方式 2 做波特率发生器，由查表 7-3 得时间常数为 E8H。

（2）甲机发送程序，程序如下：

**示例代码 7-3**

```
START:      MOV TMOD,# 20H          ;T1 为方式 2
            MOV TL1,# 0E8H          ;时间常数低八位
            MOV TH1,# 0E8H
            SETB TR1                ;启动 T1 工作
            MOV SCON,# 01000000B    ;串行口方式 1
            MOV R0,# 20H            ;数据首地址
            MOV R7,# 32             ;32 字节数据
LOOP:       MOV A,@ R0              ;取数据
            MOV C,P                 ;置奇校验位
            CPL C
            MOV ACC.7,C
            MOV SBUF,A              ;启动发送
DONE:       JNB T1,DONE            ;等待发完一帧
            CLR T1                  ;清 T1,允许再发送
            INC R0                  ;指向下一数据
            DJNZ R7,LOOP            ;32 字节未送完,送下一数据
            AJMP START              ;循环发送
```

**【程序分析】**甲机将内部 RAM 单元 20H～3FH 的 32 字节的 ASCII 码数据，在最高位上加上奇校验后由串行口发出，即可采用 8 位异步通信。

（3）乙机接收程序，程序如下：

### 示例代码 7-3

```
START:     MOV TMOD,# 20H          ;T1方式2
           MOV TL1,# 0E8H
           MOV TH1,# 0E8H
           SETB TR1
           MOV R0,# 20H
           MOV R7,# 32
LOOP:      MOV SCON,# 01010000B    ;串行口方式1,允许接收
DONE:      JNB RI,DONE             ;等待接收一帧
           CLR RI                  ;清RI,再接收
           MOV A,SBUF              ;取数据
           MOV C,P                 ;检查奇校验位
           CPL C
           ANL A,# 7FH             ;去掉奇校验位
           JC ERROR                ;偶校验,转出错
           MOV @ R0,A              ;奇校验,存数据
           INC R0
           DJNZ R7,LOOP            ;数据块,未接收完,循环
           SJMP START             ;循环接收
ERROR:     …                       ;出错处理
```

**【程序分析】**与甲机发送相呼应，接收器把接收到的 32 个字节数据存放在内部 RAM 的 32H～3FH 中，波特率与晶振频率同上。若奇校验出错，则置进位为 1。

**【例 7-4】**甲，乙两单片机拟以工作方式 1 进行串行数据通信，波特率为 1200，甲机发送，发送数据在甲机外部 RAM 1000H－101FH 单元中。乙机接收，并把接收数据依次放入乙机外部 RAM 1000H－101FH 单元中。甲，乙机晶振频率均为 6MHZ。

连接方式如图 7-25 所示。

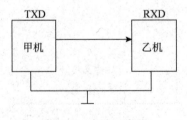

图 7-25　电路示意图

**解：**设定：

（1）甲、乙机初值计算：

$$X = 256 - \frac{6 \times 10^6 \times 1}{384 \times 1200} = 243 = F3H$$

（2）SMOD＝0，即波特率不倍增。

（3）用查询传送方式。

（4）SCON＝01000000B＝40H

可得甲机发送主程序如下：

**示例代码 7-4**

```
        ORG 0030H
        MOV TMOD,# 20H        ;设定时器 1 工作方式 2。
        MOV TL1,# 0F3H        ;设置定时器初值。
        MOV TH1,# 0F3H        ;设置重装值。
        CLR EA                ;禁止中断。
        MOV PCON,# 00H        ;(SMOD)= 0。
        MOV SCON,# 40H        ;设串行工作方式 1,禁止接收。
        MOV DPTR,# 1000H      ;建立发送数据地址指针初值。
        MOV R7,# 20H          ;建立计数指针。
        SETB TR1              ;启动定时器 1。
SEND:   MOVX A,@ DPTR         ;取数据。
        MOV SBUF,A            ;启动数据传送操作。
        JNB TI,$              ;等待一帧发送完毕。
        CLR TI                ;清 TI 标志。
        INC DPTR              ;指向下一单元。
        DJNZ R7,SEND          ;数据块传送结束？没结束继续传送。
        CLR TR1               ;传送结束,停止定时器 1 工作。
        RET                   ;返回。
        END
```

【程序分析】由定时器 1 工作方式 2，波特率为 1200，计算出定时器 T1 的初值。

**示例代码 7-4**

乙机接收参考程序如下：

```
        ORG 0030H
        MOV TMOD,# 20H        ;设定时器 1 工作方式 2。
        MOV TL1,# 0F3H        ;设置定时器初值。
        MOV TH1,# 0F3H        ;设置重装值。
        CLR EA                ;禁止中断。
        MOV PCON,# 00H        ;SMOD= 0。
        MOV SCON,# 40H        ;设串行工作方式 1。
        MOV DPTR,# 1000H      ;建立接收地址指针初值。
```

```
          MOV R7,# 20H            ;建立计数指针。
          SETB TR1                ;启动定时器 T1。
          SETB REN                ;启动接收数据操作。
RECIV:    JNB RI,$                ;等待数据接收完毕。
          CLR RI                  ;清 RI 标志。
          MOV A,SBUF              ;取数据。
          MOVX @ DPTR,A           ;送外部 RAM。
          INC DPTR                ;指向下一单元。
          DJNZ R7,RECIV           ;数据块接收完毕？没完继续接收。
          CLR TR1                 ;接收完毕,停止定时器 1 工作。
          RET;返回。
```

**【程序分析】** 通过判断 RI 的值确定是否接受数据完毕。

### 示例代码 7-4

如改用中断方式甲机发送参考程序如下：

```
          ORG 0000H
          AJMP MAIN
          ORG 0023H
          LJMP ASEND             ;建立串行中断口地址。
          ORG 0030H
MAIN:     MOV SP,# 30H           ;设置堆栈。
          MOV TMOD,# 20H         ;设定时器 1 工作方式 2。
          MOV TL1,# 0F3H         ;设置定时器初值。
          MOV TH1,# 0F3H         ;设置重装值。
          MOV PCON,# 00H         ;SMOD= 0。
          MOV SCON,# 40H         ;设串行工作方式 1。
          MOV R7,# 1FH           ;建立计数指针。
          MOV DPTR,# 1000H       ;建立发送地址指针初值。
          SETB EA                ;总中断允许。
          SETB ES                ;串行中断允许。
          SETB TR0               ;启动定时器 0。
          MOVX A,@ DPTR          ;第一个数送 A。
          MOV SBUF,A             ;启动传送数据操作。
          INC DPTR               ;指向下一 RAM 单元。
WAIT:     AJMP $                 ;等待中断。
```

中断服务子程序：

```
          ORG 0100H
          CLR TI                 ;清 TI。
ASEND:    MOVX A,@ DPTR          ;取数据。
          MOV SBUF,A             ;传送数据
```

---

174

```
        INC DPTR                    ;指向下一单元。
        DJNZ R7,GOON                ;传送结束? 没结束继续传送。
        CLR EA                      ;传送结束,关闭。
        CLR TR1
GOON:   RETI                        ;返回。
```

**【程序分析】**甲机以中断方式传送数据时,计数指示为 1FH 而非 20H,这是因为在启动甲机发送时已经向 SBUF 发送了一个数据。

说明:在本题中乙机接收数据,既可用上述查询方式接收,也可用中断方式接收。中断方式程序设计思路与查询方式类似,不再细述。

在异步串行通讯中,接收机以波特率的 3 倍检测 RXD 端信号,检测到两次以上相同信号即为有效信号。

在实际应用中,可根据需要加入奇偶校验位一起传送,以提高传送的可靠性。

**【例 7-5】**甲,乙两单片机同样以工作方式 1 进行串行数据通信,波特率为 1200,甲机发送,发送数据在甲机外部 RAM 1000H—101FH 单元中,在发送之前先将数据块长度发送给乙机,发送完后,向乙机发送一个累加校验和。乙机接收,乙机首先接收数据长度,然后接收数据,并把接收数据依次放入乙机外部 RAM 1000H—101FH 单元中,接收完毕后进行一次累加和校验,数据全部接收完毕时向甲机送出状态字,表示传送状态。甲、乙机晶振频率均为 6MHZ。连接方式见图 7-26。

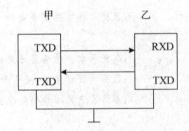

图 7-26  例 7-5 示意图

**解:**设定如下:

(1) 波特率约定为 1200,以定时器 T1 为波特率发生器,T1 用工作方式 2 (SMOD)=0,波特率不倍增。

则初值:

$$X = 56 - \frac{6 \times 10^6 \times 1}{384 \times 1200} = 243 = \text{F3H}$$

(2) 设置 R5 为累加和寄存器,R6 为数据块长度寄存器。

(3) 用查询传送方式。

(4) 串行口为工作方式 1,允许接收,即;

$$\text{SCON} = 01010000\text{B} = 50\text{H}$$

可得甲机发送主程序如下:

## 示例代码 7-5

```
        ORG 0030H
        MOV TMOD,# 20H          ;设定时器1工作方式2。
        MOV TL1,# 0F3H          ;设置定时器初值。
        MOV TH1,# 0F3H          ;设置重装值。
        SETB TR1                ;启动定时器1。
        MOV PCON,# 00H          ;(SMOD)= 0。
        MOV SCON,# 50H          ;设串行工作方式1,允许接收。
AGAIN:  MOV DPTR,# 1000H        ;建立发送数据地址指针初值。
        MOV R6,# 20H            ;数据块长度送R6。
        MOV R5,# 00H            ;累加和寄存器清"0"。
        MOV SBUF,R6             ;先发送长度值。
L1:     JBC TI,L2              ;等待发送结束。
        AJMP L1
L2:     MOVX A,@ DPTR          ;取数据块中数据。
        MOV SBUF,A             ;发送数据。
        ADD A,R5               ;发送数据累加。
        MOV R5,A               ;累加和送R5。
        INC DPTR               ;地址加1。
L3:     JBC TI,L4              ;等待一帧数据发送完毕。
        AJMP L3
L4:     DJNZ R6,L2             ;判断数据块是否发送完,若未完继续发送。
        MOV SBUF,R5            ;数据块发送完毕,发累加和校验码。
L5:     JBC TI,L6              ;等待发送累加和码结束。
        AJMP L5
L6:     JBC RI,L7              ;接收从机来的结果标志码。
        AJMP L6
L7:     MOV A,SBUF
        JZ L8                  ;若标志码为00H,表示接收正确,返回;反之重发。
        AJMP AGAIN             ;发送有错,重发。
L8:     RET
        END
```

【程序分析】使用 T1 为波特率发生器,通过 TI 判断数据块是否发送完毕。

## 示例代码 7-5

乙机接收参考程序如下:

```
        ORG 0030H
        MOV TMOD,# 20H          ;设定时器1工作方式2。
        MOV TL1,# 0F3H          ;设置定时器初值。
```

```
                MOV TH0,# 0F3H              ;设置重装值。
                SETB TR1                   ;启动 T1。
                MOV PCON,# 00H             ;SMOD= 0。
                MOV SCON,# 50H             ;设串行工作方式 1,允许接收。
AGAIN:          MOV DPTR,# 1000H           ;建立接收地址指针初值
L0:             JBC RI,L1                  ;接收发送长度值。
                AJMP L0
L1:             MOV A,SBUF
                MOV R6,A                   ;取发送长度值送 R6。
                MOV R5,# 00H               ;累加和寄存器清"0"。
WAIT:           JBC RI,L2                  ;接收数据。
                AJMP WAIT
L2:             MOV A,SBUF
                MOVX@ DPTR,A               ;将所接收数据送数据区。
                INC DPTR                   ;指向下一单元。
                ADD A,R5                   ;累加。
                MOV R5,A
                DJNZ R6,WAIT               ;若数据接收未完继续。
L3:             JBC RI,L4                  ;数据接收完毕,接收主机的累加校验码。
                AJMP L3
L4:             MOV A,SBUF                 ;取主机累加和校验码。
                XRL A,R5                   ;与本机累加和进行校验。
                JZ L7                      ;若校验正确转 L7。
                MOV SBUF,# 0FFH            ;校验出错,回送校验出错标志码 FFH,表示要求主机
重发。
L5:             JBC TI,L6                  ;回送 FFH。
                AJMP L5
L6:             AJMP AGAIN                 ;重新接收
L7:             MOV SBUF,# 00H             ;回送校验正确标志码 00H。
L8:             JBC TI,L9                  ;回送。
                AJMP L8
L9:             RET                        ;接收完成,返回。
                END
```

【程序分析】使用 T1 为波特率发生器,通过 RI 判断数据块是否接收完毕。

# 7.4　PC 机与单片机通信

　　PC 机是国内目前使用应用最广泛的微机,在与单片机串行接口后,可以方便地构

成主从分布式多机系统。从机（单片机）作数据采集或实时控制，主机作数据处理或中央管理等。

这种多机系统在过程控制、仪表生产、生产自动化和企业管理等方面都有广泛的应用。此外微机和单片机串行接口后，可以大大方便单片机的开发过程。

### 1. 硬件连接

单片机构成的多机系统常采用总线型主从式结构。所谓主从式，即在数个单片机中，有一个是主机，其余的是从机，从机要服从主机的调度、支配。80C31单片机的串行口方式2和方式3适于这种主从式的通信结构。当然采用不同的通信标准时，还需进行相应的电平转换，有时还要对信号进行光电隔离。在实际的多机应用系统中，常采用RS-485串行标准总线进行数据传输。多机通信如图7-27所示。

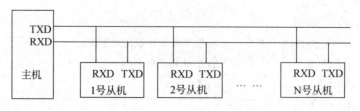

图 7-27　主机与从机多机通信

### 2. 多机通信原理

所有从机的SM2位置1，处于接收地址帧状态。主机发送一地址帧，其中8位是地址，第9位为地址/数据的区分标志，该位置1表示该帧为地址帧。所有从机收到地址帧后，都将接收的地址与本机的地址比较。对于地址相符的从机，使自己的SM2位置0（以接收主机随后发来的数据帧），并把本站地址发回主机作为应答；对于地址不符的从机，仍保持SM2＝1，对主机随后发来的数据帧不予理睬。从机发送数据结束后，要发送一帧校验和，并置第9位（TB8）为1，作为从机数据传送结束的标志。

主机接收数据时先判断数据接收标志（RB8），若RB8＝1，表示数据传送结束，并比较此帧校验和，若正确则回送正确信号00H，此信号命令该从机复位（即重新等待地址帧）；若校验和出错，则发送0FFH，命令该从机重发数据。若接收帧的RB8＝0，则存数据到缓冲区，并准备接收下帧信息。

主机收到从机应答地址后，确认地址是否相符，如果地址不符，发复位信号（数据帧中TB8＝1）；如果地址相符，则清TB8，开始发送数据。从机收到复位命令后回到监听地址状态（SM2＝1）。否则开始接收数据和命令。

### 3. 多机通信的应用

【例7-6】如图7-28所示，设在一个多机系统中有一个8031为主机，3个8031应用系统为从机，其系统如图所示。设从机的地址分别定义为04，05，06，

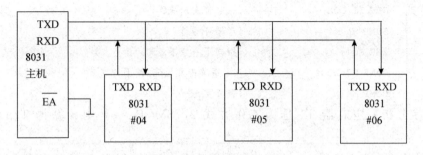

图 7-28 多机通信图

例如主机给 05 号从机发送 50H～5FH 单元内的数据，波特率 2400，晶振 11.059MHZ，从机系统由初始化程序将串行口编程为方式 2 接收，即 9 位异步通信方式，且 SM2=1，REN=1，允许串行口中断。

其主机的发送程序清单为：

## 示例代码 7-6

```
            ORG 8000H
STSART:     MOV TMOD,# 20H          ;T1方式2定时
            MOV TH1,# 0F4H          ;置时间常数
            MOV TL1,# 0F4H
            SETB TR1
MAIN:       MOV SCON,# 98H          ;串行方式2接收 SM2= 0,REN= 1,TB8= 1
            MOV PCON,# 00H          ;SMOD= 0
M1:         MOV SBUF,# 05H          ;呼叫05号从机
L1:         JBC TI,L2               ;地址号已发出,转应答
            SJMP L1                 ;地址号未发出等待
L2:         JBC RI,S1               ;等待从机应答
            SJMP L2                 ;循环等待
S1:         MOV A,SBUF              ;取出应答从机地址号
            XRL A,# 05H             ;判别是否为05号应答
            JZ RIG                  ;是05号从机,转发送数据
ERR:        MOV SBUF,# 00           ;不是05号从机,发复位信号
L3:         JBC TI,ER1              ;复位信号发完,转
            SJMP L3
ER1:        LJMP M1                 ;重新呼叫
RIG:        CLR TB8                 ;联络成功,清地址标识
            MOV R0,# 50H            ;发送数据地址→R0
            MOV R7,# 10H            ;数据长度→R7
LOOP:       MOV A,@ R0              ;取发送数据
            MOV SBUF,A              ;启动发送
```

```
WA:       JBC TI,CON              ;一字节发送完?
          SJMP WA                 ;未循环等待
CON:      INC R0                  ;指向下一字节
          DJNZ R7,LOOP            ;16字未发送完,送下一字节
          LJMP MAIN               ;循环发送
```

【程序分析】定时器 T1 选为工作方式 2,SMOD＝0,则计算得 TL1 初始值为 F4H。

05 号从机响应主机呼叫,将接收的数据放在内部 RAM 的 50H～5FH 中,其他条件与主机相同,则其接收程序清单为:

**示例代码 7-6**

```
          ORG 8000H
START:    MOV TMOD,#20H
          MOV TH1,#0F4H
          MOV TL1,#0F4H
          SETB TR1
          MOV PCON,#00H
S1:       MOV R0,#50H             ;接收数据首址→R0
          MOV R7,#10H             ;数据长度→R7
          MOV SCON,#0B0H          ;串行方式2,SM2=1,REN=1
SR1:      JBC RI,SR2              ;等待主机发送(监听状态)
          SJMP SR1
SR2:      MOV A,SBUF              ;取出呼叫地址
          XRL A,#05H              ;是否呼叫本机(05号)
          JNZ SR1                 ;不是本机,继续监听
          CLR SM2                 ;是本机,清SM2
          MOV SBUF,#05H           ;向主机发应答地址
WT:       JBC TI,SR2
          SJMP WT                 ;应答地址未发完,循环
SR3:      JBC RI,SR4              ;等待主机发送
          SJMP SR3
SR4:      JNB RB8,RIG             ;判断是复位信号?RB8=0,为数据
          SETB SM2                ;是复位信号,恢复"监听"
          LJMP SR1                ;转等待主机发送
RIG:      MOV A,SBUF              ;联络成功,取主机发送的数据
          MOV @R0,A               ;存数据
          INC R0                  ;指向下一地址
          DJNZ R7,SR3             ;数据块未接收完,循环
          LJMP S1                 ;重复接收
```

【程序分析】R0 用来作为接收数据的首地址，传输数据长度存放于 R7。

# 7.5 利用串口扩展键盘/显示接口

在单片机应用系统中，键盘和显示器是两种很重要的外设。键盘用于输入数据、代码和命令；显示器用来显示控制过程和运算结果。MCS-51 单片机应用系统中，当串行口不用作串行通讯时，可用来扩展并行 I/O 口（设定串行口工作在移位寄存器，方式 0 下）

## 7.5.1 利用串行口扩展显示器接口

利用串行口扩展显示器接口电路如图 7-29，图中 8031 的串行口工作于方式 0，只设计了两位 LED 静态显示，用户可以根据需要任意扩充，每扩展一片 74LS164，可以增加一位 LED 显示器。图 7-29 为利用 2 片串入并出移位寄存器 74LS164 作为 2 位静态显示器的显示输出口，欲显示的 8 为段码即字型码通过软件译码产生，并由 RXD 串行发送出去，这样，主程序可以不必扫描显示器，从而 CPU 能用于其他工作。

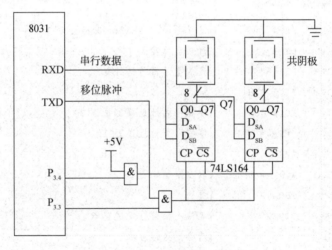

图 7-29 串行口扩展的显示器接口

在图 7-29 中 74LS164 是串行输入，并行输出移位寄存器，并带有清除端。其引脚如图 7-30 所示。

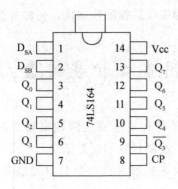

图 7-30　74LS164 引脚图

74LS164 引脚功能如下：

• $Q_0 \sim Q_7$：并行输入端。

• $DS_A \sim DS_B$：串行输入端。

• $\overline{Cr}$：清除端，低电平时，使 74LS164 输出清零。

• CP：时钟脉冲输入端，在 CP 脉冲的上升沿作用下实现移位。在 CP＝0，$\overline{Cr}$＝1 时，74LS164 保持原来数据状态。

相应程序如下：

```
START:    CLR    P3.4              ;清显示,使74LS164输出全为0
          SETB   P3.3              ;开放显示输入
          SETB   P3.4              ;开放显示器传送控制
          MOV    R1,#02H
          MOV    R0,#00H            ;字型码首地址偏移量送R0
          MOV    DPTR,#TAB          ;字型码首地址送DPTR
A1:       MOV    A,R0
          MOVC   A,@A+DPTR          ;取出字型码
          MOV    SBUF,A             ;发送
A2:       JNB    TI,A2             ;等待一帧数据发送完毕
          CLR    TI                ;清除发送标志位
          INC    R0                ;指向下一个字型码
          DJNZ   R1,A2
          CLR    P3.4              ;关闭显示器传送控制
TAB:      DB     ……               ;定义字型码表(根据需要定义)
```

## 7.5.2　利用串行口扩展键盘接口

### 1. 硬件电路设计

当在应用系统设计中，同时需要使用键盘和显示器接口时，为了节省 I/O 口线，常常把键盘和显示电路做在一起，构成实用的键盘、显示电路，以下介绍利用 8255 和

串行口扩展键盘/显示接口电路。

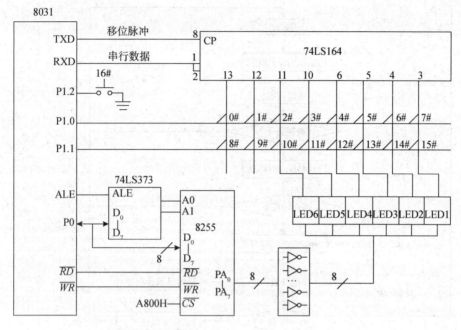

图 7-31　8255 及串行口扩展的键盘显示器电路原理图

用 8255（也可用 8155）和串行口扩展的键盘、显示器电路如上图 7-31 所示，LED 为共阴极显示器，需要显示的数据由 8255 的 A 口经 8 个反相器输入，设计输入 LED 显示的数据时应当注意，数据格式为：dp g f e d c b a。74LS164 将 8031 单片机送来的 8 位串行数据变成 8 位并行数据，送往键盘和显示器，作键盘的列扫描信号和显示器的位控信号。键盘的两根行线分别和单片机的 P1.0 和 P1.1 相连接，向单片机提供行信号。整个键盘设置了 17 个按键。其中 16♯按键为复用控制信号键，0♯ 至 15♯键为复用键。当 16♯键不按下时，0♯ 至 15♯键分别作十六进制数据 0 至 F 的按键用；当 16♯按键按下时，0♯ 至 15♯键分别作为 16 个功能键。8255 的 A 端口输出的数据经反相器送往显示器，作段码信号，8255 的四个端口地址分别为 A800H，A801H，A802H，A803H。

**2. 软件设计**

程序框图如图 7-32 所示。

（1）首先执行主程序，完成初始化工作，然后调用显示子程序，在显示器上给出提示符 d ┏，告诉操作者机器已准备好，可以接收键盘输入。

（2）当显示器上出现 d ┏提示符后，立即调用键盘子程序。这时，操作者可通过键盘输入数据或命令，经键盘扫描和按键分析，得到键号并存入 R2 中，返回主程序。

（3）在主程序中判断按键是否释放，如没有释放，调用显示子程序等待；如释放，则判断按下的键是数据键还是功能键，若是数据键，则将与键号相对应的数据送往显

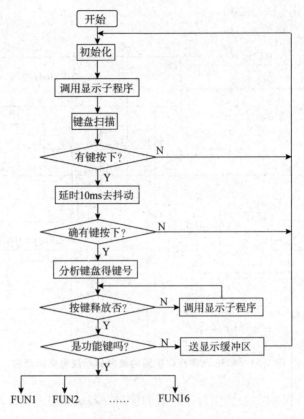

图 7-32　程序流程图

示缓冲区（本程序将显示缓冲区安排在片内 RAM 的 50H 至 55H 单元，显示缓冲区中存放的实际上是需要显示的数据在段码表中的偏移地址值），并在显示器的高 4 位上显示；若是功能键，则转入相应的功能键处理程序。

（4）在功能键处理程序中，若需要，可以从地址显示缓冲区中取出先前输入的数据作内部 RAM 或外部 RAM 的显示地址，也可作某些特定程序的启动地址。

程序清单如下：（主程序程序清单）

```
START:    MOV     SP,# 18H          ;设置堆栈指针
          MOV     A,# 80H           ;8255 控制字送累加器 A,
          MOV     DPTR,# 0A803H     ;8255 控制口地址送 DPTR
          MOVX    @ DPTR,A          ;置 8255 的 A 口为工作方式 0 输出
          MOV     R2,# 06H          ;显示缓冲区长度送 R2(6 个 LED 显示)
          MOV     R0,# 50H          ;显示缓冲区首地址送 R0
          MOV     DPTR,# CTAB       ;初始显示字符表首地址送 DPTR
LOOP:     CLRA
          MOVC    A,@ A+ DPTR       ;取出初始显示字符
          MOV     @ R0,A            ;初始显示字符送显示缓冲区
          INC     R0
```

```
               INC      DPTR
               DJNZ     R2,LOOP
               MOV      R4,# 04H          ;设置允许从键盘连续送数的最大次数
               MOVR     3,# 00H           ;设置送数次数计数器
LOOP1:         LCALL    DISP              ;调用显示子程序
               LCALL    KEYDE             ;调用键盘子程序
               JNZ      LOOP2             ;若 A 不为 0,有键按下,转 LOOP2
               SJMP     LOOP1             ;无键按下,转 LOOP1,循环扫描,显示
LOOP2:         MOV      A,R2              ;键号送 A
               JB       ACC. 4,FUN        ;键号大于 F 时,为功能键,转 FUN
               INC      R3                ;是数字键,计一次数
               LCALL    SHIFT             ;片内 RAM52H 至 55H 单元内容由低向高
                                          ;移动一个字节,R2 中键号送 52H 单元
               DJNZ     R4,LOOP1          ;按数字键次数不满 4 次,转 LOOP1
               MOV      R4,# 04H          ;按数字键满 4 次后,重新初始化 R3,R4
               MOV      R3,# 00H
               SJMP     LOOP1
CTAB:          DB       11H,11H,11H       ;初始显示字符表,显示灭,灭,灭
               DB       11H,0DH,10H       ;显示灭,d┌
FUN:           MOV      A,R2              ;功能键号送 A
               CLR      C
               RL       A                 ;功能键号左移 1 位
               SUBB     A,# 20H
               MOV      DPTR,# FTAB        ;功能键入口表首地址送 DPTR
               JMP      @ A+ DPTR          ;转功能键入口表
FTAB:          AJMP     FUN1
               AJMP     FUN2
……
               AJMP     FUN16
(键盘子程序 KEYDE)
KEYDE:         ACALL    CLEAR             ;显示空白,熄灭显示器
               ORL      P1,# 07H          ;P1 口的 P1.0～P1.2 输出 1
               ACALL    CCSCAN            ;键盘列线输出全 0,扫描整个键盘
KEY1:          JNB      P1.0,SCA1         ;第 1 行有键按下,则转 SCA1
               JB       P1.1,KEYERR       ;1,2 行均无键按下,转 KEYERR
SCA1:          ACALL    DL10ms            ;有键按下,延时 10ms 消抖
               JNB      P1.0,SCA2         ;第 1 行确有键按下,转 SCA2
               JB       P1.1,KEYERR       ;1,2 行均无按键,是键抖动,转 KEYERR
SCA2:          MOV      R6,# 0FEH         ;为先扫描第 1 列作准备
```

```
            MOV      R2,# 00H              ;列号送 R2
            MOV      R7,# 08H              ;共 8 列键
KEY5:       MOV      A,R6                  ;扫描数据送 A
            MOV      SBUF,A                ;逐列扫描
AGAIN:      JNB      TI,AGAIN              ;等待串行口数据发送完
            CLR      TI                    ;发送完,清串行口中断标志
            JNB      P1.0,SCA0             ;第 1 行有键按下,则转 SCA0
            JB       P1.1,NEXT             ;1,2 行无键按下,转 NEXT
            MOV      R1,# 08H              ;第 2 行有键按下,行值 08H 送 R1
            SJMP     SCA4                  ;扫描数据送 A
NEXT:       MOV      A,R6                  ;指向下一列
            RL       A                     ;保存左移值
            MOV      R6,A                  ;列号加 1
            INC      R2                    ;8 列未完,开始下一列扫描
            DJNZ     R7,KEY5               ;8 列扫描完,无按键,为干扰,转 KEYERR
            JMP      KEYERR                ;第 1 行有键按下,行值 00H 送 R1
SCA0:       MOV      R1,# 00H              ;R1 中行值送 A
SCA4:       JB       P1.2,SCA3            ;复用控制键未按下,转 SCA3
            MOV      A,R1                  ;R1 中行值送 A
            ADD      A,# 10H              ;复用控制键按下,行值加 10H
ACA3:       MOV      R1,A                  ;行值存于 R1
            ACALL    CCSCAN               ;键盘全列置 0 扫描
KEY6:       JNB      P1.0,KEY7             ;等待按键释放
            JNB      P1.1,KEY7
            SJMP     OUT                   ;键释放,转 OUT
KEY7:       ACALL    DISP                  ;键未释放,调用显示子程序
            ACALL    CLEAR                 ;显示空白,熄灭显示器
            ACALL    CCACAN               ;键盘全列置 0 扫描
            SJMP     KEY6                  ;继续等待按键释放
OUT:        MOV      A,R1                  ;行号送 A
            ADD      A,R2                  ;行号加列号得键号
            MOV      R2,A                  ;键号送 R2
            MOV      A,# 01H              ;使 A 为非零,有键按下的标志
            RET      ;返回主程序
KEYERR:     MOV      A,# 00H              ;A 等于 0,无键按下的标志
            RET      ;返回主程序
```

有关子程序如下:

```
;DL10ms,              CLEAR,CCSCAN
DL10ms:     MOV      R7,# 0AH              ;延时 10ms 子程序
```

```
DLA0:     MOV      R6,#0FFH
DLA1:     DJNZ     R6,DLA1
          DJNZ     R7,DLA0
          RET                       ;子程序返回
                                    ;使 6 个 LED 显示器全部熄灭的子程序 CLEAR
CLEAR:    MOV      A,#0FFH          ;熄灭显示器的字型码送累加器 A
          MOV      DPTR,#0A800H     ;8255 的 PA 口地址送 DPTR
          MOV      X@DPTR,A         ;PA 口输出全 1,使显示器显示空白
          RET                       ;子程序返回
                                    ;全列置 0 扫描键盘子程序 CCSCAN
CCSCAN:   MOV      A,#00H
          MOV      SBUF,A           ;键盘列线输出全 0
WAIT:     JNB      TI,WAIT          ;等待串行口数据发送完
          CLR      TI               ;发送完,清串行口中断标志
          RET                       ;子程序返回
                                    ;显示子程序 DISP
DISP:     SETB     PSW.4            ;选 2 区工作寄存器
          MOV      R6,#06H          ;显示缓冲区长度送 R6
          MOV      R7,#20H          ;显示器位控码送 R7
          MOV      R1,#50H          ;显示缓冲区首地址送 R1
DISP1:    MOV      DPTR,CSTAB       ;段码即字型码表首地址送 DPTR
          MOV      A,@R1            ;取显示缓冲区字符
          MOV      CA,@A+DPTR       ;查表得对应段码送 A
          MOV      DPTR,#0A800H     ;8255PA 口地址送 DPTR
          MOV      X@DPTR,A         ;PA 口输出段选码
          MOV      A,R7             ;位控码送 A
          MOV      SBUF,A           ;发送位控码
WAIT2:    JNB      TI,WAIT2         ;等待位控码发送完
          CLR      TI               ;发送完,清中断标志
          ACALL    DL2ms            ;调用延时 2ms 子程序
          INC      R1               ;修改显示缓冲区地址
          RR       A                ;位控码右移 1 位,准备显示下一位
          MOV      R7,A             ;位控码保存于 R7 中
          DJNZ     R6,DISP1         ;6 位未显示完,继续显示下一位
          CLR      PSW.4            ;6 位全显示完,恢复原寄存器区
          RET                       ;子程序返回
CSTAB:    DB       0C0H,0F9H,0A4H   ;段码显示 0,1,2
          DB       0B0H,99H,92H     ;段码显示 3,4,5
          DB       82H,0F8H,80H     ;显示 6,7,8
```

— 187 —

| | DB | 98H,88H,83H | ;显示 9,A,B |
|---|---|---|---|
| | DB | 0C6H,0A1H,86H | ;显示 C,D,E |
| | DB | 8EH,0CEH,0FFH | ;显示 F,「,"灭" |
| DL2ms: | MOV | R3,#02H | ;延时 2ms 子程序 |
| DLA2: | MOV | R4,#0FFH | |
| DLA3: | DJNZ | R4,DLA3 | |
| | DJNZ | R3,DLA2 | |
| | RET | | |
| | | | ;地址显示缓冲区移位子程序 SHIFT |
| SHIFT: | MOV | 56H,R3 | ;键盘送数次数送片内 RAM56H 单元 |
| | MOV | R6,#03H | |
| | MOV | R0,#54H | |
| | MOV | R1,#55H | |
| SHIFT1: | MOV | A,@R0 | ;52H-55H 单元的内容由低向高移动一个字节 |
| | MOV | @R1,A | |
| | DEC | R0 | |
| | DEC | R1 | |
| | DJNZ | R6,SHIFT1 | |
| | MOV | A,R2 | ;新键号送 52H 单元 |
| | MOV | @R1,A | |
| | RET | | ;子程序返回 |

说明：在扫描键盘前应熄灭显示器，即向 8255 的 PA 口输出显示空白的段码 0FFH，这样不会因为对键盘的扫描而干扰显示器的显示。键盘扫描中的延时 10ms 消除抖动，即可用专用的延时子程序实现，也可用 DISP 显示子程序实现。本例中显示完 6 位 LED 所需时间为 12ms 以上，如果用显示子程序延时，显示效果更好，因为显示为动态显示，所以在按键未释放之前，应不断调用显示子程序，否则，按键时间过长显示器将熄灭。另外，本例中没有考虑显示器的驱动问题。在实际应用中必须要考虑这一点，如果驱动器驱动能力差，显示器亮度就低，而且驱动器长期在超负荷下运行则很容易损坏。

# 7.6 SPI 和 I²C 总线接口

SPI（Serial Peripheral Interface）是同步串行外围接口，用于与各种外围器件进行通信。这些外围器件可以是简单的 TTL 移位寄存器、复杂的 LCD 显示驱动器或 A/D 转换子系统。SPI 系统可以容易地与许多厂家的各种标准外围器件直接连接。在多主机系统中 SPI 还可用于 MCU 之间的通信。

### 7.6.1　SPI 总线接口

**1. SPI 总线接口简介**

当 MCU 片内 I/O 功能或存储器不能满足需要时，可用 SPI 与各种外围器件相连，扩展 I/O 功能。这也是扩展 I/O 功能的最方便、最简单的方法，突出优点是只需 3 根－4 根线就可实现 I/O 功能扩展。SPI 主要特性如下：

- 全双工，三线同步传输。
- 主机或从机工作。
- 1.05MHZ 最大主机位速率。
- 四种可编程主机位速率。
- 可编程串行时钟极性与相位。
- 发送结束中断标志。
- 写冲突保护
- 总线竞争保护

SPI 子系统可以在软件控制下构成复杂或简单的系统，如：一个主 MCU 和几个从 MCU；几个 MCU 互连，构成多主机系统以及主 MCU 和一个或多个从外围器件。

多数应用场合用一个 MCU 作为主机，它触发和控制向一个或多个从外围器件传输数据或控制多个外围器件（从机）向主机传送数据。这些外围器件接收或提供传输的数据。

单主机 SPI 系统连接图如图 7-33 所示。这种主从 SPI 可用于 MCU 与外围器件（包括其他 MCU）进行全双工、同步串行通信。SPI 可以同时发出和接收串行数据。当 SPI 工作时，在 8 位移位寄存器中的数据逐位从输出引脚输出（高位在前），同时从输入引脚接收的数据逐位移到 8 位移位寄存器（高位在前）。发出一个字节后，从另一个外围器件接收的字节数据进入 8 位移位寄存器。主 SPI 的时钟信号使传输过程同步。

许多简单的从外围器件只能接收主 SPI 的数据或只向主机发送数据。例如，串行－并行移位寄存器只能作为 8 位输出口。设置为主机的 MCU SPI 控制向移位寄存器的发送过程。由于移位寄存器并不向 SPI 发出数据，SPI 可忽略接收的数据。

在 SPI 结构中，D 口的四个 I/O 引脚与 SPI 数据传输有关。这些引脚是：主机输入/从机输出端 MISO（$PD_2$）、主机输出/从机输入端 MOSI（$PD_3$）、串行时钟端 SCK（$PD_4$）和从机选择端 SS（$PD_5$）。当 SPI 被禁止时，这四个引脚作为通用输入端。当 SPI 允许时，这四个引脚用于 SPI。

多主机 SPI 系统连接方法 7-34 所示。

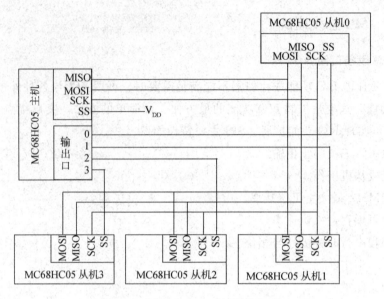

图 7-33 单主机 SPI 系统连接方法

MOSI 和 MISO 这两个数据引脚用于接收和发送串行数据,高位 MSB 在先,低位 LSB 在后。当 SPI 设置为主机时,MISO 是主机数据输入端,MOSI 是主机数据输出端。当 SPI 设置为从机时,MISO 是从机数据输出端,MOSI 是从机数据输入端。

SCK 是通过 MISO 和 MOSI 输入或输出数据的同步时钟。当 SPI 设置为主机时,SCK 是主机时钟输出端;当 SPI 设置为从机时,SCK 是从机时钟输入端。

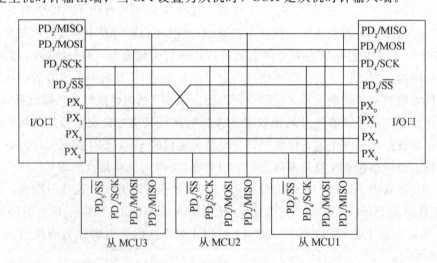

图 7-34 多主机 SPI 系统连接方法

当 SPI 设置为主机时,SCK 信号由内部 MCU 总线时钟获得。当主机启动一次传输时,在 SCK 引脚自动产生 8 个时钟周期。对于主机或从机,都是从一个跳变沿进行采样,在另一个跳变沿移位输出或输入数据。

SS 用于选择允许接收主器件的时钟和数据的从器件。在数据传输之前 SS 必须变为低，并在传输过程中保持为低。主机的 SS 必须接到高电平。

**2. 常用的 SPI 串行总线接口器件**

（1）带 SPI 接口的 RAM/EEPROM 存储器，如：MC68HC68R1/R2 和 MCM2814。

（2）带 SPI 接口的 A/D 转换器，如：MC145040/MC145041。MC145050/MC145051/MC145052 的封装形式与 MC145040/MC145041 相同，但只有 DIP 和 SO 两种，而没有 PLCC 封装形式。

（3）带 SPI 接口的 D/A 转换器，如：MC144110 和 MC14111。

（4）带 SPI 接口的 LED/LCD 显示驱动器，如：MC14489、MC14499、MC145000 和 MC145001。

（5）带 SPI 接口的实时时钟电路，如：MC68HC68T1 是一种多功能实时时钟 CMOS 电路，包括实时时钟/日历、32 字节静态 RAM、复位控制电路、监视跟踪定时器和同步串行接口，其主要性能如下：

- 实时时钟有秒、分、时（AM/PM）、星期、日、月、年（0～99），自动闰年；
- 32 字节静态 RAM；
- 最低工作电压义 2.2V；
- 时钟或 RAM 读写地址可自动加 1；
- 可选择晶振或 50/60Hz 输入；
- 寄存器中为 BCD 数据；
- 时钟读出时具有冻结电路，可简化软件；
- 具有串行接口，可直接与 SPI 或 SIOP 相连；
- 在 CPU 工作不正常时，数据不易被破坏，可靠性高；
- 经过缓冲的时钟输出可驱动 CPU 时钟、定时器或 LCD；
- 具有第一次发生上电复位的时间标志；
- 三种独立的中断方式——闹钟、周期或掉电检测；
- CPU 复位输出可保证正常的电源上电和掉电操作；
- 具有监视跟踪定时器电路，复位周期为 7.8s～10ms；
- 时钟可自动选择的晶振或外部输入。

### 7.6.2　I²C 总线接口

**1. I²C 总线接口简介**

I²C（Inter Intergrated Circuit）总线是一种用于 IC 器件之间连接的二线制总线。它通过两根线（SDA，串行数据线；SCL，串行时钟线）连到总线上的器件之间传送信息，根据地址识别每个器件（不管是微控制器、LCD 驱动器、存储器还是键盘接口），根据器件的功能可以工作于发送或接收方式。I²C 总线接口电路结构如图 7-35

所示。

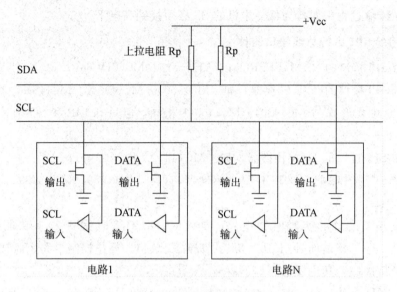

图 7-35  I²C 总线接口电路

对于发送器和接收器而言，在进行数据传送时可以是主器件，也可以是从器件，主器件用于启动总线上传送数据并产生时钟以开放传送的器件，此时任何被寻址的器件均被认为是从器件，总线上至和从、发送和接收的关系不是永久的，而仅取决于此时数据传送的方向。

SDA 和 SCL 都是双向 I/O 线，通过上拉电阻接正电源。当总线空闲时，2 根线都是高电平。连接总线器件的输出级必须是开漏或集电极开路，以具有线"与"功能。I²C总线上数据传送的最高速率为 100Kb/s，连到总线上器件数量仅受总线电容 400pF 的限制。

送到 SDA 线上的每个字节必须为 8 位，每次传送的字节数不限，每个字节后面必须跟 1 个响应位。数据传送时，先传最高位。如果接收器件不能接收下一个字节（例如正在处理一个内部中断，在这个中断处理完前就不能接收 I²C 总线上的数据字节），可以使时钟保持低电平，迫使主器件处于等待状态。当从机准备好接收下一个数据字节释放 SCL 线后继续传送。

数据传送过程中，确认数据是必须的。认可位对应于主器件的一个时钟，在此时钟内发送器件释放 SDA 线，而接收器件必须将 SDA 线拉成低电平，使 SDA 在该时钟的高电平期间为稳定的低电平。

通常被寻址的接收器件必须在收到每个字节后作出响应，若从器件正在处理一个实时事件不能接收而不对地址认可时，从器件必须使 SDA 保持高电平，此时主器件产生一个结束信号使传送异常结束。

发生在 SDA 线上的总线竞争是这样进行的：如果一个主器件发送高电平，而另一个主器件发送一个低电平，此时其发送电平与 SDA 总线上电平不对应的器件自动关掉其输出级。当然，也可以有多个主器件参与竞争，这取决于 $I^2C$ 总线上主器件的数目。总线竞争可以在许多位上进行。第一级竞争是地址位的比较，如果主器件寻址同 1 个从器件，则下一步竞争进入数据位的比较，因为是利用 $I^2C$ 总线上信息进行仲裁，所以信息不会丢失。

在 $I^2C$ 总线上传送信息时的时钟同步是由连在 SCL 线上的器件的逻辑"与"完成的。SCL 线上由高到低的跳变将影响有关的器件，使它们开始进入低电平期。一旦一个器件时钟跳为低电平，将使 SCL 线保持低电平直至该时钟到达高电平。

当所有器件结束它们的低电平期时，时钟线被释放返回高电平。这样使器件时钟之间没有差别，而所有的器件都同时开始它们的高电平期。之后，第一个结束高电平期的器件又将 SCL 线拉成低电平。这样就在 SCL 线上产生 1 个同步时钟，时钟低电平时间由时钟低电平期最长的器件确定，而时钟高电平时间由时钟高电平期最短的器件确定。

$I^2C$ 总线还设有广播呼叫地址用于寻址总线上的所有器件。若一个器件不需要广播呼叫寻址中所提供的任何数据，该器件可以忽略该地址，不作响应。如果器件需要广播呼叫寻址中提供的数据，该器件应对地址作出响应。其表现为一个接收器。第二个和接着的数据字节为每个从器件所响应并接收处理。从器件对不能处理的字节应忽略，并不作出响应。

$I^2C$ 总线可十分方便地用于构成由一个单片机和一些外围器件组成的单片机系统；这样的系统价格低，器件间总线简单，结构紧凑。这种总线结构虽然没有并行总线那样大的吞吐能力，但连接线和连接引脚少。在总线上加接器件不影响系统正常的工作，系统修改和可扩展性好，同时，如果不同时钟速度的器件连接到总线上，仍能确定总线的时钟。

# 本章小结

本章主要介绍了串行通信的基本概念和 MCS-51 串行口的结构组成。MCS-51 单片机芯片内部有一个可编程全双工的串行通信接口。串行通信的通信方式有 4 种：方式 0、方式 1、方式 2、方式 3。方式 0 和方式 2 的波特率固定。

方式 0 为移位寄存器输入/输出方式，这种方式用于串行口的扩展。

方式 1 为 8 位数据异步接收/发送方式。

方式 2 为 9 位数据异步接收发送方式，波特率只有两种选择，不受定时器控制。

方式 3 为 9 位数据异步接收发送方式。波特率收定时器控制。

发送和接收 SBUF 时是 2 个独立的寄存器，互相不会产生干扰，它们公用同一个寄存地址 99H。

串行口有两个特殊功能寄存器 SCON 用于设置串行口的工作方式和 PCON 用于设

置波特率。

在单片机应用系统中，键盘和显示器是两种很重要的外设。键盘用于输入数据、代码和命令；显示器用来显示控制过程和运算结果。利用串行接口可以用于扩展键盘/显示接口。

# 思考题与习题

1. 简述串行数据传送的特点。

2. 调制解调器（Modem）的功能是什么？

3. 串行通信的基本任务是什么？

4. 简述串行通信的四种工作方式。

5. 异步通信和同步通信的主要区别是什么？MCS-51 串行口有没有同步通信功能？

6. 串行通信有按照数据传送方向可分为哪几种方式，各自有什么特点？

7. 通信波特率的定义是什么？它和字符的传送率之间有何区别？

8. 简述 MCS-51 串行口在四种工作方式下的字符格式。

9. MCS-51 串行口控制寄存器 SCON 中的 SM2 的含义是什么？主要在什么方式下使用？

10. 用定时器 1 作为波特率发生器，并把系统设置成工作方式 2，系统时钟频率为 12MHZ，求可能产生的最高和最低波特率。

11. 设定时器 1 处于方式 2，PCON＝00H，单片机处于串行工作方式 1，要产生 1200b/s 的波特率，设单片机晶振频率分别为 6MHz 和 12MHz，分别求在这两种频率下，T1 的定时初值。

12. 在使用串行口进行异步传送数据时，CPU 和外设之间必须有的两项规定是什么？

13. 请用中断法编写出串行口在方式 1 下的接收程序。设单片机主频为 6MHz，波特率为 600bps，接收数据缓冲区在外部 RAM，起始地址为 BLOCK，接收数据区长度为 100，采用奇校验，假设数据块长度要发送。

# 第8章 MCS-51 单片机系统扩展与接口技术

本章主要讲解 MCS-51 单片机外部 I/O 口的基本使用方法和常用外围电路的特点及使用方法。通过本章的学习，读者应该实现如下几个目标：

- 掌握 MCS-51 单片机基本接口技术；
- 掌握 MCS-51 单片机存储器的扩展；
- 掌握 MCS-51 单片机可编程 I/O 口扩展；
- 了解 MCS-51 单片机 LED 显示器接口电路及显示程序；
- 了解 MCS-51 单片机键盘接口技术。

## 8.1 MCS-51 单片机系统扩展概述

单片机芯片内具有 CPU、ROM、RAM、定时器/计数器及 I/O 口等，因此一个单片机芯片事实上已经是一台名副其实的计算机了。但由于单片机内部资源毕竟有限，在许多较为复杂的技术应用中，其内部资源可能不够用。这时，必须对单片机系统进行资源性扩展，从而构成一个功能更强的单片机系统。

### 8.1.1 MCS-51 扩展系统的结构

MCS-51 单片机属总线结构型单片机，系统扩展通常采用总线结构形式。所谓总线，就是指连接系统中各扩展部件的一组公共信号线。

如图 8-1 所示，整个扩展系统以 8051 芯片为核心，通过三类总线把各扩展部件连接起来。这三类总线即地址总线、数据总线和控制总线，下面分别予以介绍。

#### 1. 地址总线（Address Bus，简写为 AB）

地址总线可传送单片机送出的地址信号，用于访问外部存储器单元或 I/O 端口。地址总线是单向的，地址信号只是由单片机向外发出。地址总线的数目决定了可直接访问的存储器单元的数目。例如 N 位地址，可以产生 $2^N$ 个连续地址编码，因此可访问 $2^N$ 个存储单元，即通常所说的寻址范围为 $2^N$ 个地址单元。MCS-51 单片机有十六位地址线，因此存储器展范围可达 $2^{16} = 64KB$ 地址单元。挂在总线上的器件，只有地址被选中的单元才能与 CPU 交换数据，其余的都暂时不能操作，否则会引起数据冲突。

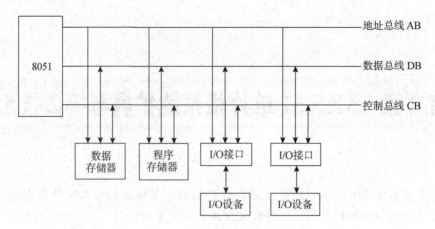

图 8-1　8051 芯片系统扩展结构图

**2. 数据总线（Data Bus，简写为 DB）**

数据总线用于在单片机与存储器之间或单片机与 I/O 端口之间传送数据。单片机系统数据总线的位数与单片机处理数据的字长一致。例如 MCS-51 单片机是 8 位字长，所以数据总线的位数也是 8 位。数据总线是双向的，即可以进行两个方向的数据传送。

**3. 控制总线（Control Bus，简写为 CB）**

控制总线实际上就是一组控制信号线，包括单片机发出的，以及从其他部件送给单片机的各种控制或联络信号。对于一条控制信号线来说，其传送方向是单向的，但是由不同方向的控制信号线组合的控制总线则表示为双向的。

总线结构形式大大减少了单片机系统中连接线的数目，提高了系统的可靠性，增加了系统的灵活性。此外，总线结构也使扩展易于实现，各功能部件只要符合总线规范，就可以很方便地接入系统，实现单片机扩展。

整个扩展系统以 8051 芯片为核心，通过总线把各扩展部件连接起来，其情形有如各扩展部件"挂在总线上一样。扩展器件包括 ROM、RAM 和 I/O 接口电路等。因为扩展是在单片机芯之外进行的，因此通常把扩展的 ROM 称之为外部 ROM，把扩展 RAM 称之为外部 RAM。

## 8.1.2　单片机扩展的实现

8051 单片机扩展系统的总线结构如图 8-2 所示。

MCS-51 单片机的 P0 口，是一个地址/数据分时复用口。即在某些时钟周期时，P0 口传送低八位地址，这时 ALE 为高电平有效；而在其他时钟周期时传送数据，这时 ALE 为无效的低电平。利用 P0 口输出低八位地址和 ALE 同时有效的条件，即可用锁存器（图中 74LS373）把低八位地址锁存下来。所以系统的低八位地址是从锁存器输出端送出的，而 P0 口本身则又可直接传送数据。高八位地址总线则是直接由 P2 口组成的。CPU 的每一条控制信号引脚的组合，即构成了控制总线。

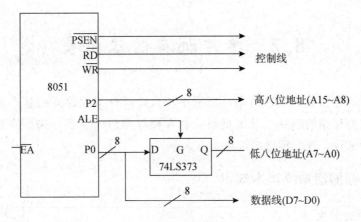

**图 8-2  单片机扩展构造图**

图 8-2 中 74LS373 为 8D 锁存器芯片，其引脚分布及功能如图 8-3 所示。

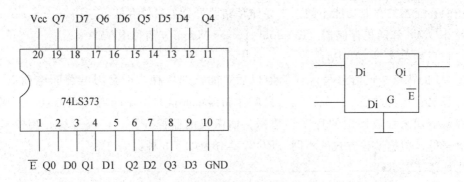

**图 8-3  74LS373 芯片引脚功能图**

由表 8-1 可知，将 74LS373 芯片 $\overline{E}$ 端接地，G 端接 8051 的 ALE 信号，数据输入端 D7－D0 接 P0 口，输出端 Q7－Q0 接外部程序存储器 A7－A0 端，当 ALE 为高电平时，将 P0 口送出地址低八位信号送 373 内部锁存器保存；当 ALE 为低电平时，74LS373 输出低 8 位地址信息不变。因此当 P0 口用来作数据总线时，不会造成地址低 8 位信息的丢失。P2 口始终输出高 8 位信号，故无需加地址锁存电路。

**表 8-1  74LS373 功能表**

| $\overline{E}$ | G | 功　能 |
|---|---|---|
| 0 | 1 | 取数　Qi＝Di |
| 0 | 0 | 保持　Qi 不变 |
| 1 | X | 输出高阻 |

197

# 8.2  单片机存储器扩展

单片机外部存储器扩展思路是：根据单片机访问外部存储器的基本时序及工作速度，选择相应的存储器芯片，并根据系统对存储器容量的要求，选择容量合适的存储器芯片。一般来说，这二种选择都应留有余量。

## 8.2.1  存储器系统基本知识

### 1. 存储器的分类

按照存储介质不同，可以将存储器分为半导体存储器、磁存储器、激光存储器。

这里我们只讨论构成内存的半导体存储器。

按照存储器的存取功能不同，半导体存储器可分为只读存储器（Read Only Memory 简称 ROM）和随机存储器（Random Access Memory 简称 RAM）

（1）只读存储器（ROM）

ROM 的特点是把信息写入存储器以后，能长期保存，不会因电源断电而丢失信息。计算机在运行过程中，只能读出只读存储器中的信息，不能再写入信息。一般地，只读存储器用来存放固定的程序和数据，如微机的监控程序、汇编程序、用户程序、数据表格等。根据编程方式的不同，ROM 共分为以下 5 种：

①掩模工艺 ROM

这种 ROM 是芯片制造厂根据 ROM 要存贮的信息，设计固定的半导体掩模版进行生产的。一旦制出成品之后，其存贮的信息即可读出使用，但不能改变。这种 ROM 常用于批量生产，生产成本比较低。微型机中一些固定不变的程序或数据常采用这种 ROM 存贮。

②可一次性编程 ROM（PROM）

为了使用户能够根据自己的需要来写 ROM，厂家生产了一种 PROM。允许用户对其进行一次编程——写入数据或程序。一旦编程之后，信息就永久性地固定下来。用户可以读出和使用，但再也无法改变其内容。

③紫外线擦除可改写 ROM（EPROM）

可改写 ROM 芯片的内容也由用户写入，但允许反复擦除重新写入。EPROM 是用电信号编程而用紫外线擦除的只读存储器芯片。在芯片外壳上方的中央有一个圆形窗口，通过这个窗口照射紫外线就可以擦除原有的信息。由于阳光中有紫外线的成分，所以程序写好后要用不透明的标签封窗口，以避免因阳光照射而破坏程序。EPROM 的典型芯片是 Intel 公司的 27 系列产品，按存储容量不同有多种型号，例如 2716（2KB×8）、2732（4KB×8）、2764（8KB×8）、27128（16KB×8）、27256（32KB×8）等，型号名称后的数字表示其存储容量。

④电擦除可改写 ROM（EEPROM 或 E²PROM）

这是一种用电信号编程也用电信号擦除的 ROM 芯片，它可以通过读写操作进行逐个存储单元读出和写入，且读写操作与 RAM 存储器几乎没有什么差别，所不同的只是写入速度慢一些。但断电后却能保存信息。典型 E²PROM 芯片有 28C16、28C17、2817A 等。

⑤快擦写 ROM（flash ROM）

E²PROM 虽然具有既可读又可写的特点，但写入的速度较慢，使用起来不太方便。而 flash ROM 是在 EPROM 和 E²PROM 的基础上发展起来的一种只读存储器，读写速度都很快，存取时间可达 70ns，存储容量可达 16MB～128MB。这种芯片可改写次数可从 1 万次到 100 万次。典型 flash ROM 芯片有 28F256、28F516、AT89 等。

（2）随机存储器 RAM（也叫读写存储器）

读写存储器 RAM 按其制造工艺又可以分为双极型 RAM 和金属氧化物 RAM。

①双极型 RAM

双极型 RAM 的主要特点是存取时间短，通常为几到几十纳秒（ns）。与下面提到的 MOS 型 RAM 相比，其集成度低、功耗大，而且价格也较高。因此，双极型 RAM 主要用于要求存取时间短的微型计算机中。

②金属氧化物（MOS）RAM

用 MOS 器件构成的 RAM 又分为静态读写存储器（SRAM）和动态读写存储器（DRAM）。

①静态 RAM（SRAM）

静态 RAM 的基本存储单元是 MOS 双稳态触发器。一个触发器可以存储一个二进制信息。静态 RAM 的主要特点是，其存取时间为几十到几百纳秒（ns），集成度比较高。目前经常使用的静态存储器每片的容量为几 KB 到几十 KB。SRAM 的功耗比双极型 RAM 低，价格也比较便宜。

②动态 RAM（DRAM）

动态 RAM 的存取速度与 SRAM 的存取速度差不多。其最大的特点是集成度特别高。其功耗比 SRAM 低，价格也比 SRAM 便宜。DRAM 在使用中需特别注意的是，它是靠芯片内部的电容来存贮信息的。由于存贮在电容上的信息总是要泄漏的，所以，每隔 2ms 到 4ms，DRAM 要求对其存贮的信息刷新一次。

③集成 RAM（i RAM）

集成 RAM（Integrated RAM），缩写为 i RAM，这是一种带刷新逻辑电路的 DRAM。由于它自带刷新逻辑，因而简化与微处理器的连接电路，使用它和使用 SRAM 一样方便。

④非易失性 RAM（NVRAM）

非易失性 RAM（Non－Volatile RAM），缩写为 NVRAM，其存储体由 SRAM 和 EEPROM 两部分组合而成。正常读写时，SRAM 工作；当要保存信息时（如电源掉

电），控制电路将 SRAM 的内容复制到 EEPROM 中保存。存入 EEPROM 中的信息又能够恢复到 SRAM 中。

NVRAM 既能随机存取，又具有非易失性，适合用于需要掉电保护的场合。

**2. 存储器的主要性能指标**

（1）存贮容量

不同的存储器芯片，其容量不一样。通常用某一芯片有多少个存贮单元，每个存贮单元存贮若干位来表示。例如，静态 RAM6264 的容量为 8KB×8bit，即它有 8K 个单元（1K＝1024），每个单元存贮 8 位（一个字节）数据。

（2）存取时间

存取时间即存取芯片中某一个单元的数据所需要的时间。在计算机工作时，CPU 在读写 RAM 时，它所提供的读写时间必须比 RAM 芯片所需要的存取时间长。如果不能满足这一点，微型机则无法正常工作。

（3）可靠性

微型计算机要正确地运行，必然要求存储器系统具有很高的可靠性。内存的任何错误就足以使计算机无法工作。而存储器的可靠性直接与构成它的芯片有关。目前所用的半导体存储器芯片的平均故障间隔时间（MTBF）大概是（$5 \times 10^6 \sim 1 \times 10^8$）小时左右。

（4）功耗

使用功耗低的存储器芯片构成存储器系统，不仅可以减少对电源容量的要求，而且还可以提高存贮系统的可靠性。

## 8.2.2 访问外部程序、数据存储器的时序

单片机通过外部三总线来访问外部存储器，其过程可用 CPU 操作时序来说明。

**1. 访问外部程序存储器时序**

控制信号有 ALE 和 $\overline{\text{PSEN}}$，$P_0$ 与 $P_2$ 口用作 16 位地址线，$P_0$ 口作 8 位数据线（传送指令代码）。操作时序如图 8-4 所示，其操作过程如下。

（1）在 $S_1P_2$ 时刻产生 ALE 信号。

（2）由 $P_0$、$P_2$ 口送出 16 位地址，由于 $P_0$ 口送出的低 8 位地址只保持到 $S_2P_2$，所以要利用 ALE 的下降沿信号将 $P_0$ 口送出的低 8 位地址信号锁存到地址锁存器中。而 $P_2$ 口送出的高 8 位地址在整个读指令的过程中都有效，因此不需要对其进行锁存。从 $S_2P_2$ 起，ALE 信号失效。

（3）从 $S_3P_1$ 开始，$\overline{\text{PSEN}}$ 开始有效，对外部程序存储器进行读操作，将选中的单元中的指令代码从 $P_0$ 口读入，$S_4P_2$ 时刻，$\overline{\text{PSEN}}$ 失效。

（4）从 $S_4P_2$ 后开始第二次读入，过程与第一次相似。

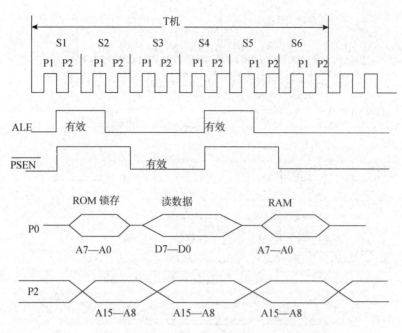

图 8-4　MCS-51 系列单片机访问外部程序存储器的时序图

**2. 访问外部数据存储器时序**

对外部数据存储器的访问是通过执行 MOVX 指令来实现的，MOVX 指令是一种单字节双周期指令，从取指到执行需要 2 个机器周期的时间。

访问外部数据存储器的时序，分为读时序和写时序两种。控制信号用到 ALE、$\overline{RD}$、$\overline{WR}$，P0、P2 口作 16 位地址线，P0 口作 8 位数据线。读和写两种操作过程是基本相同的，唯一的不同之处是，读时序用到的是 $\overline{RD}$ 信号，写时序用到的是 $\overline{WR}$ 信号。下面以读时序为例进行介绍，其相应的操作时序如图 8-5 所示。

访问外部数据存储器的操作过程如下：

（1）从第 1 次 ALE 有效到第 2 次 ALE 开始有效期间，P0 口送出外部 ROM 单元的低 8 位地址，P2 口送出外部 ROM 单元的高 8 位地址，并在 $\overline{PSEN}$ 有效期间，读入外部 ROM 单元中的指令代码。

（2）在第 2 次 ALE 有效后，P0 口送出外部 RAM 单元的低 8 位地址，P2 口送出外部 RAM 单元高 8 位地址。

（3）在第 2 个机器周期，第 1 次 ALE 信号不再出现，此时 $\overline{PSEN}$ 也失效，并在第 2 个机器周期的 S1P1 时，$\overline{RD}$ 信号开始有效，从 P0 口读入选中 RAM 单元中的内容。

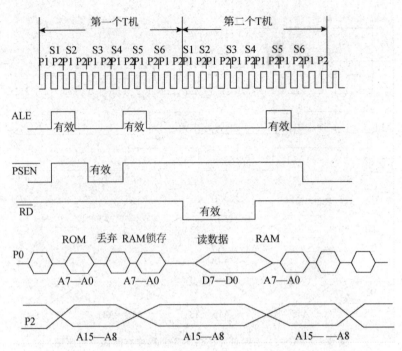

**图 8-5　MCS-51 系列单片机访问外部数据存储器的时序图**

## 8.2.3　存储器扩展的编址技术

进行存储器扩展时，可供使用的编址方法有两种，即：线选法和译码法。

### 1. 线选法

所谓线选法，就是直接以系统的地址作为存储芯片的片选信号，为此只需把高位地址线与存储芯片的片选信号直接连接即可。特点是简单明了，不需增加另外电路。缺点是存储空间不连续。适用于小规模单片机系统的存储器扩展。

【例 8-1】现有 2K * 8 位存储器芯片，需扩展 8K * 8 位存储结构采用线选法进行扩展。

扩展 8KB 的存储器结构需 2KB 的存储器芯片 4 块。2K 的存储器所用的地址线为 $A_0 \sim A_{10}$ 共 11 根地址线和片选信号与 CPU 的连接如表 8-2 所示。

**表 8-2　80C51 与存储器的线路连接**

| 80C51 | 存储器 |
|---|---|
| $P_0$ 口经锁存器锁存形成 $A_0 \sim A_7$ | 与 $A_0 \sim A_7$ 相连 |
| $P_{2.0}$、$P_{2.1}$、$P_{2.2}$ | 与 $A_8 \sim A_{10}$ 相连 |
| $P_0$ 口 | 与 $D_0 \sim D_7$ 相连 |
| $P_{2.3}$ | 与存储器 1 的片选信号 $\overline{CE}$ 相连 |

（续表）

| 80C51 | 存储器 |
|---|---|
| $P_{2.4}$ | 与存储器 2 的片选信号 $\overline{CE}$ 相连 |
| $P_{2.5}$ | 与存储器 3 的片选信号 $\overline{CE}$ 相连 |
| $P_{2.6}$ | 与存储器 3 的片选信号 $\overline{CE}$ 相连 |

扩展存储器的硬件连接如图 8-6 所示。

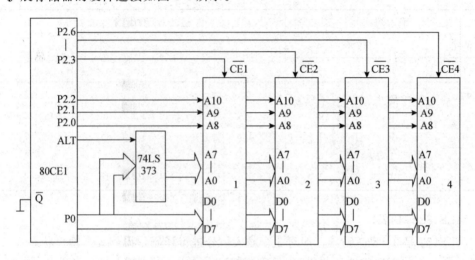

**图 8-6　线选法连线图**

这样得到四个芯片的地址分配如表 8-3 所示

**表 8-3　线选方式地址分配表**

| | $A_{15}$ | $A_{14}$ | $A_{13}$ | $A_{12}$ | $A_{11}$ | $A_{10}\cdots A_0$ | 地址范围 |
|---|---|---|---|---|---|---|---|
| 芯片 1 | 0<br>0 | 1<br>1 | 1<br>1 | 1<br>1 | 0<br>0 | 0····0<br>1····1 | 7000H～77FFH |
| 芯片 2 | 0<br>0 | 1<br>1 | 1<br>1 | 0<br>0 | 1<br>1 | 0····0<br>1····1 | 6800H～6FFFH |
| 芯片 3 | 0<br>0 | 1<br>1 | 0<br>0 | 1<br>1 | 1<br>1 | 0····0<br>1····1 | 5800H～5FFFH |
| 芯片 4 | 0<br>0 | 0<br>0 | 1<br>1 | 1<br>1 | 1<br>1 | 0····0<br>1····1 | 3800H～3FFFH |

**2. 译码法**

所谓译码法就是使用译码器对系统的高位地址进行译码，以其译码输出作为存储芯片的片选信号。这是一种最常用的存储器编址方法，能有效地利用空间，特点是存储空间连续，适用于大容量多芯片存储器扩展。常用的译码芯片有：74LS139（双 2—

4 译码器）和 74LS138（3－8 译码器）等，它们的 CMOS 型芯片分别是 74HC139 和 74HC138。

74LS139 译码器：74LS139 是 2－4 译码器，即对 2 个输入信号进行译码，得到 4 个输出状态。

其中：$\overline{G}$ 为使能端，低电平有效，A、B 为选择端，即译码信号输入，$\overline{Y0}\sim\overline{Y3}$ 为译码输出信号，低电平有效，74LS139 的真值表如表 8-4 所示。

表 8-4　74LS139 真值表

| 输入端 | | | 输出端 | | | |
|---|---|---|---|---|---|---|
| 使能 | 选择 | | $\overline{Y0}$ | $\overline{Y1}$ | $\overline{Y2}$ | $\overline{Y3}$ |
| G | B | A | | | | |
| 1 | × | × | 1 | 1 | 1 | 1 |
| 0 | 0 | 0 | 0 | 1 | 1 | 1 |
| 0 | 0 | 1 | 1 | 0 | 1 | 1 |
| 0 | 1 | 0 | 1 | 1 | 0 | 1 |
| 0 | 1 | 1 | 1 | 1 | 1 | 0 |

74LS138 译码器

74LS138 是 3－8 译码器，即对 3 个输入信号进行译码，得到 8 个输出状态。其中：G1、$\overline{G2A}$、$\overline{G2B}$ 为使能端，用于引入控制信号。$\overline{G2A}$、$\overline{G2A}$ 低电平有效，G1 高电平有效。74LS138 译码器管脚图如图 8-7 所示。

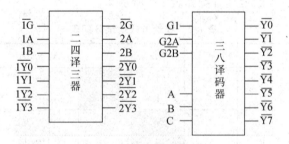

图 8-7　译码器管脚图

74LS138 的真值表输入端如表 8-5 所示。

表 8-5　74LS138 的输入端真值表

| 输入端 | | | | | |
|---|---|---|---|---|---|
| 使能 | | | 选择 | | |
| G1 | G2A | G2B | C | B | A |
| 1 | 0 | 0 | 0 | 0 | 0 |

（续表）

| 输入端 | | | | | |
|---|---|---|---|---|---|
| 使能 | | | 选择 | | |
| 1 | 0 | 0 | 0 | 0 | 1 |
| 1 | 0 | 0 | 0 | 1 | 0 |
| 1 | 0 | 0 | 0 | 1 | 1 |
| 1 | 0 | 0 | 1 | 0 | 0 |
| 1 | 0 | 0 | 1 | 0 | 1 |
| 1 | 0 | 0 | 1 | 1 | 0 |
| 1 | 0 | 0 | 1 | 1 | 1 |
| 有一不满足条件 | | | × | × | × |

74LS138 的真值表输出端如表 8-6 所示。

**表 8-6　74LS138 的输出端真值表**

| 输出端 | | | | | | | |
|---|---|---|---|---|---|---|---|
| $\overline{Y0}$ | $\overline{Y1}$ | $\overline{Y2}$ | $\overline{Y3}$ | $\overline{Y4}$ | $\overline{Y5}$ | $\overline{Y6}$ | $\overline{Y7}$ |
| 0 | 1 | 1 | 1 | 1 | 1 | 1 | 1 |
| 1 | 0 | 1 | 1 | 1 | 1 | 1 | 1 |
| 1 | 1 | 0 | 1 | 1 | 1 | 1 | 1 |
| 1 | 1 | 1 | 0 | 1 | 1 | 1 | 1 |
| 1 | 1 | 1 | 1 | 0 | 1 | 1 | 1 |
| 1 | 1 | 1 | 1 | 1 | 0 | 1 | 1 |
| 1 | 1 | 1 | 1 | 1 | 1 | 0 | 1 |
| 1 | 1 | 1 | 1 | 1 | 1 | 1 | 0 |
| 1 | 1 | 1 | 1 | 1 | 1 | 1 | 1 |

**【例 8-2】** 现有 2K*8 位存储器芯片，需扩展 8K*8 位存储结构采用译码法进行扩展。扩展 8KB 的存储器结构需 2KB 的存储器芯片 4 块。2K 的存储器所用的地址线为 A0～A10 共 11 根地址线和片选信号与 CPU 的连接如表 8-7 所示。

**表 8-7　80C51 与存储器的线路连接**

| 80C51 | 存储器 |
|---|---|
| $P_0$ 口经锁存器锁存形成 $A_0$～$A_7$ | 与 $A_0$～$A_7$ 相连 |
| $P_{2.0}$、$P_{2.1}$、$P_{2.2}$ | 与 $A_8$～$A_{10}$ 相连 |

(续表)

| 80C51 | | 存储器 | |
|---|---|---|---|
| P0 口 | | 与 $D_0 \sim D_7$ 相连 | |
| $P_{2.4}$ | $P_{2.3}$ | 译码输出与存储器的片选信号连接 | |
| 0 | 0 | $\overline{Y0}$ | 与存储器 1 的片选信号$\overline{CE}$相连 |
| 0 | 1 | $\overline{Y1}$ | 与存储器 2 的片选信号$\overline{CE}$相连 |
| 1 | 0 | $\overline{Y2}$ | 与存储器 3 的片选信号$\overline{CE}$相连 |
| 1 | 1 | $\overline{Y3}$ | 与存储器 4 的片选信号$\overline{CE}$相连 |

$P_{2.3}$、$P_{2.4}$ 作为二—四译码器的译码地址，译码输出作为扩展 4 个存储器芯片的片选信号，$P_{2.5}$、$P_{2.6}$、$P_{2.7}$悬空。扩展连线图如图 8-8 所示。

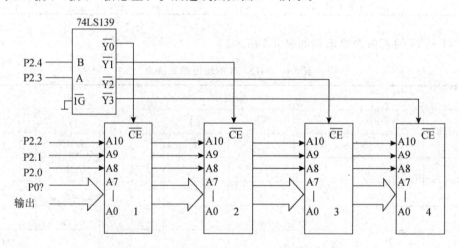

图 8-8　采用译码器扩展 8KB 存储器连线图

这样得到四个芯片的地址分配如表 8-8 所示。

表 8-8　译码方式地址分配表

| | $P_{2.7}$ | $P_{2.6}$ | $P_{2.5}$ | $P_{2.4}$ | $P_{2.3}$ | $P_{2.2}\cdots P_0$ | 地址范围 |
|---|---|---|---|---|---|---|---|
| 芯片 1 | 0<br>0 | 0<br>0 | 0<br>0 | 0<br>0 | 0<br>0 | $0\cdots0$<br>$1\cdots1$ | $0000H \sim 07FFH$ |
| 芯片 2 | 0<br>0 | 0<br>0 | 0<br>0 | 0<br>0 | 1<br>1 | $0\cdots0$<br>$1\cdots1$ | $0800H \sim 0FFFH$ |
| 芯片 3 | 0<br>0 | 0<br>0 | 0<br>0 | 1<br>1 | 0<br>0 | $0\cdots0$<br>$1\cdots1$ | $1000H \sim 17FFH$ |
| 芯片 4 | 0<br>0 | 0<br>0 | 0<br>0 | 1<br>1 | 1<br>1 | $0\cdots0$<br>$1\cdots1$ | $1800H \sim 1FFFH$ |

## 8.2.4　单片机访问外部程序存储器基本时序

单片机在原理设计上程序存储器和数据存储器的地址空间是相互独立的，而且程序存储器一般采用 EPROM 芯片，最大可扩展到 64KB 字节。

**1. 控制信号基本时序**

单片机在对外部程序存储器进行读操作时，地址信号、数据信号以及有关控制信号基本时序如图 8-4。

CPU 访问外部 ROM 时，先从 P0 口输出低八位地址信号，当 CPU 从 ALE 端输出有效信号时，可将低八位地址信号送至锁存器 373 保存并输出，这样由 P2 口和锁存器共同输出十六位地址信号，然后 CPU 从 $\overline{PSEN}$ 端线输出读外部 ROM 数据有效低电平信号选通外部 ROM，这时 CPU 就可通过 P0 口从数据总线上读入外部 ROM 指定单元送出的数据。

由此可见，ROM 芯片必须在 $\overline{PSEN}$ 有效期内将指定单元的数据送到数据总线上，否则 CPU 将读不到数据。

**2. 程序存储器扩展使用的典型芯片**

以 2764 作为单片机程序存储器扩展的典型芯片为例进行说明。

2764 是一块 $8K \times 8bit$ 的 EPROM 芯片，其管脚图如图 8-9 所示。

- $A_{12} \sim A_0$：13 位地址信号输入线，说明芯片的容量为 $8K = 2^{13}$ 个单元。
- $D_7 \sim D_0$：8 位数据，表明芯片的每个存贮单元存放一个字节（8 位二进制数）。
- $\overline{CE}$ 为输入信号。当它有效低电平时，能选中该芯片，故 $\overline{CE}$ 又称为选片信号。
- $\overline{OE}$ 为输出允许信号。当 $\overline{CE}$ 为低电平时，芯片中的数据可由 $D_7 \sim D_0$ 输出。
- $\overline{PGM}$ 为编程脉冲输入端。当对 EPROM 编程时，由此加入编程脉冲。读时 $\overline{PGM}$ 为高电平。

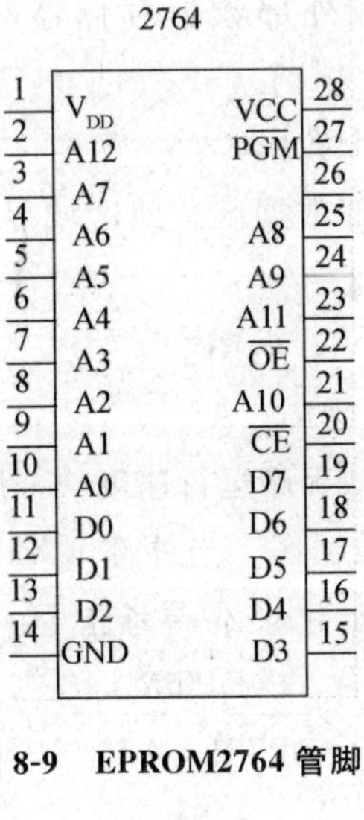

2764

| | | | |
|---|---|---|---|
| 1 | $V_{DD}$ | VCC | 28 |
| 2 | A12 | PGM | 27 |
| 3 | A7 | | 26 |
| 4 | A6 | A8 | 25 |
| 5 | A5 | A9 | 24 |
| 6 | A4 | A11 | 23 |
| 7 | A3 | $\overline{OE}$ | 22 |
| 8 | A2 | A10 | 21 |
| 9 | A1 | $\overline{CE}$ | 20 |
| 10 | A0 | D7 | 19 |
| 11 | D0 | D6 | 18 |
| 12 | D1 | D5 | 17 |
| 13 | D2 | D4 | 16 |
| 14 | GND | D3 | 15 |

**图 8-9　EPROM2764 管脚图**

### 8.2.5 单片机访问外部数据存储器时序

数据存储器主要用来存取要处理的数据，在 MCS-51 系列单片机产品中片内数据存储器容量一般为 128～256 个字节。当数据量较大时，就需要在外部扩展 RAM 数据存储器。扩展容量最大可达 64KB 字节。

**1. 数据存储器概述**

数据存储器亦称随机存取存储器，简称 RAM。用于暂存各类数据。它的特点是：

（1）在系统运行过程中，随时可进行读写两种操作。

（2）一旦掉电，原存入数据全部消失（成为随机数）。

RAM 按半导体工艺可分为 MOS 型和双极型两种。MOS 型集成度高、功耗低、价格便宜，但速度较慢。而双极型的则正好相反。在单片机系统中使用的是 MOS 型随机存储器。

RAM 按工作方式可分为静态（SRAM）和动态（DRAM）两种。对静态 RAM，只要电源供电，存在其中的信息就能可靠保存。而动态 RAM 需要周期性地刷新才能保存信息。动态 RAM 集成密度大、功耗低、价格便宜，但需要增加刷新电路。在单片机中多使用静态 RAM。

单片机与数据存储器的连接方法和程序存储器连接方法大致相同，简述如下：

（1）地址线的连接，与程序存储器连法相同。

（2）数据线的连接，与程序存储器连法相同。

（3）控制线的连接，主要有下列控制信号：

存储器输出信号$\overline{OE}$和单片机读信号$\overline{RD}$相连即和 $P_{3.7}$ 相连。

存储器写信号$\overline{WE}$和单片机写信号$\overline{WR}$相连即和 $P_{3.6}$ 相连。

ALE：其连接方法与程序存储器相同。

使用时应注意，访问内部或外部数据存储器时，应分别使用 MOV 及 MOVX 指令。

外部数据存储器通常设置两个数据区：

（1）低 8 位地址线寻址的外部数据区。此区域寻址空间为 256 个字节。CPU 可以使用下列读写指令来访问此存贮区。

读存储器数据指令：MOVX A，@Ri

写存储器数据指令：MOVX @Ri，A

由于 8 位寻址指令占字节少，程序运行速度快，所以经常采用。

（2）6 位地址线寻址的外部数据区。当外部 RAM 容量较大，要访问 RAM 地址空间大于 256 个字节时，则要采用如下 16 位寻址指令。

读存储器数据指令：MOVX A，@DPTR

写存储器数据指令：MOVX @DPTR，A

由于 DPTR 为 16 位的地址指针，故可寻址 64KRAM 字节单元。

**2. 基本时序**

前述读 ROM 操作是为了取得指令码，该机器周期称为取指周期，而对外部 RAM 的访问称为指令的执行周期，单片机访问外部数据存储器包括读，写两类操作。有关信号基本时序如图 8-5 所示。

CPU 访问外部 RAM 时，先将 P0 口输出的低八位地址信号在 ALE 有效时送至锁存器 373 保存并输出，这样由 P2 口和锁存器共同输出十六位地址信号，然后 $\overline{RD}$ 端输出读外部数据存储器有效低电平信号选通外部 RAM，这样 CPU 就可通过 P0 口从数据总线上读入外部 RAM 指定单元送出的数据。

由此可见，外部 RAM 芯片必须在 $\overline{RD}$ 有效期内将指定单元的数据送到数据总线上，否则 CPU 将读不到数据。CPU 对外部 RAM 进行写操作时，除用 $\overline{WR}$ 信号取代 $\overline{RD}$ 信号以外，其余工作时序与读操作相同。

**3. 数据存储器扩展使用的典型芯片**

（1）典型随机存储器芯片：

INTEL 公司 62 系列 MOS 型静态随机存储器产品有：6264，62128，62256，62512 等。另外还有容量仅 2K 的 6116。图 8-10 给出 6264 引脚图。

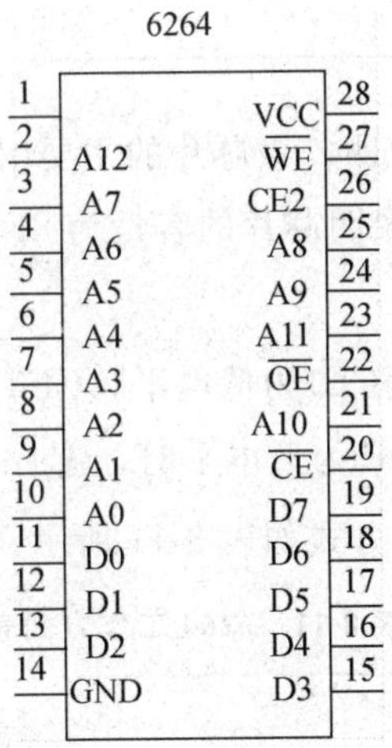

6264

| 1 | A12 | VCC | 28 |
|---|-----|-----|----|
| 2 | A12 | $\overline{WE}$ | 27 |
| 3 | A7 | CE2 | 26 |
| 4 | A6 | A8 | 25 |
| 5 | A5 | A9 | 24 |
| 6 | A4 | A11 | 23 |
| 7 | A3 | $\overline{OE}$ | 22 |
| 8 | A2 | A10 | 21 |
| 9 | A1 | $\overline{CE}$ | 20 |
| 10 | A0 | D7 | 19 |
| 11 | D0 | D6 | 18 |
| 12 | D1 | D5 | 17 |
| 13 | D2 | D4 | 16 |
| 14 | GND | D3 | 15 |

**图 8-10 6264 引脚图**

6264 是容量为 8K×8 的静态随机存储器芯片，采用 CMOS 工艺制作，由单一＋5V电源供电，额定功耗为 200mW，典型存取时间为 200ns，28 线双列插式封装。表 8-9 为 6264 的操作方式：

表 8-9　6264 的操作方式

| 操作方式　　　　　管　脚 | CE1 (20) | CE2 (26) | OE (22) | WE (27) | IO7—IO0 (11—13，15—19) |
|---|---|---|---|---|---|
| 未选中（掉电） | +5V | X | X | X | 高　阻 |
| 未选中（掉电） | X | 0 | X | X | 高　阻 |
| 输出禁止 | 0 | +5V | +5V | +5V | 高　阻 |
| 读 | 0 | +5V | 0 | +5V | DOUT |
| 写 | 0 | +5V | +5V | 0 | DIN |

（2）数据存储器 SRAM 芯片

数据存储器扩展常使用随机存储器芯片，用得较多的是 Intel 公司的 6116 容量为 2KB 和 6264 容量为 8KB。其性能见表 8-10 所示。

表 8-10　常用 SRAM 芯片的主要性能

| 　　　　　性能 型号 | 容量（bit） | 读写时间（ns） | 额定功耗（mW） | 封装 |
|---|---|---|---|---|
| 6116 | 2K×8 | 200 | 160 | DIP24 |
| 6264 | 2K×8 | 200 | 200 | DIP28 |

下面以 6264 芯片为例进行说明，该芯片的主要引脚为：

- $A_{12} \sim A_0$：13 根地址线，说明芯片的容量为 $8K = 2^{13}$ 个单元。

- $D_7 \sim D_0$：8 根数据线。

- $\overline{CE1}$、CE2：片选信号。当 $\overline{CE1}$ 为低电平，CE2 为高电平时，选中该芯片。

- $\overline{OE}$：输出允许信号。当 OE 为低电平时，芯片中的数据可由 $D_7 \sim D_0$ 输出。

- $\overline{OE}$：数据写信号。其工作方式如表 8-11 所示。

表 8-11　6264 工作方式表

| 　　　　　引脚 工作方式 | $\overline{CE1}$ | CE2 | $\overline{OE}$ | $\overline{WE}$ | $O_7 \sim O_0$ |
|---|---|---|---|---|---|
| 未选中 | 1 | × | × | × | 高阻 |
| 未选中 | 0 | × | × | × | 高阻 |
| 输出禁止 | 0 | 1 | 1 | 1 | 高阻 |
| 读 | 0 | 1 | 0 | 1 | Dout |
| 写 | 0 | 1 | 1 | 0 | Din |

### 8.2.6　程序存储器的扩展

#### 1. 只读存储器概述

程序存储器扩展使用的元件是只读存储器芯片，简称 ROM。根据编程方式的不同，ROM 可分为掩膜 ROM，一次性可编程 ROM（PROM），紫外光可擦、电可写 ROM（EPROM）及电可擦写 ROM（EEPROM）。其中掩膜 ROM 写入的内容，由 ROM 生产厂家根据用户程序清单，在生产时 ROM 就写入，用户不能改写。EPROM 可反复写入并用紫外线擦除。EEPROM 可进行在线写入或编程，但写入速度较慢。同时目前 EEPROM 市场价格高于前三种 ROM 价格。

#### 2. 典型只读存储器芯片

INTEL 公司只读存储器芯片（EPROM）的产品有：2716，2732，2764，27128，27256，27512 等。系列数字 27 后面的数据除以 8 即为该芯片的 K 数。如：27256 为 32K 容量。

2764 EPROM 是具有 28 根引脚的双列直插式器件，图 8-11 给出其引脚排列图。

2764 具有 8K（$1024 \times 8$）字节容量，共需要有 13 根地址线（$2^{13} = 8192$）A12—A0 进行寻址，加上 8 条数据线 D7—D0、一条片选信号线 $\overline{CE}$、一条数据输出选通线 $\overline{OE}$、一条编程电源线 Vpp 及编程脉冲输入线 PGM，另外有一条正电源线 UCC 及接地线 GND，其第 26 号引脚为 NC，使用时应接高电平。在非编程状态时 UPP 及 PGM 端应接高电平。其中片选信号为保证多片存贮系统中地址的正确选择，数据输出选通线保证时序的配合，编程电源线及编程脉冲输入线可实现程序的电编程。

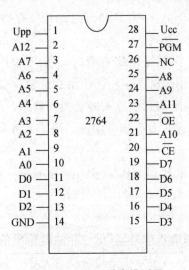

**图 8-11　2764 引脚排列图**

2764 芯片由单一正 5V 电源供电，工作电流 100mA，维持电流 50mA，读出时间最大为 250ns，是一种高速大容量 EPROM 存贮器。其工作方式见表 8-12。

表 8-12　2764 工作方式选择

| 方式 \ 引脚 | $\overline{CE}$ (20) | $\overline{OE}$ (22) | $\overline{PGM}$ (27) | Upp (1) | Ucc (28) | 输出 D7—D0 |
|---|---|---|---|---|---|---|
| 读 | 0 | 0 | +5V | +5V | +5V | 数据输出 |
| 维持 | +5V | X | X | +5V | +5V | 高阻态 |
| 编程 | 0 | X | 0 | Upp | +5V | 数据输入 |
| 编程校验 | 0 | 0 | 5V | Upp | +5V | 数据输出 |
| 编程禁止 | +5V | X | X | Upp | +5V | 高阻态 |

注：2764 的编程电源 Upp 随型号不同而异，典型的有 25V，21V，12V 等。

**3. 程序存储器扩展的实现**

实现程序存储器扩展，需要考虑以下三点：

（1）依据系统容量，并参考市场价格，选定合适的芯片。

（2）确定所扩展存储器的地址范围，并依照选定芯片的引脚功能和排列图，将引脚接入单片机系统中。

（3）考虑所选芯片的工作速度，尤其当主机晶振频率提高时，注意芯片工作速度是否能满足主机读取指令的时限。

**4. 2764 的连接使用**

（1）地址线的连接

存储器高 5 位地址线 $A_8 \sim A_{12} \leftrightarrow$ 直接和 $P_2$ 口（$P_{2.0} \sim P_{2.4}$）一一相连。

存储器低 8 位地址线 $A_7 \sim A_0 \leftrightarrow$ 由 $P_0$ 口经过地址锁存器锁存得到的地址信号一一相连。

由于 $P_0$ 口是地址和数据分时复用的通道口，所以为了把地址信息分离出来保存，为外接存储器提供低 8 位地址信息，一般须外加地址锁存器，并由 CPU 发出地址允许锁存信息 ALE 的下降沿将地址信息锁存入地址锁存器中。单片机的 $P_2$ 口用作高位地址线及片选地址线，由于 $P_2$ 口输出具有锁存功能，故不必外加地址锁存器。

（2）数据线的连接

存储器的 8 位数据线 $\leftrightarrow$ 和 $P_0$ 口（$P_{0.0} \sim P_{0.7}$）直接一一相连。

（3）控制线的连接

系统扩展时常用到下列信号：

$\overline{PSEN}$（片外程序存储器取指信号 $\leftrightarrow \overline{OE}$（存储器输出信号）相连。

ALE（地址锁存允许信号 $\leftrightarrow$ 通常接至地址锁存器锁存信号相连。

存储器 $\overline{CE}$ 片选信号 $\leftrightarrow$ 接地或用高位地址选通。

$\overline{EA}$（片外/片内程序存储器选择信号），$\overline{EA} = 0$ 选择片外程序存储器。

图 8-12 为系统扩展一片 EPROM 的最小系统。

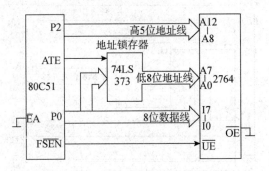

图 8-12 单片 ROM 扩展连线图

存储器映像分析

分析存储器在存储空间中占据的地址范围，实际上就是根据连接情况确定其最低地址和最高地址。由于 $P_{2.7}$、$P_{2.6}$、$P_{2.5}$ 的状态与 2764 芯片的寻址无关，所以 $P_{2.7}$、$P_{2.6}$、$P_{2.5}$ 可为任意。从 000 到 111 共有 8 种组合，其 2764 芯片的地址范围是：

最低地址：0000H（$A_{15}A_{14}A_{13}A_{12}A_{11}A_{10}A_9A_8A_7A_6A_5A_4A_3A_2A_1A_0$＝0000　0000　0000　0000）

最高地址：FFFFH（$A_{15}A_{14}A_{13}A_{12}A_{11}A_{10}A_9A_8A_7A_6A_5A_4A_3A_2A_1A_0$＝×××1　1111　1111　1111）

共占用了 64KB 的存储空间，造成地址空间的重叠和浪费。

## 8.2.7 数据存储器扩展方法

### 1. 单片数据存储器扩展

80C51 与 6264 的连接如表 8-13 所示。

表 8-13　80C51 与 6264 的线路连接

| 80C51 | 6264 |
|---|---|
| $P_0$ 经锁存器锁存形成 $A_0 \sim A_7$ | $A_0 \sim A_7$ |
| $P_{2.0}$、$P_{2.1}$、$P_{2.2}$、$P_{2.3}$、$P_{2.4}$ | $A_8 \sim A_{12}$ |
| $D_0 \sim D_7$ | $D_0 \sim D_7$ |
| $\overline{RD}$ | $\overline{OE}$ |
| $\overline{WR}$ | $\overline{WE}$ |

数据存储器扩展的硬件连接如图 8-13 所示。

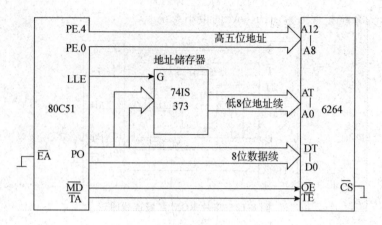

图 8-13　单片 RAM 扩展连线图

## 2. 多片数据存储器扩展

例如：用 4 片 6116 进行 8KB 数据存储器扩展，用译码法实现。

80C51 与 6116 的线路连接如表 8-14 所示。

表 8-14　80C51 与 6116 的线路连接

| 80C51 | 6116 | 二四译码器译码形成 | | |
|---|---|---|---|---|
| $P_0$ 口经锁存器锁存 $A_0 \sim A_7$ | $A_0 \sim A_7$ | $A_{11}$ | $A_{12}$ | 译码控制片选 |
| $P_{2.0}$、$P_{2.1}$、$P_{2.2}$ | $A_8 \sim A_{10}$ | 0 | 0 | $\overline{Y0} \leftrightarrow CS$ |
| $D_0 \sim D_7$ | $D_0 \sim D_7$ | 0 | 1 | $\overline{Y1} \leftrightarrow CS_3$ |
| $\overline{RD}$ | $\overline{OE}$ | 1 | 0 | $\overline{Y2} \leftrightarrow CS_2$ |
| $\overline{WR}$ | $\overline{WE}$ | 1 | 1 | $\overline{Y3} \leftrightarrow CS_1$ |

存储器扩展电路连接如图 8-14 所示。

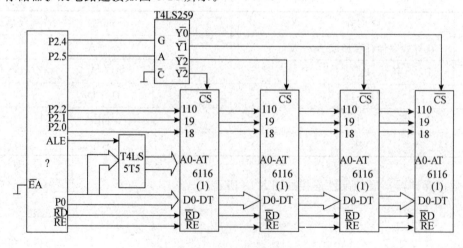

图 8-14　多片 RAM 扩展连线图

**3. 数据存储器扩展的实现**

与程序存储器扩展一样，数据存储器扩展也要考虑下列三点：

（1）依据系统容量，并考虑市场价格，选定合适的芯片。

（2）确定所扩展存储器的地址范围，并依照选定芯片的引脚功能和排列图，将引脚接入单片机系统中。

（3）所选 RAM 芯片工作速度匹配（但数据存储器工作速度要求可略低于程序存储器）。

现以 6264 为例，如图 8-15 所示，说明 8051 与 6264 芯片的连接方法如下：

A7—A0：接 373 锁存器输出端 Q7—Q0（低八位地址）

A12—A8：接 P2.4—P2.0（高五位地址）

IO7—IO0：接 P0.7—P0.0（数据线）

$\overline{\text{OE}}$：接 CPU 的 $\overline{\text{RD}}$ 端

$\overline{\text{WE}}$：接 CPU 的 $\overline{\text{WR}}$ 端

CE1：接地

CE2：接 $+\text{E}_\text{c}$

GND：接地

VCC：接 EC（+5V）

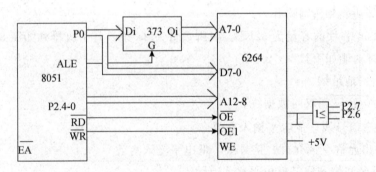

**图 8-15　扩展 8K 字节 RAM 的 8051 系统**

同理，图 8-15 中 6264 的地址范围是：0000H—1FFFH（8KB）。

应当指出，上述存储器扩展后的地址范围存在地址重叠现象，如图 8-15 的 6264 扩展线路中由于高三位地址 P2.7，P2.6，P2.5（A15，A14，A13）的状态不影响 6264 芯片工作，故上述 6264 芯片实际地址的编址情况如下：

| P2.7 | P2.6 | P2.5 | P2.4 | P2.3 | P2.2 | P2.1 | P2.0 | P0.7 | P0.6 | P0.5 | P0.4 | P0.3 | P0.2 | P0.1 | P0.0 |
|------|------|------|------|------|------|------|------|------|------|------|------|------|------|------|------|
| A15 | A14 | A13 | A12 | A11 | A10 | A9 | A8 | A7 | A6 | A5 | A4 | A3 | A2 | A1 | A0 |
| X | X | X | 0 | 0 | 0 | 0 | 0 | 0 | 0 | 0 | 0 | 0 | 0 | 0 | 0 |
| | • | | | | • | | | | • | | | | • | | |

| | • | | | | • | | | | • | | | | • | | |
|---|---|---|---|---|---|---|---|---|---|---|---|---|---|---|---|
| X | X | X | 1 | 1 | 1 | 1 | 1 | 1 | 1 | 1 | 1 | 1 | 1 | 1 | 1 |

显然其地址范围是：0000H～1FFFH，2000H～3FFFH…E000H～FFFFH。即地址有重叠。

解决上述地址重叠的办法是：通过译码电路（这里用或门），使不参与寻址的其余地址线 P2.7　P2.6　P2.5＝000 时，其输出才为 0，并接到 $\overline{CE_1}$ 端。如图 8-15 中虚线所连接的那样，这时 0000H～1FFFH 为其唯一的地址空间，读者可自行验证。

若打算使扩展的存储器芯片有不同的地址空间，只要重新设计译码电路即可，例如将上述存储器芯片的地址空间改为 2000H～3FFFH，此时当 P2.7　P2.6　P2.5＝001 时，$\overline{CE_1}=0$，即令 $\overline{CE_1}=P2.7+P2.6+P2.5$ 即可。

### 4. 闪速存储器及其扩展

闪速存储器（FLASHMEMORY），是可编程可擦除的 ROM（简称 PEROM），具有掉电情况下信息可保存，且可以在线写入（写入前自动擦除）等特点，写入时可以按页连续字节写入，读出也是快速的。它有比 EEPROM 更优越的性能和更低的价格。

下面以 AT29C256 芯片为例介绍闪速存储器的有关知识和使用。

（1）引脚功能和读写操作

AT29C256 芯片的容量为 32KB，引脚数量为 28 条，其引脚排列如图 8-16 所示。

主要引脚功能如下：

$A_0$～$A_{14}$：地址线。

$I/O_0$～$I/O_7$：三态双向数据线。

$\overline{CE}$：片选信号线，低电平输入有效。

$\overline{OE}$：输出允许（读允许）信号线，低电平输入有效。

$\overline{WE}$：写允许信号线，低电平输入有效。

①读操作。当 $\overline{CE}=0$，$\overline{OE}=0$，$\overline{WE}=1$ 时，被选中单元的内容读出到双向数据线 $I/O_0$～$I/O_7$ 上。当 $\overline{CE}$ 处于高电平，输出线处于高阻状态。

②写操作。外部数据写入 29C256 芯片时，数据要先装入其内部锁存器，装入时 $\overline{CE}=0$，$\overline{OE}=1$，$\overline{WE}=0$，数据写入以页为单位进行，即要改写某一单元的内容，如图 8-20　AT29C256 芯片引脚排列图整页都要重写，没有被装入的字节内容被写成 0FFH，在写入过程中，在 $\overline{WE}$ 或上升沿之后的 150ns 内，$\overline{WE}$ 和 CE 要再次有效，以便写入新的字节，整个写入周期中 $\overline{WE}$ 和 CE 应 64 次有效。当某次 $\overline{WE}$ 和 CE 上升沿后 150ns 内，没有 $\overline{WE}$ 和 CE 下降沿，则装入周期结束，开始内部写入周期。

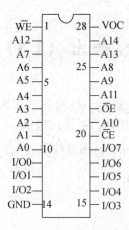

图 8-16　AT29C256 芯片引脚排列图

（2）主要性能

AT29C256 芯片的主要性能如表 8-15 所示。

表 8-15　AT290256 芯片主要性能

| 读取时间 | 读操作电压 | 擦除电压 | 页写入时间 | 擦除时间 | 读写电流 | 维持电流 |
|---|---|---|---|---|---|---|
| 90ns | 5V | 5V | 10ns | 10ns | 80mA | 0.3mA |

（3）MCS-51 单片机与 AT29C256 的接口

图 8-17 是 80C51 单片机与 AT29C256 芯片典型的接口电路图。图 8-17 中，80C51 单片机的 $\overline{RD}$ 和 $\overline{PSEN}$ 相"与"后与 AT29C256 芯片的 $\overline{OE}$ 端相连，80C51 的 $\overline{WR}$ 与 AT29C256 芯片的 $\overline{WE}$ 相连，可实现对 AT29C256 芯片的读写信号的选通，以上扩展的方法与数据存储器的扩展方法相同，单片机访问它时，也使用 MOVX 指令。

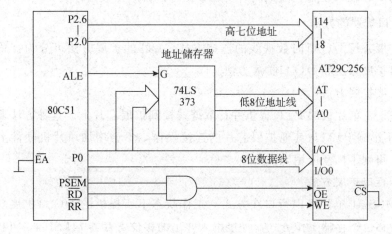

图 8-17　80C51 单片机与 AT29C256 芯片的接口电路

# 8.3 单片机输入输出 (I/O) 口扩展及应用

MCS-51 单片机共有四个 8 位并行 I/O 口,单片机扩展的 I/O 口有两种基本类型:简单 I/O 口扩展和可编程 I/O 口扩展,前者功能单一,多用于外设的数据输入和输出;后者功能丰富,应用广泛,但芯片价格相对较贵。

## 8.3.1 I/O 接口技术概述

### 1. 接口电路功能

在计算机应用中,为实现 CPU 与种类繁多的外部设备进行数据交换,需要通过输入输出接口实现 CPU 与外设的联接。一般来说,在数据的 I/O 传送中,接口电路主要具有以下功能:

(1) 速度协调

由于 CPU 与外设工作速度的差异,在实现 I/O 数据传送时需要通过一些应答信号来协调工作,例如 CPU 在确认外设已做好接收数据准备时才发送数据。

(2) 数据锁存

由于 CPU 的工作速度很快,数据在数据总线上停留时间很短,因此从总线上读取数据的输出接口电路,需设置数据锁存器,暂存所传送的数据,然后再传送给外设。

(3) 三态输出

由于计算机的数据总线是公共通道,因此挂在数据总线上的输入设备接口必须具有三态输出功能,使得该外设地址没有被 CPU 选中时,与总线处于高阻隔离状态。否则各个不同 I/O 输入设备在随机同时发送数据时,会产生数据冲突。

### 2. I/O 口扩展的方法

根据扩展并行 I/O 口时数据线的连接方式,I/O 的扩展方法可分为:总线扩展方法、串行口扩展方法和 I/O 口扩展方法。

(1) 总线扩展方法

从 MCS-51 单片机的 P0 口提供并行数据线接到扩展芯片上。这种方法要分时占用 P0 口,但不影响 P0 口与其他扩展芯片的连接操作,不会增加单片机硬件上的额外开支。因此,得到了广泛应用。

(2) 串行口扩展方法

这是 MCS-51 单片机串行口在方式 0 工作状态下所提供的 I/O 口扩展功能。串行口方式 0 为移位寄存器工作方式,外接串入并出的移位寄存器 74LS164,可扩展并行输出口;外接并入串出的移位寄存器 74LS163,可扩展并行输入口。(详见串行口方式 0)

（3）通过单片机片内的 I/O 口扩展方法

通过单片机片内除 P0 口以外的其他 I/O 口提供并行数据线。这种方法在 MCS-48 单片机中使用较多，而在 MCS-51 机中很少使用。

**3. I/O 口应用举例**

【例 8-3】如图 8-18 所示，用 4 个发光二极管对应显示 4 个开关的开合状态，如 P1.0 合则 P1.4 亮，其余依此类推。

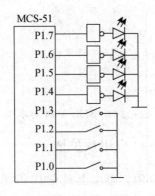

图 8-18　电路连接图

（1）采用无条件传送方式实现。

### 示例代码 8-3（a）

```
        ORG 0000H
        AJMP MAIN
        ORG 0100H
MAIN:   MOV A,# 0FFH
        MOV P1,A          ;熄发光二极管
        MOV A,P1          ;输入开关状态
        SWAP A
        MOV P1,A          ;开关状态输出
        SJMP MAIN
        END
```

【程序分析】采用无条件传送方式实现：指示灯立即反映开关状态。

（2）采用中断传送方式实现

### 示例代码 8-3（b）

```
        ORG 0000H
        AJMP MAIN
        ORG 0003H
        AJMP IOINT
        ORG 0100H
```

```
MAIN:    SETB IT0              ;脉冲边沿触发
         SETB EX0              ;外部中断 0 允许
         SETB EA               ;总中断允许
HERE:    SJMP HERE             ;等待中断
         ORG 0500H
IOINT:   MOV A,# 0FFH          ;中断程序
         MOV P1,A              ;熄发光二极管
         MOV A,P1              ;输入开关状态
         SWAP A
         MOV P1,A              ;开关状态输出
         RETI                  ;中断返回
         END
```

【程序分析】先设好开关状态，然后发出中断请求信号，改变指示灯亮灭状态。

### 8.3.2　单片机简单 I/O 口应用及扩展

由于单片机本身接口资源有限，事实上只有 P1 口和系统不使用的 P3 口端线才能真正作为 I/O 口使用，因此在实际应用中经常需要通过扩展技术来增加 I/O 口的数量。

**1. I/O 口的直接应用**

直接应用单片机本身的 I/O 口资源完成简单的 I/O 数据传送。例如用单片机 P1 口和 P3 口的某些口线进行输入输出操作。常用指令有：

MOV P1,A;

MOV A,P1;

SETB P1.0 等。

在运用 Px（P0～P3）口直接进行输入输出操作时，应注意以下几点：

（1）Px 口作为输出口使用时，P0 口须外加上拉电阻，而 P1，P2，P3 口内部已有上拉电阻，无须外加上拉电阻。

（2）Px 口作为输入口使用时，在进行输入操作前应先往各口线写入"1"（复位后 Px 各口线内锁存器均置"1"）。

（3）P0，P2 口多用来传送地址信号，P0 口又作为数据总线被系统频繁调用，故很少用 P0，P2 口作为输入输出口使用。

（4）P3 口某些口线作第二功能使用时，其余口线可作为输入输出口线使用。

**2. 单片机简单 I/O 口扩展**

所谓简单 I/O 口，是指不能通过编程来改变其输入或输出性质的 I/O 接口。

（1）简单输入接口扩展

利用具有三态输出功能的缓冲电路即可实现。例如利用典型芯片 74LS244 组成的简单输入接口扩展。

图 8-19 是 74LS244 的引脚功能图，图 8-20 给出了用 74LS244 作扩展并行输入口联接图：

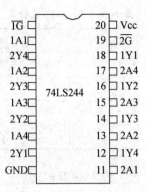

**图 8-19　74LS244 引脚功能图**

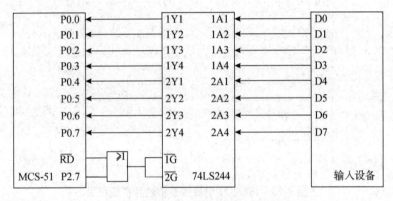

**图 8-20　74LS244 扩展并行输入口**

通过下列指令可从该端口输入数据。

```
MOV DPTR,# 7FFFH          ;DPTR 指向 74LS244 端口

MOVX A,@ DPTR             ;输入数据
```

（2）简单输出接口扩展

扩展简单输出接口仅用 D 锁存器即可实现。例如可利用 74LS377 八 D 锁存器进行简单输出接口扩展。图 8-21 为 74LS377 引脚及功能图，表 8-16 给出了 74LS377 真值表，图 8-22 是运用 74LS377 引脚图及扩展并行输出口。

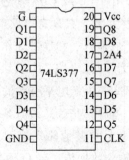

**图 8-21　74LS377 引脚图**

表 8-16 74LS377 真值表

| G | CK | D | Q |
|---|-----|---|---|
| 1 | X | X | Q |
| 0 | ↑ | 1 | 1 |
| 0 | ↑ | 0 | 0 |
| X | 0 | X | X |

由表 8-16 可得，当 G＝0，且 CK 上升沿到来后，Qi＝Di；当 G＝1，Q 状态维持不变。图 8-22 中利用 WR 的上升沿将 P0 口数据送入对应锁存器，从而输出数据。

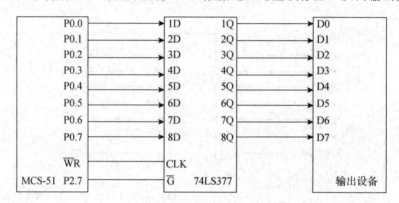

图 8-22 74LS377 引脚图及扩展并行输出口

在上述简单接口扩展中，由于外设与 CPU 之间没有"应答"信号联系，各口功能单一，输入输出不能复用，因此无法适应外设与 CPU 进行信息交换的实际需要。

通过下列指令可从该端口输出数据。

```
MOV DPTR,# 7FFFH        ;DPTR 指向 74LS377 端口
MOV A,# DATA            ;数据送入 A 累加器
MOVX @ DPTR,A           ;数据送入 74LS377
```

**3. 简单的 I/O 口扩展实例**

简单的 I/O 口扩展通常是采用 TTL 或 CMOS 电路锁存器、三态门等作为扩展芯片，通过 P0 口来实现扩展的一种方案。它具有电路简单、成本低、配置灵活的特点。下图 8-23 为采用 74LS244 作为扩展输入、74LS273 作为扩展输出的简单 I/O 口扩展。

（1）图中电路中采用的芯片为 TTL 电路 74LS244、74LS273。其中，74LS244 为 8 缓冲线驱动器（三态输出），74LS273 为低电平有效的使能端。

（2）当二者之一为高电平时，输出为三态。74LS273 为 8D 触发器，为低电平有效的清除端。当为 0 时，输出全为 0 且与其他输入端无关；CP 端是时钟信号，当 CP 由低电平向高电平跳变时刻，D 端输入数据传送到 Q 输出端。

（3）P0 口作为双向 8 位数据线，既能够从 74LS244 输入数据，又能够从 74LS273

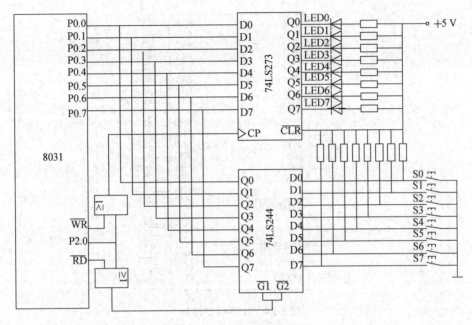

图 8-23　MCS51 简单扩展

输出数据。输入控制信号由 P2.0 和相"或"后形成。

（4）当二者都为 0 时，74LS244 的控制端有效，选通 74LS244，外部的信息输入到 P0 数据总线上。

（5）当与 74LS244 相连的按键都没有按下时，输入全为 1，若按下某键，则所在线输入为 0。输出控制信号由 P2.0 和相"或"后形成。当二者都为 0 后，74LS273 的控制端有效，选通 74LS273，P0 上的数据锁存到 74LS273 的输出端，控制发光二极管 LED，当某线输出为 0 时，相应的 LED 发光。

### 8.3.3　8155 可编程的并行输入/输出接口芯片

8155 为 40 引脚双列直插封装芯片，8155 作单片机的 I/O 扩展 8155 是可编程的并行输入/输出接口芯片，并带内部 RAM 和定时器/计数器，使用灵活方便。

#### 1. 8155 基本结构及工作方式

8155 为 40 引脚双列直插封装芯片，其引脚排列如图 8-24 所示，内部结构框图如图 8-25 所示。

（1）引脚功能

RESET：复位信号线，高电平有效。在该输入端加一脉冲宽度为 600ns 的高电平信号就可使 8155 可靠地复位。复位时，三个输入/输出口预置为输入方式。

$\overline{CE}$：片选端，低电平有效。该端加一低电平时，芯片被选中，可以与单片机交换信息。

AD7～AD0：三态地址/数据总线，分时传送 8 位地址信号和数据信号。

ALE：地址锁存器启用信号线，高电平有效，其有效信号可将 AD7—AD0 上的地

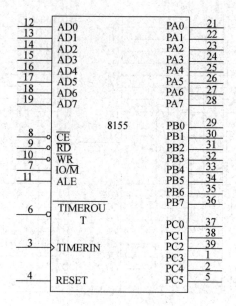

图 8-24  8155 引脚排列

址信号、以及片选信号$\overline{CE}$，IO/$\overline{M}$信号锁存起来。

IO/$\overline{M}$：I/O 口和 RAM 选择信号线，高电平选择 I/O 口，低电平选择 RAM。

$\overline{RD}$：读信号线，低电平有效，当片选信号与$\overline{RD}$有效时，此时如果 IO/$\overline{M}$为低电平，则 RAM 的内容读至 AD7—AD0；如果 IO/M 为高电平，则选中的 I/O 口的内容读到 AD7～AD0。

$\overline{WR}$：写信号线，低电平有效，当片选信号和$\overline{WR}$信号有效时，AD7～AD0 上的数据将根据 IO/M 的极性写入 RAM 或 I/O 口中。

PA7～PA0：输入/输出口 A 的信号线，通用 8 位 I/O 口，输入/输出的方向通过对命令/状态寄存器的编程来选择。

PB7～PB0：端口 B 的输入输出信号线，通用的 8 位 I/O 口，输入/输出方向通过命令/状态寄存器的编程来选择。

PC5～PC0：端口 C 的输入/输出线，6 位可编程 I/O 口，也可用作 A 和 B 的控制信号线，通过对命令/状态寄存器编程来选择。

TIN：定时/计数器输入信号线，定时/计数器的计数脉冲由此输入，其输入脉冲对 8155 内部的 14 位定时/计数器减 1。

TOUT：定时/计数器输出信号线，输出信号为方波还是脉冲则由定时/计数器的工作方式而定，其输入脉冲对 8155 内部的 14 位定时/计数器减 1。

VCC：电源线，接+5V 直流电源。

VSS：接地线。

（2）内部结构

8155 内部结构如图 8-25 所示，它由 A、B、C 三个端口，一个 256×8RAM，控制逻辑和定时器六部分组成。

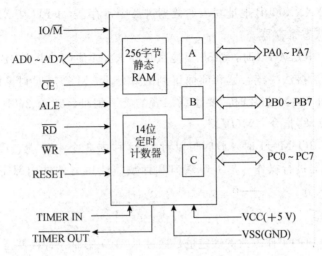

图 8-25 8155 内部结构方框图

8155 内部结构分析：

①A、B、C 三个端口中，A、B 是 8 位 I/O 口，数据传送方向由命令寄存器决定，C 端口为 6 位 I/O 口，也可用作 A、B 口的控制线，通过命令寄存器的编程来选择。

②控制逻辑部件中有一个控制命令寄存器和一个状态寄存器，8155 的工作方式由 CPU 写入控制命令寄存器中控制字来确定。

③8155 中设置有一个 14 位的定时/计数器，可用作定时或对外部脉冲计数。

④RAM 容量为 256×8 位，由一个静态随机存取存储器和一个地址锁存器组成。

（3）芯片功能

8155 通过 IO/$\overline{\text{M}}$（RAM 和 I/O 选择端）决定输入的是存储器地址还是 I/O 接口地址。

IO/$\overline{\text{M}}$=0：AD7～AD0 输入的是存储器地址，寻址范围为 00H～FFH。

IO/$\overline{\text{M}}$=1：AD7～AD0 输入的是 I/O 接口地址，其地址编码如表 8-17 所示。

内部寄存器和口地址由 A2～A0 给出：

表 8-17 8155 口地址分布表

| 地址（AD7～AD0） | | | | | | | | 寄 存 器 |
|---|---|---|---|---|---|---|---|---|
| A7 | A6 | A5 | A4 | A3 | A2 | A1 | A0 | |
| X | X | X | X | X | 0 | 0 | 0 | 内部命令/状态寄存器 |
| X | X | X | X | X | 0 | 0 | 1 | A 口（PA7～PA0） |
| X | X | X | X | X | 0 | 1 | 0 | B 口（PB7～PB0） |
| X | X | X | X | X | 0 | 1 | 1 | C 口（PC5～PC0） |
| X | X | X | X | X | 1 | 0 | 0 | 定时器低 8 位 |
| X | X | X | X | X | 1 | 0 | 1 | 定时器高 8 位 |

功能使用说明：

①CPU 向 XXXXX000B 地址写入的数据进命令寄存器，CPU 从 XXXXX000B 地址读出的数据来自状态寄存器。

②当 CE＝0，IO/$\overline{M}$＝0 时，8155 只能做片外 RAM 使用，共 256B。其寻址范围由以及 AD0～AD7 的接法决定，这和前面讲到的片外 RAM 扩展时讨论的完全相同。当系统同时扩展片外 RAM 芯片时，要注意二者的统一编址。对这 256B RAM 的操作使用片外 RAM 的读/写指令 "MOVX"。

③当 CE＝0，IO/M＝1 时，此时可以对 8155 片内 3 个 I/O 端口以及命令/状态寄存器和定时/计数器进行操作。与 I/O 端口和计数器使用有关的内部寄存器共有 6 个，需要三位地址来区分。

**2. 命令寄存器**

芯片 8155 I/O 口的工作方式的确定也是通过对 8155 的命令寄存器写入控制字来实现的。8155 控制字的格式如图 8-26 所示。命令寄存器只能写入不能读出，也就是说，控制字只能通过指令 MOVX @DPTR，A 或 MOVX @Ri，A 写入命令寄存器。可以把一个命令写入 X X X X X 0 0 0 B 地址中改变命令寄存器的内容实现编程，即控制 I/O 接口的工作方式和数据流向。工作方式控制字的格式及功能如图 8-26 所示。

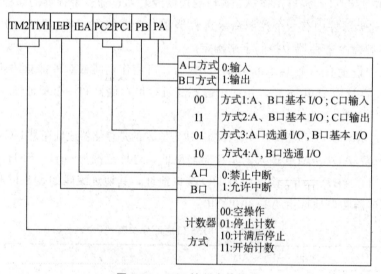

**图 8-26 8155 控制字的格式**

图 8-26 中关于联络信号说明如下（以 A 口为例）：

· AINTR—A 口发出的中断请求信号输出线，高电平有效。作为 CPU 的中断源。当 8155 的 A 口内部缓冲器收到外设送入数据或向外设送出数据时，AINTR＝1（在中断允许情况下）。CPU 在响应 AINTR 中断申请后对 A 口进行一次读/写操作，然后 AINTR 自动恢复低电平。

· ABF—A 口内部缓冲寄存器满信号输出线，高电平有效。当 A 口内部缓冲器存有数据时，ABF＝1。

· ASTB—外设数据送入 A 口的选通信号线，低电平有效。A 口数据输入时，ASTB 是外设送来的选通信号；A 口数据输出时，ASTB 是外设送来的应答信号。

在基本输入、输出工作方式中，8155 各口都无须联络信号进行数据的输入或输出操作。而在选通输入、输出工作方式中，需要用联络信号进行输入或输出。

**3. 状态寄存器**

状态寄存器和命令寄存器的地址相同，当读地址 XXXXX000B 的内容时，则可查询 I/O 口和定时/计数器的状态。状态寄存器中各位的意义如表 8-18 所示。

**表 8-18    状态寄存器位功能**

| D7 | D6 | D5 | D4 | D3 | D2 | D1 | D0 |
|----|----|----|----|----|----|----|----|
| — | TIMER | INTEB | BFB | INTRB | INTEA | BFA | INTRA |

INTRA：A 口中断请求标志位。1—请求，0—未请求。

BFA：A 口缓冲器满标志位（输入时），A 口缓冲器空标志位（输出时）1—满，0—空。

INTEA：A 口中断允许标志位。1—允许，0—禁止。

INTRB：B 口中断请求标志位。1—请求，0—未请求。

BFB：B 口的缓冲器满/空标志位（输入/输出）。1—满，0—空。

INTEB：B 口中断允许标志位。1—允许，0—禁止。

TIMER：定时/计数器中断标志位。当达到最终计数值时，该位锁定于高电平，并由读命令/状态寄存器操作或开始新的计数过程操作复位至低电平。

状态寄存器和命令寄存器是同一地址，状态寄存器只能读出不能写入，也就是说，状态字只能通过指令 MOVX A，@DPTR 或 MOVX A，@Ri 来读出，以此来了解 8155 的工作状态。8155 的状态字格式如图 8-27 所示。

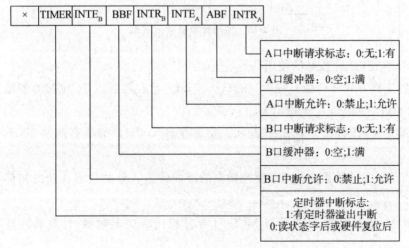

**图 8-27    8155 的状态字格式**

**4. 定时/计数器**

(1) 计数器的计数初值和工作方式寄存器格式

8155 的可编程定时/计数器是一个 14 位的减法计数器，在 TIMERIN 端输入计数脉冲，计满时由 TIMEROUT 输出脉冲或方波，输出方式由定时器高 8 位寄存器中的 M2、M1 两位来决定。定时/计数器的初始值和输出方式由高、低 8 位寄存器的内容决定，初始值 14 位，其余两位定义输出方式。编址为 XXXXX100B 和 XXXXX101B 的 2 个寄存器为计数长度寄存器，计数初值由程序预置，每次预置一个字节，该寄存器的 0～13 位规定了下一次计数的长度，14、15 位规定了定时/计数器的输出方式，该寄存器的定义如表 8-19 所示。

表 8-19　计数长度寄存器

| M2　M1 | T13　T12　T11　T10　T9　T8 | T7　T6　T5　T4　T3　T2　T1　T0 |
|---|---|---|
| 输出方式 | 计数长度高 6 位 | 计数长度低 8 位 |

定时/计数正在工作时也可将新的计数长度和方式打入计数长度寄存器，但在定时/计数器使用新的计数值和方式之前，必须发一条启动命令，即使只希望改变计数值而不改变方式也必须如此。图 8-28 给出了计数方式控制字 M1，M0 对 Tout 输出波形的影响。

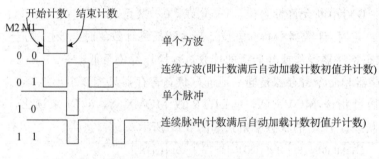

图 8-28　定时计数器输出波形

(2) 8155 定时/计数器的使用

· 设置工作方式和初值：先对（04H）（05H）寄存器装入 14 位初值和输出信号形式。14 位初值的范围是 2—3FFFH。

· 启动定时/计数器。即对命令/状态字寄存器（00H）的最高两位 TM2，TM1 写入 "11"。

· 如果定时/计数器在运行中要改换新的时间常数，务必先装入新的初值，然后再发送一次启动命令，即写入：TM2，TM1＝11。

(3) 8155 的定时器/计数器与 MCS-51 单片机内部的定时器/计数器的异同点如表 8-20 所示。

表 8-20　8155 的定时器/计数器与 MCS-51 单片机内部的定时器/计数器

|  | MCS-51 内部定时器/计数器 | 8155 的定时器/计数器 |
|---|---|---|
| 记数原则 | 加法记数 | 减法记数 |
| 工作方式 | 4 种：方式 0～方式 3 | 1 种：14 位记数（4 种输出） |
| 信号源 | 定时：由内部提供固定频率的脉冲 | 定时和记数都由外部 TIMER IN 提供记数脉冲 |
| 工作原理 | 记数溢出自动置位 TF 位，供用户以查询（或中断）方式使用 | 记数溢出时向 TIMER OUT 输出一个脉冲（方波）信号 |
| 相同点 | 同样具有定时和记数两种功能 |  |

　　8155 计数器的最小初值为 2。分频应用时，初值即为分频系数，初值若为偶数，则输出等占空比方波；若为奇数，则正半周多一个脉冲周期。

**5. MCS-51 芯片和 8155 的连接**

　　MCS-51 可以和 8155 直接连接，不需任何外加逻辑电路。它使系统增加 256 个字节的 RAM，22 条 I/O 线和一个 14 位的定时/计数器，MCS-51 和 8155 的接口方法如图 8-29 所示。

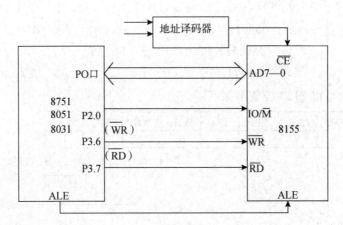

图 8-29　MCS-51 芯片与 8155 连接示意

　　从硬件连接图中可看出，连接的关键接线是 CE 和 IO/M。CE 决定本芯片是否被选中；而 IO/M 则决定是对 IO 端口操作还是对内部 RAM 操作。这两条线都要和地址线或地址译码器输出线相连。

**6. 8155 应用举例**

　　【例 8-4】现用 8155 作为外部 256 个 RAM 扩展及六位 LED 显示器接口电路，要求外部 RAM 地址范围是 0200H～02FFH；A 口输出，作为 LED 显示器八位段控输出口，地址是 0301H；C 口输出，作为六位 LED 的位控输出口，地址是 0303H，试设计硬件电路并写出初始化程序。

单片机原理

由题意可得硬件电路如图 8-30 所示。

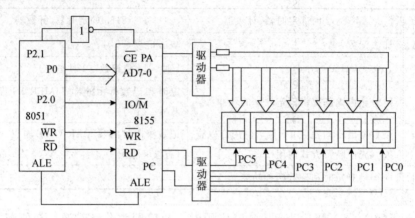

**图 8-30　8155 扩展应用举例**

由图可得：P2.1＝1，$\overline{CE}$＝0 时芯片选中；

P2.0＝0，选中 RAM 单元；

P2.0＝1，选中 I/O 口。

显然地址信号在 0200H—02FFH 范围内可选中 8155 中 256 个 RAM 单元。（P2.1 P2.0＝10，A7－A0 从 00000000—11111111B 变化），8155 中六个 I/O 地址如下：

命令状态寄存器地址：0300H （P2.1，P2.0＝11，A2　A1　A0＝000）

口 A 地址：　　　　　0301H （P2.1，P2.0＝11，A2　A1　A0＝001）

口 C 地址：　　　　　0303H （P2.1，P2.0＝11，A2　A1　A0＝011）

又根据题意可得 8155 控制字如下：

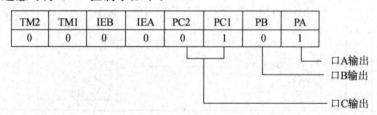

| TM2 | TM1 | IEB | IEA | PC2 | PC1 | PB | PA |
|-----|-----|-----|-----|-----|-----|-----|-----|
| 0 | 0 | 0 | 0 | 0 | 1 | 0 | 1 |

口A输出

口B输出

口C输出

初始化程序如下：

```
MOV DPTR,# 0300H        ;指向命令寄存器地址。
MOV A,# 05H             ;控制字送 A。
MOVX @ DPTR,A           ;控制字送命令寄存器。
```

【例 8-5】MCS-51 和 8155 的接口非常简单，因为 8155 内部有一个 8 位地址锁存器，故无须 z 外接锁存器。在二者的连接中，8155 的地址译码即片选端可以采用线选法、全译码等方法，这和 8255 类似。在整个单片机应用系统中要考虑与片外 RAM 及其他接口芯片的统一编址。

8031 单片机与并行接口 8155 的接口电路如图 8-31 所示。

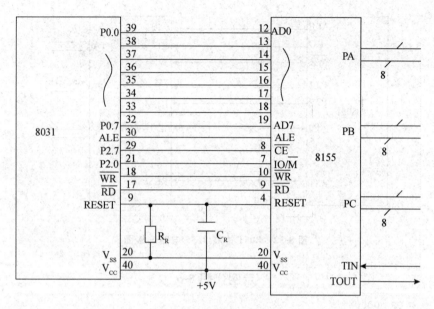

图 8-31　电路连接图

设 A 口定义为基本输入方式，B 口定义为基本输出方式，定时器作为方波发生器，对输入脉冲进行 24 分频。

8155 初始化参考程序：

### 示例代码 8-5

```
MOV DPTR,# 7F04H
MOV A,# 18H             ;对计数器的低8位赋初值
MOVX @ DPTR,A
INC DPTR
MOV A,# 40H             ;设定定时器为连续方波输出
MOVX @ DPTR,A           ;装入定时器高8位
MOVDPTR,# 7F00H
MOVA,# 0C2H             ;设定命令控制字,启动定时器
MOVX @ DPTR,A
```

【程序分析】对 8155 地址分配如下：RAM 地址：7E00H－7EFFH ，命令/状态寄存器的地址：7F00H，PA 口的地址：7F01H，PB 口的地址：7F02H，PC 口的地址：7F03H，定时器低 8 位的地址：7F04H，定时器高 8 位的地址：7F05H。

【例 8-6】如图 8-32 将单片机片内 RAM 40H～4FH 单元的内容，送 8155 芯片内的 00H～0FH 单元。

231

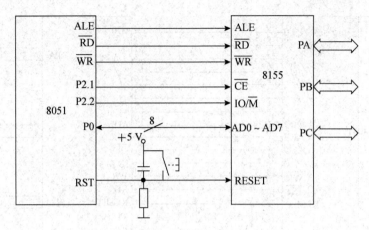

图 8-32　8051 扩展 8155 电路连接图

**示例代码 8-6**

```
        ORG 0000H
        LJMP START
        ORG 0030H
START:  MOV SP ,# 60H
        MOV R0,# 40H            ;CPU 片内 RAM 40H 单元地址指针送 R0
        MOV DPTR,# 7E00H        ;数据指针指向 8155 内部 RAM 单元
LP:     MOV A,@ R0             ;数据送累加器 A
        MOVX @ DPTR,A          ;数据从累加器 A 送 8155 内部 RAM 单元
        INC DPTR              ;指向下一个 8155 内部 RAM 单元
        INC R0               ;指向下一个 CPU 内部 RAM 单元
        CJNE R0,# 50H,LP       ;数据未传送完返回
        MOV DPTR,# 7F04H       ;指向定时器低 8 位
        MOV A,# 64H           ;分频系数
        MOVX @ DPTR,A          ;低 8 位初值装入
        INC DPTR              ;指向定时器高 8 位
        MOV A,# 40H           ;设计数器方式为连续方波(40H= 0100 0000B)
        MOVX @ DPTR,A          ;计数器方式及高 6 位初值装入
        MOV DPTR,# 7F00H       ;数据指针指向控制字寄存器
        MOV A,# 0C2H          ;设定 A,B,C 口方式
        MOVX @ DPTR,A          ;启动计数器(0C2H= 1100 0010B)
        SJMP $
        END
```

【**程序分析**】设定 8155 芯片的工作方式为：A 口基本输入方式，B 口基本输出方式，C 口输入方式，计数器作为方波发生器，对输入脉冲 100 分频。

### 8.3.4　扩展可编程并行 I/O 芯片 8255

所谓可编程的接口芯片是指其功能可由微处理机的指令来加以改变的接口芯片，利用编程的方法，可以使一个接口芯片执行不同的接口功能。目前，各生产厂家已提供了很多系列的可编程接口，MCS-51 单片机常用的两种接口芯片是 8255A 以及 8155。8255 和 MCS-51 相连，可以为外设提供三个 8 位的 I/O 端口：A 口、B 口和 C 口，三个端口的功能完全由编程来决定。

**1. 8255 的内部结构和引脚排列**

8255 是可编程的并行输入/输出接口芯片，通用性强且灵活，常用来实现与 MCS-51 系列单片机的并行 I/O 扩展。

（1）8255 是一个 40 引脚的双列直插集成电路芯片，其引脚排列如图 8-33 所示。

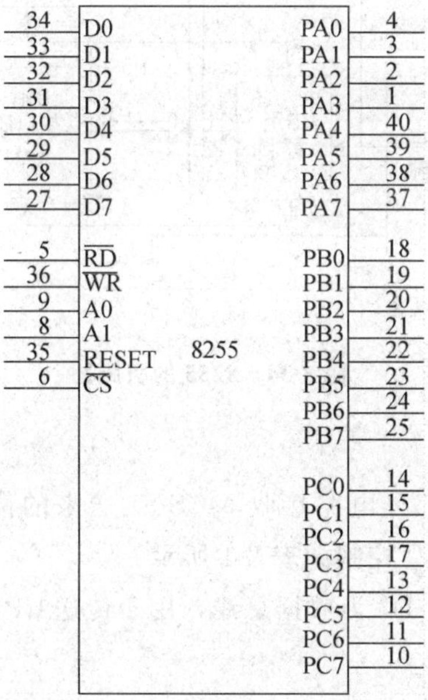

| 34 | D0 | PA0 | 4 |
|----|----|----|----|
| 33 | D1 | PA1 | 3 |
| 32 | D2 | PA2 | 2 |
| 31 | D3 | PA3 | 1 |
| 30 | D4 | PA4 | 40 |
| 29 | D5 | PA5 | 39 |
| 28 | D6 | PA6 | 38 |
| 27 | D7 | PA7 | 37 |
| 5 | $\overline{RD}$ | PB0 | 18 |
| 36 | $\overline{WR}$ | PB1 | 19 |
| 9 | A0 | PB2 | 20 |
| 8 | A1 | PB3 | 21 |
| 35 | RESET | PB4 | 22 |
| 6 | $\overline{CS}$ | PB5 | 23 |
| | | PB6 | 24 |
| | | PB7 | 25 |
| | | PC0 | 14 |
| | | PC1 | 15 |
| | | PC2 | 16 |
| | | PC3 | 17 |
| | | PC4 | 13 |
| | | PC5 | 12 |
| | | PC6 | 11 |
| | | PC7 | 10 |

（芯片中央标注：8255）

图 8-33　8255 的引脚图

按功能可把 8255 分成 3 个逻辑电路部分，即总线接口电路、口电路和逻辑控制电路，8255 内部结构如图 8-34 所示。

（2）8255 结构特点如下：

·8255 共有 3 个八位的口：A 口、B 口和 C 口。A 口、B 口和 C 口均为 8 位 I/O 数据口，但结构上略有差别。三个端口都可以和外设相连，分别传送外设的输入/输出数据或控制信息。

·A、B 组控制电路。这是两组根据 CPU 的命令字控制 8255 工作方式的电路。A 组控制 A 口及 C 口的高 4 位，B 组控制 B 口及 C 口的低 4 位。

·数据缓冲器。这是一个双向三态 8 位的驱动口，用于和单片机的数据总线相连，

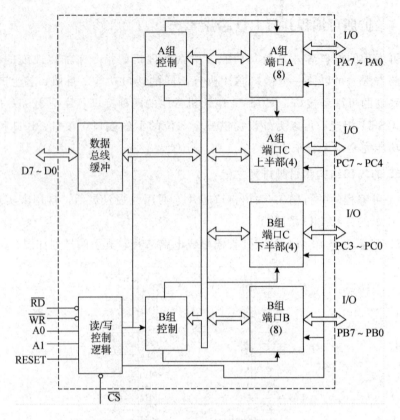

**图 8-34 8255 的引脚图**

传送数据或控制信息。

· 读/写控制逻辑。这部分电路接收 MCS-51 送来的读/写命令和选口地址，用于控制对 8255 的读/写。其读写控制如表 8-1 所示。

· 数据线（8 条）：D0～D7 为数据总线，用于传送 CPU 和 8255 之间的数据、命令和状态字。

· 控制线和寻址线（6 条）

RESET：复位信号，输入高电平有效。一般和单片机的复位相连，复位后，8255所有内部寄存器清 0，所有口都为输入方式。

WR 和 RD：读/写信号线，输入，低电平有效。

CS：片选线，输入，低电平有效。

· A0、A1：地址输入线。当为 0，芯片被选中时，这两位的 4 种组合 00、01、10、11 分别用于选择 A、B、C 口和控制寄存器。

· I/O 口线（24 条）：PA0～PA7、PB0～PB7、PC0～PC7 为 24 条双向三态 I/O总线，分别与 A、B、C 口相对应，用于 8255 和外设之间传送数据。

· 电源线（2 条）：VCC 为+5V，GND 为地线。

表 8-21　8255 读/写控制表

| CS | A1 | A0 | RD | WR | 所选端口 | 操作 |
|---|---|---|---|---|---|---|
| 0 | 0 | 0 | 0 | 1 | A 口 | 读端口 A |
| 0 | 0 | 1 | 0 | 1 | B 口 | 读端口 B |
| 0 | 1 | 0 | 1 | 1 | C 口 | 读端口 C |
| 0 | 0 | 0 | 1 | 0 | A 口 | 写端口 A |
| 0 | 0 | 1 | 1 | 0 | B 口 | 写端口 B |
| 0 | 1 | 0 | 1 | 0 | C 口 | 写端口 C |
| 0 | 1 | 1 | 1 | 0 | 控制寄存器 | 写控制字 |
| 1 | × | × | × | × | / | 数据总线缓冲器输出高阻抗 |

### 2. 8255 的控制字

8255 的三个端口具体工作在什么方式下，是通过 CPU 对控制口的写入控制字来决定的。8255 有两个控制字：方式选择控制字和 C 口置/复位控制字。用户通过程序把这两个控制字送到 8255 的控制寄存器（A0A1＝11），这两个控制字以 D7 来作为标志。

（1）方式选择控制字

方式选择控制字用于确定各口的工作方式及数据传送方向。其格式和定义如图 8-35 所示。

对工作方式说明如下：

①A 口有三种方式，B 口只有两种方式。

②在方式 1 或者方式 2 下，对 C 口的定义（输入或者输出）不影响作为联络线使用的 C 口各位的功能。

③最高位 D7 是标志位，其状态固定为 1，用于表明本字节是工作方式控制字。

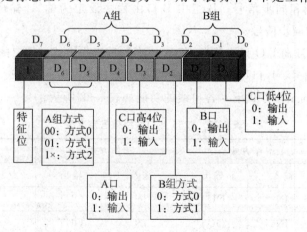

图 8-35　8255 工作方式控制字格式图

（2）C口置/复位控制字

C口具有位操作功能，把一个置/复位控制字送入8255的控制寄存器，就能将C口的某一位置1或清0而不影响其他位的状态。在一些应用的情况下，C口用来定义控制信号和状态信号。C口置/复位控制字的格式和定义如图8-36示。

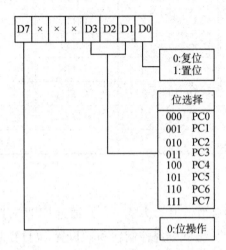

图 8-36　8255 的复位/置位控制字格式

D7 是该位控制字的标志位，其状态固定为 0。

### 3. 8255 的工作方式

8255 有三种工作方式：方式 0、方式 1、方式 2。方式的选择是通过上述写控制字的方法来完成的。

（1）方式 0（基本输入/输出方式）：不需要任何选通信号，适合于无条件传输数据的设备，数据输出有锁存，数据输入有缓冲（无锁存）。

（2）方式 1（选通输入/输出方式）：A 组中 A 口由程序设定为/输出，C 口的高四位——A 口的控制和同步信号；B 组中 B 口由程序设定为输入/输出，C 口的低四位——B 口的控制和同步信号。

（3）方式 2（双向 I/O 口方式）：仅 A 口有这种工作方式。C 口的 PC7～PC3——A 口的控制和同步信号。B 口可工作在方式 0 或方式 1。

8255 在不同的工作方式下，各口线的功能如表 8-22 所示。

表 8-22　8255 各口联络信号定义表

| 端口 | 工作方式 0 | | 工作方式 1 | | 工作方式 2 |
|---|---|---|---|---|---|
| | 输入 | 输出 | 输入 | 输出 | 输入/输出 |
| PA 口 | IN | OUT | IN | OUT | 双向 |
| PB 口 | IN | OUT | IN | OUT | 无 |
| PC0 | IN | OUT | INTRB | INTRB | 无 |

| 端口 | 工作方式0 | | 工作方式1 | | 工作方式2 |
|---|---|---|---|---|---|
| | 输入 | 输出 | 输入 | 输出 | 输入/输出 |
| PC1 | IN | OUT | IBFB | | 无 |
| PC2 | IN | OUT | | | 无 |
| PC3 | IN | OUT | INTRA | INTRA | INTRA |
| PC4 | IN | OUT | | I/O | |
| PC5 | IN | OUT | IBFA | I/O | IBFA |
| PC6 | IN | OUT | I/O | | |
| PC7 | IN | OUT | I/O | | |

**4. 8031 单片机同 8255 的接口及应用**

【例 8-7】：8031 单片机与 8255 的接口电路如图 8-37 所示。PA：FF7CH PB：
FF7DH PC：7EH 命令/状态：FF7FH，A 口、B 口、C 口和控制寄存器单元地址分别
为 7FFCH、7FFDH、7FFEH 和 7FFFH。

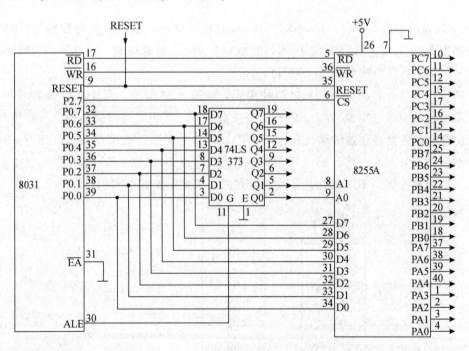

图 8-37 8031 单片机同 8255A 电路链接图

**示例代码 8-7**

```
MOV DPTR,# 7FFFH        ;地址指向 8255 控制口

MOV A,# 80H             ;设端口 A、B、C 设为方式 0 的输出方式
```

```
        MOVX @ DPTR,A              ;写入控制字
        MOV DPTR,# 7FFCH          ;地址指向 8255 端口 A
        MOV A,# 00H               ;输出数据# 00H 传入累加器 A
        MOVX @ DPTR,A             ;向端口 A 写入数据
        MOV DPTR,# 7FFFH          ;地址指向 8255 控制口
        MOV A,# 07H               ;设控制字,将 PC3 口置为 1
        MOVX @ DPTR,A             ;写入控制字
```

【程序分析】利用 8255 进行 I/O 扩展,使端口 A、B、C 都工作于方式 0 且均为输出方式,并从端口 A 输出一个数据,之后将 PC3 置为 1。

# 8.4　LED 显示器接口电路及显示程序

单片机应用系统常用的显示器件主要有 LED(发光二极管)和 LCD(液晶显示器)。这两种显示器具有耗电低、配置灵活、线路简单、安装方便、耐震动、寿命长等优点。

## 8.4.1　LED 显示器工作原理

LED 显示器由八段字形排列的发光二极管组合而成,也可以称为数码管。其外形结构如图 8-38 八段 LED 显示器所示,它由 8 个发光二极管构成,通过不同的组合可显示 0~9、A~F 及小数点"."等字符。

数码管通常有共阴极和共阳极两种接法,如图 8-38 所示。对于共阴极显示器,其公共端应接低电平(接地),a−dp 端只要接高电平,其相应线段就发亮。一般情况下,a−dp 端接在数据锁存器的输出线上,这个端口称为字形口或段控口;而几个 LED 显示器的公共端并列在一起,称为字位口或位控口,它决定该 LED 显示器是否能发光。对于共阳极显示器,不同之处是各线段发光的电平要求正好全部相反。

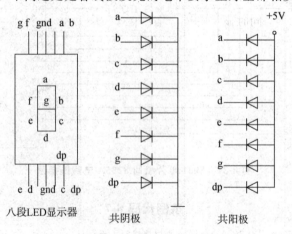

图 8-38　八段 LED 显示器

7 段发光二极管，再加上一个小数点，共计 8 段。因此提供一个 LED 显示器的字形代码正好一个字节。例如用上述 LED 显示器显示字符"3"。对共阴 LED 显示器显然有：

a, b, c, d, g＝1；f, e, dp＝0，即 4FH。

| 编码 | D7 | D6 | D5 | D4 | D3 | D2 | D1 | D0 |
|---|---|---|---|---|---|---|---|---|
| 字符 | 0 | 1 | 0 | 0 | 1 | 1 | 1 | 1 |
|  | dp | g | f | e | d | c | b | a |

根据上述思路，很容易得到八段 LED 显示器字型与代码表如表 8-23 所示：

表 8-23　八段 LED 显示字形代码表

| 字　型 | 共阳极代码 | 共阴极代码 | 字　　型 | 共阳极代码 | 共阴极代码 |
|---|---|---|---|---|---|
| 0 | C0H | 3FH | 9 | 90H | 6FH |
| 1 | F9H | 06H | A | 88H | 77H |
| 2 | A4H | 5BH | b | 83H | 7CH |
| 3 | B0H | 4FH | C | C6H | 39H |
| 4 | 99H | 66H | d | A1H | 5EH |
| 5 | 92H | 6DH | E | 86H | 79H |
| 6 | 82H | 7DH | F | 8EH | 71H |
| 7 | F8H | 07H | 灭 | FFH | 00H |
| 8 | 80H | 7FH |  |  |  |

用 LED 显示器显示多位字符时，通常采用动态扫描的方法进行显示，即逐个地循环点亮各位显示器。当扫描频率足够高时，利用人眼的视觉残留效应（约几十毫秒），看起来如同全部显示器同时显示一样。

### 8.4.2　LED 显示器与单片机的接口电路

图 8-39 为用 8155A 口和 C 口作为六位共阴极 LED 显示器接口电路：

PA 口送出的段控码同时送给六位 LED 显示器，但只有其位控端（GND 端）为低电平的 LED 显示器才能点亮。反相驱动器用于增加段控口和位控口的电流驱动能力。

 单片机原理

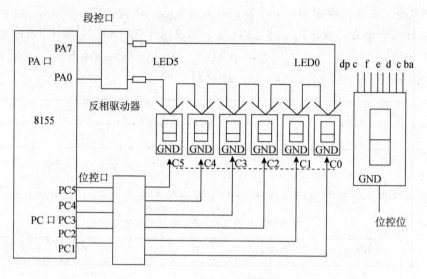

**图 8-39  8155 与六位 LED 显示器连接电路**

## 8.4.3  显示程序

对上述多位 LED 显示器，多采用建立显示缓冲区，建立字符代码表，并采用动态扫描方式进行显示。

**1. 建立显示缓冲区**

通常在内部 RAM 中开辟显示缓冲区，显缓区单元个数与 LED 位数相同。例如对六位 LED 显示器，可设显示缓冲区单元为 79H－7EH，对应关系如下：

| LED5 | LED4 | LED3 | LED2 | LED1 |
| --- | --- | --- | --- | --- |
| 7EH | 7DH | 7CH | 7BH | 7AH |

显示缓冲区中可按显示次序放入所显示字符的编码，或直接放入所显示的字符，然后再通过查字形代码表找出相应字符编码作为段控码送 LED 显示器。

**2. 编写显示程序**

现用六位 LED 显示"008031"六个字符，设 A 口地址为 0301H，C 口地址为 0303H，用查表方式来求得相应编码并显示。可事先在显示缓冲区中依次放入待显示字符如下：

| 7EH | 70H | 7CH | 7BH | 7AH |
| --- | --- | --- | --- | --- |
| 00H | 00H | 08H | 00H | 03H |

显示参考程序如下：（考虑反相驱动器反相作用）

```
DIS:    MOV R1,# 79H              ;指向显缓区首址。
```

```
            MOV R2,# 00000001B        ;从右面第一位开始显示。
LD0:        MOV A,# 00H
            MOV DPTR,# 0303H          ;送字形前先关显示。
            MOVX @ DPTR,A
            MOV A,@ R1                ;取显示字符。
            MOV DPTR,#TABLE           ;指向字符代码表首址。
            MOVC A,@ A+ DPTR          ;取字符相应编码。
            MOV DPTR,# 0301H          ;指向段控口。
            MOVX @ DPTR,A             ;字符编码送 A 口(段控口)。
            MOV A,R2                  ;位控码送 A。
            MOV DPTR,# 0303H          ;指向位控口。
            MOVX @ DPTR,A             ;位控码送 C 口(位控口)。
            ACALL DELAY               ;延时。
            INC R1                    ;指向下一显缓单元。
            MOV A,R2                  ;取当前位控码。
            JB ACC. 5,LD1,            ;是否扫描到最左边,是返回。
            RL A                      ;否,左移一位。
            MOV R2,A                  ;保存位控码。
            AJMP LD0                  ;继续扫描显示。
LD1:        RET                       ;返回。
            ORG 3000H                 ;依次建立字符代码表。
TABLE：     DB0C0H                    ;0
            DB0F9H                    ;1
            DB0A4H                    ;2
            DB 0B0H                   ;3
            DB 99H                    ;4
            DB 92H                    ;5
            ......
```

几点说明:

(1) 单片机定期调用上述显示子程序,使字符显示稳定。

(2) 由于考虑反相驱动器的反相因素,所以用共阳极 LED 字符代码表。同时设位控端为"1"时对应 LED 点亮。

(3) 如不用查表方式求得字符编码,也可直接向显示缓冲区中写入待显示字符编码,再将上述程序稍加修改后即可。

# 8.5 单片机键盘接口技术

## 8.5.1 键盘功能及结构概述

键盘是单片机系统实现人机对话的常用输入设备。操作员通过键盘，向计算机系统输入各种数据和命令，亦可通过使用键盘，让单片机系统处于预定的功能状态。

键盘按照其内部不同电路结构，可分为编码键盘和非编码键盘二种。编码键盘本身除了带有普通按键之外，还包括产生键码的硬件电路。使用时，只要按下编码键盘的某一个键，硬件逻辑会自动提供被按下的键的键码，使用十分方便，但价格较贵。由非编码键盘组成的简单硬件电路，仅提供各个键被按下的信息，其他工作由软件来实现。由于价格便宜，而且使用灵活，因此广泛应用在单片机应用系统中。本书仅介绍非编码键盘的硬件电路和程序设计方法。非编码键盘按照其键盘排列的结构，又可分为独立式按键和行列式按键两种类型。

## 8.5.2 键盘抖动及去除

首先我们来看一下，在键盘工作过程中会遇到什么问题呢？

目前各种结构的键盘，主要是利用机械触点的合、断作用，产生一个电压信号，然后将这个电信号传送给CPU。由于机械触点的弹性作用，在闭合及断开的瞬间均有抖动过程。抖动时间长短，与开关的机械特性有关，一般约5～10ms之间。

图8-40为闭合及断开时的电压抖动波形：

**图8-40　键闭合及断开时的电压抖动波形**

按键的稳定闭合期，由操作人员的按键动作所确定，一般为十分之几秒至几秒时间。为保证CPU对键的一次操作仅作一次输入处理，必须去除抖动影响及人为的操作时间长短的影响。

通常去抖动影响的措施有硬、软件两种；可用基本R－S触发器或单稳态电路构成硬件去抖动电路，也可采用软件延时的方法除去键盘抖动产生的影响。采用软件除去抖动影响的办法是，在检测到有键按下时，执行一个10ms左右的延时程序，然后再去判断该键电平是否仍保持闭合状态电平，如保持闭合状态电平则可确认该键为按下状态，从而消除了抖动影响。具体程序设计将在本章实例中介绍。

### 8.5.3　独立式按键

独立式按键是指直接用 I/O 口线构成的单个按键电路。每个独立式按键单独占有一根 I/O 口线，每根 I/O 口线上的按键的工作状态不会影响其他 I/O 口线的工作状态。图 8-41 为一种独立式四按键电路，键值由软件用中断或查询方式获得。

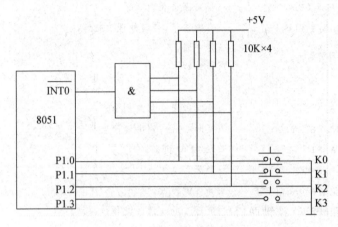

**图 8-41　四按键输入参考电路**

由图 8-41 可见：

1. K0～K3 四个按键在没有按下时，P1.0～P1.3 均处于高电平状态；只要有键按下，则相应的 I/O 口线就变成低电平；一个按键与一根 I/O 口线状态相对应。

2. 在图 8-41 中，为了使 CPU 能及时处理键盘功能，四根键盘状态输出线被送到四与门输入端。这样，只要有任一键按下，该四与门输出端便由高电平变成低电平，再通过 $\overline{INT0}$ 向 CPU 发出中断请求。

3. 显然，在中断服务程序中，应设计键盘去抖动延时程序和读键值程序。

4. 等待键释放以后，再退出中断服务程序，转向各键定义的各功能程序。这样可以避免发生一键按下、多次处理的现象。

由上可得四按键识别程序如下：

```
        ORG 0000H
        AJMP MAIN           ;转向主程序。
        ORG 0003H
        AJMP JSB            ;设置键识别中断服务程序入口。
        ORG 0030H
MAIN:   MOV SP,# 30H        ;设置堆栈。
        SETB EA             ;开中断。
        SETB EX0            ;允许INT0中断。
        MOV P1,# 0FFH       ;设 P1 口为输入方式。
HERE:   SJMP HERE           ;等待键闭合。
```

键识别中断服务程序：

```
            ORG 0120H
JSB:    PUSH ACC                    ;保护现场。
        CLR EA                      ;暂时关中断。
        MOV A,P1                    ;取 P1 口当前状态。
        ANL A,#0FH                  ;屏蔽高 4 位。
        CJNE A,#0FH,KEY             ;有键按下,转键处理 KEY。
        SETB EA                     ;开中断。
        POP ACC                     ;现场恢复。
        RETI                        ;返回。
KEY:    MOV B,A                     ;保存键闭合信息到 B。
        LCALL DELAY10               ;延时 10ms,消去键闭合抖动。
LOOP:   MOV A,P1                    ;取 P1 口状态。
        ANL A,#0FH                  ;屏蔽高 4 位。
        CJNE A,#0FH,LOOP            ;等待键释放。
        LCALL DELAY10               ;延迟 10ms,消去键释放抖动。
        MOV A,B                     ;取键闭合信息。
        JNB ACC.0,KEY0              ;若 K0 按下,转键处理程序 KEY0。
        JNB ACC.1,KEY1              ;若 K1 按下,转键处理程序 KEY1。
        JNB ACC.2,KEY2              ;若 K2 按下,转键处理程序 KEY2。
        AJMP KEY3                   ;转键处理程序 KEY3。
```

说明：

（1）DELAY10 为延迟 10ms 子程序，KEY0，KEY1，KEY2，KEY3，分别为 K0，K1，K2，K3 键处理专用程序。

（2）KEY0，KEY1，KEY2，KEY3 中应包括中断返回指令。

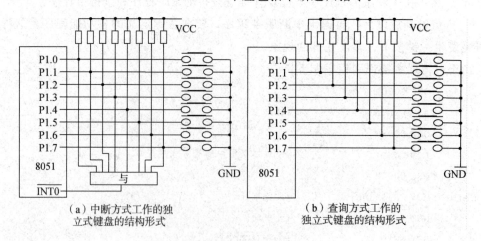

（a）中断方式工作的独立式键盘的结构形式　　　（b）查询方式工作的独立式键盘的结构形式

**图 8-42　独立键盘结构**

下面是针对图 8-42 （b）图查询方式的汇编语言形式的键盘程序。总共有 8 个键位，KEY0～KEY7 为 8 个键的功能程序。

```
START: MOV A,# 0FFH;
       MOV P1,A            ;置 P1 口为输入状态
       MOV A,P1            ;键状态输入
       CPL A
       JZ START            ;没有键按下,则转开始
       JB ACC.0,K0         ;检测 0 号键是否按下,按下转
       JB ACC.1,K1         ;检测 1 号键是否按下,按下转
       JB ACC.2,K2         ;检测 2 号键是否按下,按下转
       JB ACC.3,K3         ;检测 3 号键是否按下,按下转
       JB ACC.4,K4         ;检测 4 号键是否按下,按下转
       JB ACC.5,K5         ;检测 5 号键是否按下,按下转
       JB ACC.6,K6         ;检测 6 号键是否按下,按下转
       JB ACC.7,K7         ;检测 7 号键是否按下,按下转
       JMP START           ;无键按下返回,再顺次检测
K0:    AJMP KEY0
K1:    AJMP KEY1
       ……
K7:    AJIMP KEY7
KEY0:  ……                 ;0 号键功能程序
       JMP START           ;0 号键功能程序执行完返回
KEY1:  ……                 ;1 号键功能程序
       JMP START           ;1 号键功能程序执行完返回
       ……
KEY7:  ……                 ;7 号键功能程序
       JMP START           ;7 号键功能程序执行完返回
```

### 8.5.4　行列式键盘

行列式键盘又叫矩阵式键盘。用 I/O 口线组成行、列结构，按键设置在行与列的交点上。图 8-43 所示为一个由八条行线与四条列线组成的 8×4 行列式键盘，32 个键盘只用了 12 根 I/O 口线。由此可见，在按键配置数量较多时，采用这种方法可以节省 I/O 口线。

行列式键盘必须由软件来判断按下键盘的键值。其判别方法是这样的：

如图 8-43 所示，首先由 CPU 从 PA 口输出一个全为 0 的数据，也就是说，这时 PA.7—PA.0 全部为低电平，这时如果没有键按下，则 PB.0—PB.3 全部处于高电平。所以当 CPU 去读 8155PB 口时，PB.3—PB.0 全为 1 表明这时无键按下。

现在我们假设第 5 行第 4 列键是按下的（即图中箭头指着的那个键）。由于该键被

按下，使第 4 根列线与第 5 根行线导通，原先处于高电平的第 4 根列线被第 5 根行线箝位到低电平。所以这时 CPU 读 8155PB 口时 PB.3＝0；从硬件图中我们可以看到，只要是第 4 列键按下，CPU 读 8155PB 口时 PB.3 始终为 0。其 PB 口的读得值为 XXXX0111B，这就是第 4 列键按下的特征。如果此时读得 PB 口值为 XXXX1101B，显然可以断定是第 2 列键被按下。

读取被按键盘的行值，可用扫描方法。即首先使 8155PA 口输出仅 PA.0 为 0、其余位都是 1 然后去读 PB 口的值，如读得 PB.3—PB.0 为全 1；则接着使 PA.1 为 0 其余位都是 1，再读 PB 口，若仍为全 1；再继续使 PA.2 为 0，其余位为 1，再读 PB 口……直到读出 PB.0—PB.3 不全为 1 或 0 位移到 PA.7 为 0 为止。这种操作方式，就好像 PA 口为 0 的这根线，从最低位开始逐位移动（称作扫描），直到 PA.7 为 0 为止。很明显，对于我们上例中的第 5 行第 4 列键按下，必然有：在 PA 口输出为 11101111B 时 PB.0—PB.3 不全为 1，而是 XXXX0111B。此时行输出数据和列输入数据中 0 位置，即表示了该键的键值。

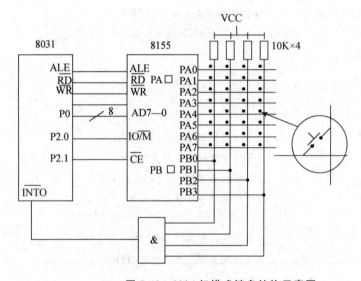

**图 8-43　8×4 扫描式键盘结构示意图**

综上所述，行－列式键盘的扫描键值可归结为二个步骤：

1. 判断有无键按下；

2. 判断按下键的行、列号，并求出键值，如在图 8-43 硬件图中，设定：

行号＝0，1，2，3，4，5，6，7；

列号＝0，1，2，3；

可得键值如图 8-44 所示：

```
列号 0    1    2    3    行号

    00   01   02   03    0
    10   11   12   13    1
    20   21   22   23    2
    30   31   32   33    3
    40   41   42   43    4
    50   51   52   53    5
    60   61   62   63    6
    70   71   72   73    7
```

**图 8-44　键值图**

由图 8-44 可得：键值＝行号×10H＋列号

若求得键值，则可利用散转指令，去执行键盘各自的功能程序。

下面是图 8-43 所示电路的键盘扫描及识别程序（JSB）算法及清单（约定 FFH 为无效键值，设 8155A 口地址为 FE01H，B 口地址为 FE02H）)：

1. 算法（流程图）如图 8-45 所示。

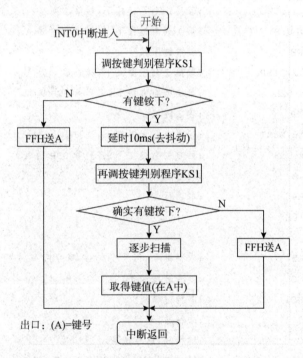

**图 8-45　键扫描及识别程序（JSB）流程图**

2. 程序清单

```
JSB:    ACALL KS1          ;调用按键判断子程序,判断是否有键按下。

        JNZ LK1            ;有键按下时,(A≠0)转去抖动延时。

        MOV A,# 0FFH

        AJMP FH            ;无键按下返回。
```

| LK1: | ACALL DELAY12 | ;延时 12MS。 |
| | ACALL KS1 | ;查有无键按下,若有,则为键真实按下。 |
| | JNZ LK2 | ;键按下(A≠0)转逐列扫描。 |
| | MOV A,# 0FFH | |
| | AJMP FH | ;没有键按下,返回。 |
| LK2: | MOV R2,#0FEH | ;首行扫描字送 R2。 |
| | MOV R4,#00H | ;首行号送 R4。 |
| LK4: | MOV DPTR,#FE01H | ;指向 A 口。 |
| | MOV A,R2 | |
| | MOVX @DPTR,A | ;行扫描字送至 8155PA 口。 |
| | INC DPTR | ;指向 8155PB 口。 |
| | MOVX A,@DPTR | ;8155PB 口读入列状态。 |
| | JB ACC·0,LONE | ;若第 0 列无键按下,转查第 1 列。 |
| | MOV A,#00H | ;第 0 列有键按下,将列首键号 00H 送 A。 |
| | AJMP LKP | ;转求键值。 |
| LONE: | JB ACC.1,LTWO | ;若第 1 列无键按下,转第 2 列。 |
| | MOV A,#01H | ;第 1 列有键按下,将列号 01H 送 A。 |
| | AJMP LKP | ;转求键值。 |
| LTWO: | JB ACC.2,LTHR | ;若第 2 列无键按下,转查第 3 列。 |
| | MOV A,# 02H | ;第 2 列有键按下,将列号 02H 送 A。 |
| | AJMP LKP | ;转求键值。 |
| LTHR: | JB ACC.3,NEXT | ;若第 3 列无键按下,改扫描下一行。 |
| | MOV A,# 03H | ;第 3 列有键按下,将列号 03H 送 A。 |
| LKP: | MOV R5,A | ;列号存 R5。 |
| | MOV A,R4 | ;取回行号。 |
| | MOV B,10H | |
| MUL | AB | ;乘 10H。 |
| | ADD A,R5 | ;求得键号(行号 * 10H + 列号)。 |
| | PUSH ACC | ;键号进栈保护。 |
| LK3: | ACALL KS1 | ;等待键释放。 |
| | JNZ LK3 | ;未释放,继续等待。 |
| | POP ACC | ;键释放,键号送 A。 |
| FH: | RETI | ;键扫描结束,出口状态为(A)= 键号。 |
| NEXT: | INC R4 | ;指向下一行,行号加 1。 |
| | MOV A,R2 | ;判 8 行扫描完没有? |
| | JNB ACC.7,KND | ;8 行扫描完,返回。 |
| | RL A | ;末完,扫描字左移一位。 |
| | MOV R2,A | ;暂存 A 中。 |
| | AJMP LK4 | ;转下一行扫描。 |

```
KND:    MOV A,# 0FFH
        JMP FH
```

**按键判断子程序 KS1：**

```
KS1:    MOV DPTR,# FE01H    ;指向 PA 口。
        MOV A,# 00H         ;全扫描字＃00H= 00000000B。
        M0VX @DPTR,A        ;全扫描字送 PA 口。
        INC DPTR            ;指向 PB 口。
        MOVX A,@DPTR        ;读入 PB 口状态。
        CPL A               ;变正逻辑,以高电平判定是否有键按下。
        ANL A,# 0FH         ;屏蔽高 4 位。
        RET                 ;返回。
```

# 8.6 单片机与数模（D/A）及 模数（A/D）转换器的接口及应用

在自动检测和自动控制等领域中，经常需要对温度速度、电压、压力等连续变化的物理量，即模拟量进行测量和控制，而计算机只能处理数字量，因此就出现了计算机信号的数/模（D/A）和模/数（A/D）转换以及计算机与 A/D 和 D/A 转换芯片的连接问题。

## 8.6.1 A/D 转换器接口及应用

### 1. A/D 转换器分类

A/D 转换器用于模拟量→数字量的转换。目前应用较广的是双积分型和逐次逼近型。

（1）双积分型

常用双积分型 A/D 转换器有 ICL7106，ICL7107，ICL7126 等芯片，以及 MC1443、5G14433 等芯片。双积分型 A/D 转换器具有转换精度高，抗干扰性能好，价格低廉等优点，但转换速度慢。

（2）逐次逼近型

目前应用较广的逐次逼近型 A/D 转换器有 ADC0801—ADC0805，ADC0808—ADC0809，ADC0816—ADC0816 等芯片。逐次逼近型 A/D 转换器特点是转换速度较快，精度较高，价格适中。

（3）高精度，高速、超高速型：

如 ICL7104，AD575，AD578 等芯片。

### 2. A/D 转换器芯片 ADC0809

ADC0809 是 8 输入通道逐次逼近式 A/D 转换器。内部结构框图及引脚如图 8-46

及图 8-47 所示。

　　图中多路开关可选通 8 个模拟通道；允许 8 路模拟量分时输入，共用一个 A/D 转换器进行转换。

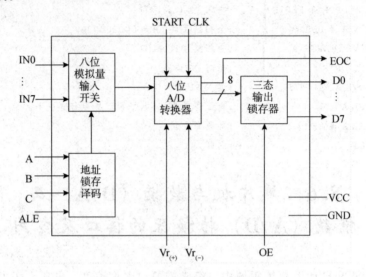

**图 8-46　ADC0809 内部逻辑结构**

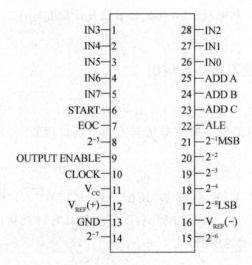

**图 8-47　ADC0809 引脚图**

　　输出锁存器用于存放和输出转得到的数字量

　　信号引脚功能如下：

　　· IN7～IN0：模拟量输入通道

　　0809 对输入模拟量的要求主要有：信号单极性，电压范围 0～5V。（VCC＝＋5V）另外，模拟量输入在 A/D 转换过程中其值不应变化，因此对变化速度快的模拟量，在输入前应增加采样保持电路。

・A、B、C：地址线

A 为低位地址，C 为高位地址，用于对模拟量输入通道进行选择，引脚图中为 ADDA、ADDB 和 ADDC。

・ALE：地址锁存允许信号

对应 ALE 上跳沿，A、B、C 地址状态送入地址锁存器中。

・START：转换启动信号

START 上跳沿时，所有内部寄存器清 0；START 下跳沿时，开始进行 A/D 转换；在 A/D 转换期间，START 应保持低电平。

・D7～D0：数据输出线

为三态缓冲输出形式，可以和单片机的数据线直接相连。

・OE：输出允许信号

用于控制三态输出锁存器使 A/D 转换器输出转换得到的数据。OE＝0，输出数据线呈高电阻；OE＝1，输出转换得到的数据。

・CLK：时钟信号

ADC0809 内部没有时钟电路，所需时钟信号由外界提供。通常使用频率为 500KHZ 的时钟信号。ADC0809 时序图如图 8-48 所示。

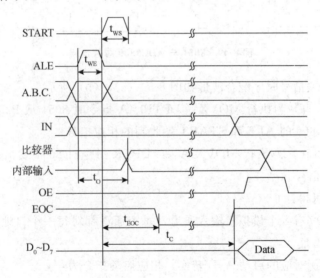

**图 8-48 ADC0809 时序图**

・EOC：转换结束状态信号

EOC＝0，正在进行 A/D 转换；EOC＝1，转换结束。

使用时该状态信号既可作为查询的状态标志，又可以作为中断请求信号使用。

・Vcc－＋5V 电源

・Vr：参考电源

参考电压用来与输入的模拟信号进行比较，作为逐次逼近的基准。

### 3. MCS-51 单片机与 ADC0809 连接及 A/D 转换

图 8-49 为 8051 与 ADC0809 连接方案之一。

由图 8-49 可得，对 8 个模拟输入通道 IN0～IN7 采用线选法。低三位地址线 A0，A1，A2 分别与 ADC0809A，B，C 端相连，P2.6＝1 选中 0809 芯片。

因此 8 个模拟通道地址为：4000H～4007H。

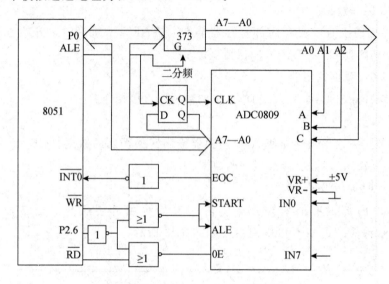

**图 8-49　8051 与 ADC0809 芯片连接**

图 8-49 中有关信号时序配合波形如图 8-50 （a），（b）所示。

图 8-50 中图（a）为执行 MOVX @DPTR，A 指令时 8051 从 P2.6 和 WR 端发出的相应信号以及 0809 的 ALE 和 START 端收到的相应信号；

图 8-50 中图（b）为执行 MOVX A，@DPTR 指令时 8051 发出的相应信号以及 0809 收到的相应信号。

由以上讨论可得：

（1）ADC0809 有 8 个模拟量输入通道，每个通道都对每一个口地址，可采用线选法或译码法进行编址。

（2）图 8-50 所对应的启动 A/D 转换，相应启动指令为：

```
MOV DPTR,# 4000H
MOVX @ DPTR,A          ;使 P2.6= 1 且 WR̄= 0。
```

（3）读 A/D 转换后数据相应读取指令为：

```
MOV DPTR,# 4000H       ;
MOVX A,@ DPTR          ;使 P2.6= 1,RD̄= 0。
```

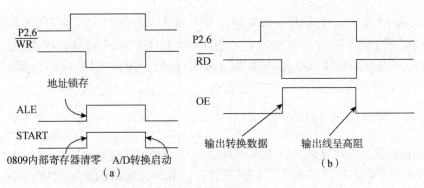

图 8-50  0809 启动及数据输出时序配合

当 0809 内部完成数据转换后，EOC＝1，表示本次 A/D 转换结束，该信号反相后可向 CPU 发出中断申请。CPU 也可定期查询 EOC 状态了解 A/D 转换是否完成。

由于 0809 内部没设置时钟电路，所需时钟须由 8051 发出的 ALE 信号二分频后作为 0809 时钟信号（0809 时钟频率通常为 500KHZ）。

综上所述，启动和读取图 8-50 中通道 0（4000H）参考程序如下：

```
MOV DPTR,# 4000H
MOVX @ DPTR,A          ;启动 0809。
        ·
        ·
MOV DPTR,# 4000H;
MOVX A,@ DPTR          ;读取通道 0 转换后数据。
```

### 4. 使用 8051 单片机与 ADC0809 设计数据采集系统

数据采集系统电路图如图 8-51 所示。

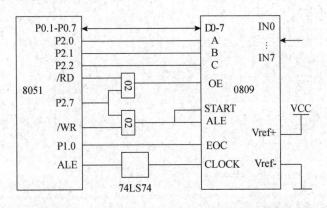

图 8-51  系统电路图

ADC0809 是带有 8∶1 多路模拟开关的 8 位 A/D 转换芯片，所以它可有 8 个模拟量的输入端，由芯片的 A，B，C 三个引脚来选择模拟通道中的一个。A，B，C 三端分别与 8051 的 P1.0～P1.2 相接。地址锁存信号（ALE）和启动转换信号（START），由 P2.7 和/WR 或非得到。输出允许，由 P2.7 和/RD 或非得到。时钟信号，可由 8051 的 ALE 输出得到，不过当采用 6M 晶振时，应该先进行二分频，以满足 ADC0809 的时钟信号必须小于 640K 的要求。

### 8.6.2 D/A 转换器接口及应用

D/A 转换器是将数字量转换成模拟量的器件，根据转换原理可分为调频式，双电阻式，脉幅调制式，梯形电阻式，双稳流式等，其中梯形电阻式用得较为普遍，常用 D/A 器件有 DAC0832，DAC0831，DAC0830，AD7520，AD7522，AD7528，DAC82 等芯片。

**1. DAC0832**

DAC0832 是八位 D/A 转换器件，片内带数据锁存器，电流输出，输出电流建立时间为 $1\mu s$，功耗为 20mW。

DAC0832 引脚分布和逻辑框图见图 8-52。图 8-52 所示 DAC0832 内部结构图，输入寄存器和 DAC 寄存器构成两级数据输入锁存。使用时数据输入可以采用两级锁存（双锁存）形式，或单及锁存（一级锁存，一级直通）方式，或直接输入（两级直通）形式。

此外，由三个门电路组成寄存器输出控制逻辑电路。该逻辑电路的功能是进行数据锁存控制；当 $\overline{LE}=0$ 时，输入数据被锁存；当 $\overline{LE}=1$ 时，锁存器的输出跟随输入。

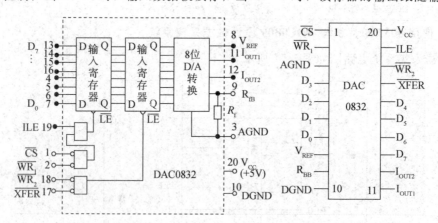

**图 8-52　DAC0832 逻辑框图和引脚分布**

（b）DAC0832 内部结构图

DAC0832 的引脚功能如下：

· D7—D0：数据输入线，TTL 电平，输入有效保持时间应大于 90ns。

· ILE：数据锁存允许控制信号输入线，高电平有效。

· $\overline{CS}$：片选信号输入线，低电平有效。

- $\overline{WR1}$：输入锁存器写选通输入线，负脉冲有效，在 ILE，CS 信号有效时，$\overline{WR1}$ 为"0"时可将当前 D7—D0 状态锁存到输入锁存器。
- $\overline{XFER}$：数据传输控制信号输入线，低电平有效。
- $\overline{WR2}$：DAC 寄存器写选通输入线，负脉冲有效，当$\overline{XFER}$为"0"时，$\overline{WR2}$有效信号可将当前输入锁存器的输出状态传送到 DAC 寄存器中。
- Iout1：电流输出线，当输入全为 1 时 Iout 最大。
- Iout2：电流输出线，Iout2＋Iout1 为常数。
- Rfb：反馈信号输入线，改变 Rfb 端外接电阻值可调整转换满量程精度。
- Vref：基准电压输入端，Vref 取值范围为－10V～＋10V。
- VCC：电源电压端，Vcc 取值范围为＋5V～＋15V。
- Agnd：模拟地。
- Dgnd：数字地。

D/A 转换芯片输入是数字量，输出为模拟量，模拟信号极易受电源和数字信号干扰，故为减少输出误差，提高输出稳定性，模拟信号须采用基准电源和独立的地线，一般应将数字地和模拟地分开。

另外，DAC0832 是电流型输出器件，应用常需外接运算放大器，使之成为电压型输出器件。常用外接运算放大器接法，如图 8-53 所示。

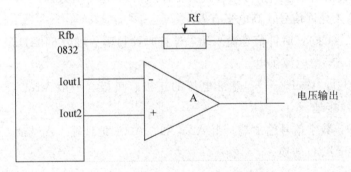

**图 8-53　0832 外接运算放大器**

其中 Rf 取值在 0—50K 之间。

**2. D/A 转换电路**

D/A 转换电路是一个 R—2RT 型电阻网络，实现 8 位数据的转换。D/A 转换结果采用电流形式输出。若需要相应的模拟电压信号，可通过一个高输入阻抗的线性运算放大器实现。运放的反馈电阻可通过 RFB 端引用片内固有电阻，也可外接。DAC0832 逻辑输入满足 TTL 电平，可直接与 TTL 电路或微机电路连接。

DAC0832 输出的是电流，一般要求输出是电压，所以还必须经过一个外接的运算放大器转换成电压。实验线路如图 8-54 所示。

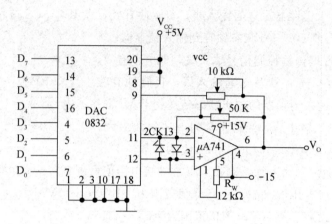

图 8-54　电路连接图

• IN0～IN7：8 路模拟信号输入端。

• A1、A2、A0：地址输入端。ALE 地址锁存允许输入信号，在此脚施加正脉冲，上升沿有效，此时锁存地址码，从而选通相应的模拟信号通道，以便进行 A/D 转换。

• START：启动信号输入端，应在此脚施加正脉冲，当上升沿到达时，内部逐次逼近寄存器复位，在下降沿到达后，开始 A/D 转换过程。

• EOC：转换结束输出信号（转换接受标志），高电平有效。

• OE：输入允许信号，高电平有效。

• CLOCK（CP）：时钟信号输入端，外接时钟频率一般为 640kHz。

• Vcc：+5V 单电源供电。

• Vref（+），Vref（-）：基准电压的正极、负极。一般 Vref（+）接 +5V 电源，Vref（-）接地。

• D7～D0：数字信号输出端。由 A2、A1、A0 三地址输入端选通 8 路模拟信号中的任何一路进行 A/D 转换。

**3. ADC0832 的应用**

（1）DAC0832 实现一次 D/A 转换，可以采用下面程序段。设定要转换的数据放在 1000H 单元中。

```
MOV BX,100H
MOV AL,[BX]            ;取转换资料
MOV DX,PORTA          ;PORTA 为 D/A 转换器端口地址
OUTDX,AL
```

（2）在实际应用中，经常需要用到一个线性增长的电压去控制某一个检测过程，或者作为扫描电压去控制一个电子束的移动。执行下面的程序段，利用 D/A 转换器产生一个锯齿波电压，实现此类控制作用。

```
MOV DX,PORTA          ;PORTA 为 D/A 转换器端口地址
MOV AL,OFFH           ;置初值
```

```
ROTAT:INCAL
OUT DX,AL                    ;往 D/A 转换器输出资料
CALL DELP                    ;调用延迟子程序
JMP ROTAT
DELY: MOV CX,DATA            ;置延迟常数 DATA
DELY1:LOOP DELY1
RET
```

如果需要一个负向的锯齿波,只要将指令 INC AL 改成 DEC AL 就可以了。

(3) 从两个不相关的文件中输出一批 X－Y 资料,驱动 X－Y 记录仪,或者控制加工复杂零件的走刀(X 轴)和进刀(Y 轴)。这些在控制过程中是很有用的。下面程序驱动 X－Y 记录仪的 100 点输出,并用软件驱动记录仪的抬笔和放笔控制。

```
        MOV SI,XDATA        ;X轴资料指针→SI
        MOV DI,YDATA        ;Y轴资料指针→DI
MOV     CX,100
WE0:    MOV AL,[SI]
        OUT PORTX,AL        ;往 X 轴的 D/A 转换器输出资料
        MOV AL,[DI]
        OUT PORTY,AL        ;往 Y 轴的 D/A 转换器输出资料
        CALL DELY1          ;调延迟子程序 1,等待笔移动
        MOV AL,01H
        OUT PORTM,AL        ;输出升脉冲,控制笔放下
        CALL DELY2          ;调延迟子程序 2,等待完成
        MOV AL,00H
        OUT PORTM,AL;输出降脉冲,控制笔抬起
        CALL DELY2          ;调延迟子程序 2,等待完成
        INC SI
        INC DI
        LOOP WE0
        HLT
        DELY1: ⋮
        RET
        DELY2: ⋮
        RET
        XDATA DB …
        YDATA DB …
```

# 本章小结

单片机应用系统设计时,经常需要 MCS-51 单片机 I/0 口的扩展、存储器的扩展,

LED 显示器，键盘扩展技术和数模（D/A）及模数（A/D）转换器的接口技术。

单片机在一块芯片上集成了计算机的主要硬件资源。因此，在智能仪器仪表、小型检测及控制系统中，往往直接采用单片机构成最小应用系统而不再扩展外围芯片。但是，在许多情况下，例如在构造一个机电测控系统时，考虑到传感器接口、伺服控制接口及人机对话接口等需要，最小应用系统不能满足系统功能的要求，必须在片外扩展相应的外围芯片。

为了实现人对微机应用系统的干预与输入或了解系统运行的状态与结果，微机应用系统中一般必须配置人机界面接口。人对系统干预与数据输入的常用接口有键盘、光笔、拨码盘、语音输入接口等。系统向人报告运行状态与结果的常用接口有指示灯、LED/LCD 显示器、打印机、CTR 及语音数据接口等。

D/A 转换器是一种能把数字量转换成模拟量的电子器件，通过机械或电子手段来对被控对象进行调整和控制。A/D 转换器能把模拟量转换成数字量，在单片机控制系统中主要用于数据采集，提供被控对象的各种实时参数，以便单片机对被控对象进行监视。在单片机控制系统中，经常需要用到 D/A 和 A/D 转换器。D/A 和 A/D 转换器是假设在单片机和被控实体之间的桥梁，在单片机控制系统中占有极为重要的地位。

# 思考题与习题

1. 叙述 MCS-51 系统单片机简单 I/O 扩展的基本原则。

2. 说明 MCS-51 系统单片机扩展 I/O 采用的编址方法。

3. 试叙述将 P1 口作为 I/O 口使用的注意事项。

4. I/O 接口和 I/O 端口有什么区别？I/O 接口的功能是什么？

5. 常用的 I/O 端口编址有哪两种方式？它们各有什么特点？MCS-51 的 I/O 端口编址采用的是哪种方式？

6. I/O 数据传送有哪几种传送方式？分别在哪些场合下使用？

7. 编写程序，采用 8255A 的 C 口按位置复位控制字，将 PC7 置"0"，PC4 置"1"，（已知 8255A 各端口的地址为 7FFCH～7FFFH）。

8. 8255A 的"方式控制字"和"C 口按位置复位控制字"都可以写入 8255A 的同一控制寄存器，8255A 是如何来区分这两个控制字的？

9. 说明 8255A 的 A 口在方式 1 的选通输入方式下的工作过程。

10. 8155H 的端口都有哪些？哪些引脚决定端口的地址？引脚 TIMERIN 和 TIMEROUT的作用是什么？

12. 现有一片 8031，扩展了一片 8255，若把 8255 的 B 口用作输入，B 口的每一位接一个开关，A 口用作输出，每一位接一个发光二极管，请画出电路原理图，并编写出 B 口某一位开关接高电平时，A 口相应位发光二极管被点亮的程序。

13. 假设 8155H 的 TIMERIN 引脚输入的频率为 4MHz？问 8155H 的最大定时时间是多少？

14. MCS-51 的并行接口的扩展有多种方法，在什么情况下，采用扩展 8155H 比较适合？什么情况下，采用扩展 8255A 比较适合？

15. 假设 8155H 的 TIMERIN 引脚输入的脉冲频率为 1MHz，请编写出在 8155H 的 $\overline{\text{TIMEROUT}}$ 引脚上输出周期为 10ms 的方波的程序。

16. 在一个系统中采用同一个地址扩展一片 74LS377 作为输入口和一片 74LS245 作为输出口。

17. 在一个系统中扩展一片 8255A，试编制 8255A 的初始化程序：A 口方式 0 输出，B 口方式 1 输入。

18. 在一个系统中扩展一片 8155，试编制 8155 的初始化程序：A 口为选通输出，B 口基本 I/O 输入。

19. 在一个系统中扩展一片 8155，如果 TI 的输入脉冲为 1MHZ，希望从 TO 输出频率为 10KHZ 的方波。

20. 芯片 74LS244 能用作 8051 输出 I/O 口扩展吗？为什么？芯片 74LS377 能用作 8051 输入 I/O 口扩展吗？为什么？

21. 在 MCS-51 系列单片机中，外部程序存储器和数据存储器共用 16 位地址，为什么不会发生数据冲突？

22. 试用 4 片 74LS377 作为 8031 系统输出口扩展，4 片 74LS244 作为输入口扩展，试画出连接电路，并说明扩展名口的地址。

23. 试用 2 片 2732 芯片为 8051 扩展一个 8KB 的外部程序存储器，地址范围是 1000H—2FFFH（地址唯一）。

24. 试为一个 8031 应用系统扩展 4KB 外部程序存储器，256 单元外部数据存储器，两个 8 位输入口，两个 8 位输出口，并说明各外部存储器和 I/O 口地址范围。

25. 现有 8051 通过 8155 连接八位共阴 LED 显示器，设段控口地址为 0301H，位控口地址为 0302H，画出连接电路，并编程实现 8155 初始化。

26. 在一个 8051 应用系统中扩展一片 2764，地址范围 0000H—1FFFH（地址唯一）。一片 8155，地址范围：RAM：0400H—04FFH，I/O 口：0500H—0505H。一片 0809，地址范围：IN0—IN7：8000H—8007H。试画出系统连线图。

# 附录：MCS-51 指令表

| 十六进制代码 | 助记符 | 功能 | 对标志影响 | | | | 字节数 | 周期数 |
|---|---|---|---|---|---|---|---|---|
| | | | P | OV | AC | CY | | |
| 算术运算指令 | | | | | | | | |
| 28—2F | ADD A，Rn | A←(A) ＋ (Rn) | ∨ | ∨ | ∨ | ∨ | 1 | 1 |
| 25 | ADD A，direct | A←(A) ＋ (direct) | ∨ | ∨ | ∨ | ∨ | 2 | 1 |
| 26，27 | ADD A，@Ri | A←(A) ＋ ((Ri)) | ∨ | ∨ | ∨ | ∨ | 1 | 1 |
| 24 | ADD A，#data | A←(A) ＋data | ∨ | ∨ | ∨ | ∨ | 2 | 1 |
| 38—3F | ADDC A，Rn | A←(A) ＋ (Rn) ＋ (CY) | ∨ | ∨ | ∨ | ∨ | 1 | 1 |
| 35 | ADDC A，direct | A←(A) ＋ (direct) ＋ (CY) | ∨ | ∨ | ∨ | ∨ | 2 | 1 |
| 36，37 | ADDC A，@Ri | A←(A) ＋ ((Ri)) － (CY) | ∨ | ∨ | ∨ | ∨ | 1 | 1 |
| 34 | ADDC A，#data | A←(A) ＋data＋ (CY) | ∨ | ∨ | ∨ | ∨ | 2 | 1 |
| 98—9F | SUBB A，Rn | A←(A) － (Rn) － (CY) | ∨ | ∨ | ∨ | ∨ | 1 | 1 |
| 95 | SUBB A，direct | A←(A) － (direct) － (CY) | ∨ | ∨ | ∨ | ∨ | 2 | 1 |
| 96，97 | SUBB A，@Ri | A←(A) － ((Ri)) － (CY) | ∨ | ∨ | ∨ | ∨ | 1 | 1 |
| 94 | SUBB A，#data | A←(A) －data－ (CY) | ∨ | ∨ | ∨ | ∨ | 2 | 1 |
| 04 | INC A | A←(A) ＋1 | ∨ | × | × | × | 1 | 1 |
| 08—0F | INC Rn | Rn←(Rn) ＋1 | × | × | × | × | 1 | 1 |
| 05 | INC direct | direct←(direct) ＋1 | × | × | × | × | 2 | 1 |
| 06，07 | INC @Ri | (Ri)←((Ri)) ＋1 | × | × | × | × | 1 | 1 |
| A3 | INC DPTR | DPTR←(DPTR) ＋1 | × | × | × | × | 1 | 1 |
| 14 | DEC A | A←(A) －1 | ∨ | × | × | × | 1 | 1 |
| 18—1F | DEC Rn | Rn←(Rn) －1 | × | × | × | × | 1 | 1 |
| 15 | DEC direct | direct←(direct) －1 | × | × | × | × | 2 | 1 |

| 十六进制代码 | 助记符 | 功能 | 对标志影响 | | | | 字节数 | 周期数 |
|---|---|---|---|---|---|---|---|---|
| | | | P | OV | AC | CY | | |
| 算术运算指令 | | | | | | | | |
| 18，17 | DEC @Ri | (Ri) ← ( (Ri) ) −1 | × | × | × | × | 1 | 1 |
| A4 | MUL AB | AB ←(A) · (B) | √ | √ | × | √ | 1 | 4 |
| 84 | DIV AB | AB ←(A) / (B) | √ | √ | × | √ | 1 | 4 |
| D4 | DA A | 对 A 进行十进制调整 | √ | √ | √ | √ | 1 | 1 |
| *28−2F 分别表示 Rn 选择 R0～R7 时的机器码。如 ADD A，R0，则机器码为 28H。 | | | | | | | | |
| 逻辑运算指令 | | | | | | | | |
| 58—5F | ANL A，Rn | A ←(A) ∧(Rn) | √ | × | × | × | 1 | 1 |
| 55 | ANL A，direct | A ←(A) ∧(direct) | √ | × | × | × | 2 | 1 |
| 56，57 | ANL A，@Ri | A ←(A) ∧( (Ri)) | √ | × | × | × | 1 | 1 |
| 54 | ANL A，♯data | A ←(A) ∧data | √ | × | × | × | 2 | 1 |
| 52 | ANL direct，A | direct ←(direct) ∧(A) | × | × | × | × | 2 | 1 |
| 53 | ANL direct，♯data | direct ←(direct) ∧data | × | × | × | × | 3 | 2 |
| 48—4F | ORL A，Rn | A ←(A) ∨(Rn) | √ | × | × | × | 1 | 1 |
| 45 | ORL A，direct | A ←(A) ∨(direct) | √ | × | × | × | 2 | 1 |
| 46，47 | ORL A，@Ri | A ←(A) ∨( (Ri)) | √ | × | × | × | 1 | 1 |
| 44 | ORL A，♯data | A ←(A) ∨data | √ | × | × | × | 2 | 1 |
| 42 | ORL direct，A | direct ←(direct) ∨(A) | × | × | × | × | 2 | 1 |
| 43 | ORL direct，♯data | direct ←(direct) ∨data | × | × | × | × | 3 | 2 |
| 68—6F | XRL A，Rn | A ←(A) ⊕(Rn) | √ | × | × | × | 1 | 1 |
| 65 | XRL A，direct | A ←(A) ⊕(direct) | √ | × | × | × | 2 | 1 |
| 66，67 | XRL A，@Ri | A ←(A) ⊕( (Ri)) | √ | × | × | × | 1 | 1 |
| 64 | XRL A，♯data | A ←(A) ⊕data | √ | × | × | × | 2 | 1 |
| 62 | XRL direct，A | direct ←(direct) ⊕(A) | × | × | × | × | 2 | 1 |
| 63 | XRL direct，♯data | direct ←(direct) ⊕data | × | × | × | × | 3 | 2 |
| E4 | CLR A | A ←0 | √ | × | × | × | 1 | 1 |
| F4 | CPL A | A ←(A) | × | × | × | × | 1 | 1 |
| 23 | RL A | A 循环左移一位 | × | × | × | × | 1 | 1 |
| 33 | RLC A | A 带进位循环左移一位 | √ | × | × | √ | 1 | 1 |
| 03 | RR A | A 循环右移一位 | × | × | × | × | 1 | 1 |
| 13 | RRC A | A 带进位循环右移一位 | √ | × | × | √ | 1 | 1 |

（续表）

| 十六进制代码 | 助记符 | 功能 | 对标志影响 | | | | 字节数 | 周期数 |
|---|---|---|---|---|---|---|---|---|
| | | | P | OV | AC | CY | | |
| 数据传送指令 | | | | | | | | |
| E8—EF | MOV A, Rn | A ←(Rn) | √ | × | × | × | 1 | 1 |
| E5 | MOV A, direct | A ←(direct) | √ | × | × | × | 2 | 1 |
| E6, E7 | MOV A, @Ri | A ←( (Ri)) | √ | × | × | × | 1 | 1 |
| 74 | MOV A, ♯data | A ←data | √ | × | × | × | 2 | 1 |
| F8—FF | MOV Rn, A | Rn ←(A) | × | × | × | × | 1 | 1 |
| A8—AF | MOV Rn, direct | Rn ←(direct) | × | × | × | × | 2 | 2 |
| 78—7F | MOV Rn, ♯data | Rn ←data | × | × | × | × | 2 | 1 |
| F5 | MOV direct, A | direct ←(A) | × | × | × | × | 2 | 1 |
| 88—8F | MOV direct, Rn | direct ←(Rn) | × | × | × | × | 2 | 2 |
| 85 | MOV direct1, direct2 | direct1 ←(direct2) | × | × | × | × | 3 | 2 |
| 86, 87 | MOV direct, @Ri | direct ←( (Ri)) | × | × | × | × | 2 | 2 |
| 75 | MOV direct, ♯data | direct ←data | × | × | × | × | 3 | 2 |
| F6, F7 | MOV @Ri, A | (Ri) ←(A) | × | × | × | × | 1 | 1 |
| A6, A7 | MOV @Ri, direct | (Ri) ←(direct) | × | × | × | × | 2 | 2 |
| 76, 77 | MOV @Ri, ♯data | (Ri) ←data | × | × | × | × | 2 | 1 |
| 90 | MOV DPTR, ♯dada16 | DPTR ←data16 | × | × | × | × | 3 | 2 |
| 93 | MOVC A, @A+DPTR | A ←( (A) + (DPTR)) | √ | × | × | × | 1 | 2 |
| 83 | MOVC A, @A+PC | A ←( (A) + (PC)) | √ | × | × | × | 1 | 2 |
| E2, E3 | MOVX A, @Ri | A ←( (Ri)) | √ | × | × | × | 1 | 2 |
| E0 | MOVX A, @DPTR | A ←( (DPTR)) | √ | × | × | × | 1 | 2 |
| F2, F3 | MOVX @Ri, A | (Ri) ←(A) | × | × | × | × | 1 | 2 |
| F0 | MOVX @DPTR, A | (DPTR) ←(A) | × | × | × | × | 1 | 2 |
| C0 | PUSH direct | SP ←(SP) +1, (SP) ←(direct) | × | × | × | × | 2 | 2 |
| D0 | POP direct | direct ←(SP), SP ←(SP) −1 | × | × | × | × | 2 | 2 |
| C8—CF | XCH A, Rn | (A) ↔(Rn) | √ | × | × | × | 1 | 1 |
| C5 | XCH A, direct | (A) ↔(direct) | √ | × | × | × | 2 | 1 |
| C6, C7 | XCH A, @Ri | (A) ↔( (Ri)) | √ | × | × | × | 1 | 1 |

(续表)

| 十六进制代码 | 助记符 | 功能 | 对标志影响 | | | | 字节数 | 周期数 |
|---|---|---|---|---|---|---|---|---|
| | | | P | OV | AC | CY | | |
| 数据传送指令 | | | | | | | | |
| D6, D7 | XCHD A，@Ri | (A) 0－3 ↔(Ri) －3 | ∨ | × | × | × | 1 | 1 |
| C4 | SWAP A | A 半字节交换 | × | × | × | × | 1 | 1 |
| 控制转移指令 | | | | | | | | |
| 1 | ACALL addr$_{11}$ | PC ←(PC) ＋2，SP ←(SP) ＋1 (SP) ←(PCL)，SP ←(SP+1) (SP) ←(PCH)，PC10 ~0 ←addrll | × | × | × | × | 2 | 2 |
| 12 | LCALL addr$_{16}$ | PC ←(PC) ＋3，SP ←(SP) ＋1 (SP) ←(PCL)，SP ←(SP) ＋1， (SP) ←(PCH)，PC ←addrl6 | × | × | × | × | 3 | 2 |
| 22 | RET | PCH ←( (SP))，SP ←(SP) －1 PCL ←( (SP))，SP ←(SP) －1 | × | × | × | × | 1 | 2 |
| 32 | RETI | PC$_H$←((SP))，SP ←(SP) －1 PC$_L$ ←( (SP))，SP ←(SP) －1 从中断 返回 | × | × | × | × | 1 | 2 |
| 1 | AJMP addr$_{11}$ | PC ←(PC) ＋2，PC10－0 ←addr11 | × | × | × | × | 2 | 2 |
| 02 | LJMP addr$_{16}$ | PC ←(PC) ＋3，PC ←addr$_{16}$ | × | × | × | × | 3 | 2 |
| 80 | SJMP rel | PC ←(PC) ＋2，PC ←(PC) ＋rel | × | × | × | × | 2 | 2 |
| 73 | JMP @A＋DPTR | PC ←(A) ＋ (DPTR) | × | × | × | × | 1 | 2 |
| 60 | JZ rel | PC ←(PC) ＋2， 若 (A) ＝0，PC ←(PC) ＋rel | × | × | × | × | 2 | 2 |
| 70 | JNZ rel | PC ←(PC) ＋2，若 (A) 不等于0， 则 PC ←(PC) ＋rel | × | × | × | × | 2 | 2 |
| 40 | JC rel | PC ←(PC) ＋2，若 CY＝1， 则 PC ←(PC) ＋rel | × | × | × | × | 2 | 2 |
| 50 | JNC rel | PC ←(PC) ＋2，若 CY＝0， 则 PC ←(PC) ＋rel | × | × | × | × | 2 | 2 |
| 20 | JB bit，rel | PC ←(PC) ＋3，若 (bit) ＝1，则 PC ←(PC) ＋rel | × | × | × | × | 2 | 2 |
| 30 | JNB bit，rel | PC ←(PC) ＋3，若 (bit) ＝1，则 bit ←0，PC ←(PC) ＋rel | × | × | × | × | 3 | 2 |

（续表）

| 十六进制代码 | 助记符 | 功能 | 对标志影响 | | | | 字节数 | 周期数 |
|---|---|---|---|---|---|---|---|---|
| | | | P | OV | AC | CY | | |
| 控制转移指令 | | | | | | | | |
| 10 | JBC bit，rel | PC←(PC) ＋3，若（bit）＝1，则 bit←0，PC←(PC) ＋rel | × | × | × | × | 3 | 2 |
| B5 | CJNE A，direct，rel | PC←(PC) ＋3<br>若（A）不等于（direct），<br>则 PC←(PC) ＋rel；<br>若（A）<(direct)，则 CY←1 | × | × | × | × | 3 | 2 |
| B4 | CJNE A，#data，rel | PC←(PC) ＋3，<br>若（A）不等于 data，<br>则 PC←(PC) ＋rel；<br>若（A）<data，则 CY←1 | × | × | × | × | 3 | 2 |
| B8～BF | CJNE @Rn，#data，rel | PC←(PC) ＋3，<br>若（(Rn)）不等于 data，<br>则 PC←(PC) ＋rel；<br>若（(Rn)）<data，则 CY←1 | × | × | × | × | 3 | 2 |
| B6，B7 | CJNE Ri，#data，rel | PC←(PC) ＋3，<br>若（(Rn)）不等于 data，<br>则 PC←(PC) ＋rel；<br>若（(Rn)）<data，则 CY←1 | × | × | × | × | 3 | 2 |
| D8～DF | DJNZ Rn，rel | PC←(PC) ＋2，Rn←(Rn) －1若（Rn）不等于 0，<br>则 PC←(PC) ＋rel | × | × | × | × | 3 | 2 |
| D5 | DJNZ direct，rel | PC←(PC) ＋2<br>direct←(direct) －1<br>若（direct）不等于 0，<br>则 PC←(PC) ＋rel | × | × | × | × | 2 | 2 |
| 00 | NOP | 空操作，PC←PC+1 | × | × | × | × | 1 | 1 |
| 位操作指令 | | | | | | | | |
| C3 | CLR C | CY←0 | × | × | × | √ | 1 | 1 |
| C2 | CLR bit | bit←0 | × | × | × | | 2 | 1 |
| D3 | SETB C | CY←1 | × | × | × | √ | 1 | 1 |
| D2 | SETB bit | bit←1 | × | × | × | | 2 | 1 |

（续表）

| 十六进制代码 | 助记符 | 功能 | 对标志影响 | | | | 字节数 | 周期数 |
|---|---|---|---|---|---|---|---|---|
| | | | P | OV | AC | CY | | |
| 位操作指令 | | | | | | | | |
| B3 | CPL C | CY←(CY) | × | × | × | √ | 1 | 1 |
| B2 | CPL bit | bit←(bit) | × | × | × | | 2 | 1 |
| 82 | ANL C，bit | CY←(CY) ∧(bit) | × | × | × | √ | 2 | 2 |
| B0 | ANL C，/bit | CY←(CY) ∧(bit) | × | × | × | √ | 2 | 2 |
| 72 | ORL C，bit | CY←(CY) ∨(bit) | × | × | × | √ | 2 | 2 |
| A0 | ORL C，/bit | CY←(CY) ∨(bit) | × | × | × | √ | 2 | 2 |
| A2 | MOV C，bit | CY←(bit) | × | × | × | √ | 2 | 1 |
| 92 | MOV bit，C | bit←(CY) | × | × | × | × | 2 | 2 |

# 参考文献

［1］何立民．单片机高级教程．北京：北京航空航天大学出版社，2010.

［2］杨光友等．单片微型计算机原理及接口技术．北京：中国水利水电出版社，2010.

［3］夏继强．单片机实验与实践教程．北京：北京航空航天大学出版社，2011.

［4］吴金戈．8051单片机实践与应用．北京：清华大学出版社，2012.

［5］公茂法，等．单片机人机接口实例集．北京：北京航空航天大学出版社，2012.

［6］徐惠民，安德宁．单片微型计算机原理接口与应用．北京：北京邮电大学出版社，2013.

［7］陆彬等．21天学通51单片机开发．北京：电子工业出版社，2014.

［8］庄俊华等．新视野单片机教程．北京：机械工业出版社，2015.